REINER KLINGHOLZ

Wahnsinn Wachstum

Wieviel Mensch erträgt die Erde?

Gestaltung: Andreas Knoche
Dokumentation: Dr. Agnes Bretting
Herstellung: Bernd Bartmann, Druckzentrale G+J
Druck: Neef, Wittingen
Lithographie: Eichenberg, Hamburg

Herausgeber: Peter-Matthias Gaede
Lektorat: Ortwin Fink
Bildredaktion: Venita Kaleps
Bildrecherche USA: Brigitte Barkley

1. Auflage 1994
ISBN: 3-570-19026-9

© GEO im Verlag
Gruner + Jahr AG & Co., Hamburg

INHALT

Vorwort:
Kann denn Wachstum Sünde sein? **4**

Der maßlose Alltag **6**

Der Aufstieg zum Homo technicus **18**

Konsum – oder Kinder? **38**

Bangladesch: Im Land der großen Flut **48**

Wieviel Mensch erträgt die Erde? **64**

Heizen, bis der Globus dampft **82**

Reicht das Brot für die Welt? **100**

Mann und Frau – der kleine Unterschied **118**

China: Milliarden im Goldrausch **134**

Deutschland: Raum ohne Volk? **156**

Kein Leben ohne Seuchen **170**

Die Erde wird zum Pferch **190**

Von der Allmacht zur Ohnmacht **206**

Der Planet der Frauen **222**

Vorfahrt der Vernunft **240**

Anhang **256**

Vorwort KANN DENN WACH

Ohne Wachstum ist das Leben undenkbar. Fortschritt ist das Prinzip der Natur. Jede Pflanze, jedes Tier wächst aus einem Verband einzelner Zellen zu einem hochkomplexen Organismus heran. Selbst die unbelebte Welt unterliegt dem ewigen Wandel der steten Erneuerung. Solange die Zeit nicht stillsteht, wird diese Entwicklung nicht enden.

Mit dem Begriff „Wachstum" verbindet der Mensch durchweg etwas Positives. Den Förster freut's, wenn die Bäume sprießen, die stolzen Eltern, wenn der Säugling gedeiht. Der Bundeskanzler ist seine größten Sorgen los, wenn die Wirtschaft boomt. So verleitet, kein Wunder, Wachstum leicht zur Euphorie und läßt vergessen, daß es in einer endlichen Welt naturgesetzlich nur dort möglich ist, wo zugleich etwas anderes vergeht. Denn genau wie sich Ordnung nach den Gesetzen der Thermodynamik nur aufbauen läßt, wenn anderenorts Energie aufgewendet wird, also Unordnung entsteht, kann es kein Wachstum ohne Zerstörung geben.

Verläuft Wachstum ungebremst, entwickelt es eine entsprechend hohe Zerstörungskraft – bis hin zu einem Punkt, wo die Existenz des Wachsenden gefährdet wird. Das gilt für das Bakterium *Escherichia coli*, das in der begrenzten Welt der Petrischale nach explosionsartiger Vermehrung an seinen eigenen Exkrementen zugrunde geht, genauso wie für *Lemmus lemmus*, jene skandinavische Wühlmaus, deren Population nach massenhafter Vermehrung regelmäßig katastrophenhaft zusammenbricht. Und es gilt natürlich auch für *Homo sapiens*, die derzeit erfolgreichste Spezies auf Erden. Sie kann die Grenzen des Planeten ebensowenig durchbrechen wie das Bakterium die Wände des Laborgefäßes.

Dennoch gilt Wachstum dem Menschen als Credo. Seine Art vermehrt sich heute so schnell wie nie zuvor. Sein Schalten und Walten hat wahrhaft weltbewegende Ausmaße angenommen. Er hängt zudem einem Wirtschaftssystem an, dessen Grundlage und Ziel – bisher jedenfalls – das Wachstum ist. Alle größeren Probleme der Gesellschaft sind eine direkte Folge des Aberglaubens, auf dem Raumschiff Erde könnten immer mehr Menschen leben, die immer mehr konsumieren.

Der Mensch ist in eine schizophrene Lage geraten: Er vermehrt sich über alle Maßen, obwohl er weiß, daß seinem Wachstum natürliche Grenzen gesetzt sind. Des schieren Überlebens wegen müßte sich der Homo sapiens in weiser Selbstbeschränkung üben, doch das war noch nie seine Stärke. Die entscheidende Zukunftsfrage lautet: Kann die Menschheit ihr Wachstum im letzten Moment bremsen?

| 4 Mio. Jahre | 8000 v. Chr. | 7000 | 6000 | 5000 | 4000 |

STUM SÜNDE SEIN?

Auch wenn dem einzelnen diese Problematik häufig bewußt ist, versagt offenbar die Erkenntnis, sobald sich Individuen zu einer größeren Gruppe organisieren. Zu welch absurden Handlungen das Herdentier Mensch dann in der Lage ist, soll ein Beispiel unter vielen belegen.

Seit 1950 haben sich die Fischfangflotten der Welt um das Zehnfache vergrößert. Der weite Ozean schien unendliche Reichtümer zu bergen, die Fangmenge wuchs jahrelang. Allerdings wurde das, was in die Netze ging, immer kleiner. Mit Ausnahme von ein paar unverbesserlichen Skeptikern scherte das niemanden – jedenfalls solange nicht, bis von 1990 an die biologische Vitalität der Ozeane Ermüdungserscheinungen zeigte. Seither sinken die Erträge – insgesamt, und erst recht auf den einzelnen Erdenbürger bezogen, denn schließlich mehrt sich die Menschheit jährlich um fast 100 Millionen.

Um die maximale, für das Ökosystem gerade noch erträgliche Ausbeute aus den Ozeanen herauszuholen, bräuchte es nun wenigstens vorübergehend international geregelte Fangverbote, damit die Bestände sich erholen können. Doch alle Nationen mit großen Fischereiflotten betreiben genau die gegenteilige Politik: Sie subventionieren ihre Fischer, damit diese auch noch die fernsten Regionen der Weltmeere ausbeuten.

Wer versucht, die Übervölkerungsprobleme der Menschheit zu analysieren, stößt auf zahllose solcher Fälle von schizophrenem Verhalten. Überall auf der Welt gilt ausgerechnet Wachstum nach bekanntem Muster als Patentrezept zur Lösung jener Probleme, die das Wachstum erst beschert hat. Erschrocken stellt der Betrachter fest, daß sich die Schar der bald sechs Milliarden Erdenbürger schon viel tiefer in die Sackgasse geritten hat, als es auf der wohlstandsverwöhnten Seite des Globus scheint. Der Menschheit ist entgangen, daß die Ära des unbeschwerten Zugewinns längst vorüber ist. Sie hat die Stunde des rechtzeitigen Eingreifens verpaßt. Sie vermag sich nur noch an die Folgen von Bevölkerungsexplosion und Überkonsum anzupassen und kann bestenfalls verhindern, daß alles noch schlimmer kommt. Für weiteres Wachstum fehlt dem Planeten Erde schlicht die Kapazität. Die Welt steht vor einer Ära großer Veränderungen – ob der Mensch es will oder nicht.

Wer keinen Nachwuchs in die Welt setzt, trägt auch nicht zur Bevölkerungsexplosion bei. Doch ein kinderloser Single in einer deutschen Metropole belastet die Erde mehr als eine ganze Großfamilie in Bangladesch. Auch wenn es der ganz normale Durchschnittsbürger einer Industrienation kaum glauben kann: Gemessen an seinen Ansprüchen, ist er der Inbegriff der Überbevölkerung

DER MASSLOSE ALLTAG

Wenn ich morgens aus dem Fenster schaue, sehe ich manchmal die Graureiher über die Wiesen staksen und mit ihren langen Schnäbeln nach Fröschen stochern. Das grüne Land wirkt endlos weit, und die nächsten Häuser sind erst am Horizont zu erkennen. Kein Auto brummt vorbei. Von Menschen höre und sehe ich wenig. In dieser Gegend Schleswig-Holsteins grasen mehr Kühe auf den Weiden, als im nahen Dorf Kinder zur Schule gehen.

Meine Wohnung im ersten Stock des alten, roten Backsteinhauses ist geräumig, und sie birgt alles, was heutzutage zu einem kompletten Haushalt gehört, vom Toaster bis zur Yuccapalme. Eine Logistik für Kind und Kegel – auch wenn sie meist nur von einer einzigen Person genutzt wird.

Wahrscheinlich bin ich ein ganz normaler Durchschnittsdeutscher, der morgens zur Arbeit fährt, abends nach den Tagesthemen den Hund ausführt und am Wochenende den Rasen mäht. Wie viele meiner Mitbürger halte ich mich für einigermaßen umweltbewußt, trage das Altpapier zum Container, benutze möglichst öffentliche Verkehrsmittel und fahre lieber Rad als Auto.

Doch der schöne Schein des grünen Lebens auf dem Lande trügt: Wenn ich einmal Bilanz ziehe und abschätze, wieviel ich allein an Energie während eines ganz gewöhnlichen Arbeitstages verbrauche, dann wird erschreckend deutlich, welchen Aufwand mein Dasein erfordert. Ich bin, ob ich es will oder nicht, ein Teil der Megawattmaschine Deutschland. Und die steht niemals still. Bei allem, was ich tue, schwinden endliche Rohstoffe und wachsen die Abfallberge.

Würden alle 5,7 Milliarden Menschen auf der Welt so leben wie ich, dann wäre es mit meinem geruhsamen Alltag rasch vorbei. In wenigen Jahrzehnten wäre der Planet ökologisch ruiniert, geplündert und vergiftet. Mein Lebensstandard ist überhaupt nur möglich, weil er den meisten Menschen auf der

Autofahren gehört zu unserem Leben. Wer sich täglich wie selbstverständlich durch das Gewühl zur Arbeit und zurück nach Hause quält, vergißt allerdings leicht, daß er sich ein Auto nur leisten kann, weil den meisten Menschen auf der Welt dieser Luxus verwehrt ist. Denn besäße – wie in Deutschland – jeder zweite auf Erden einen Wagen, würden allein die Abgase aus dem Straßenverkehr das Erdklima ruinieren

Erde vorenthalten bleibt. Deshalb bin ich – obwohl kinderlos – geradezu der Inbegriff der Überbevölkerung.

Ein Werktag, und der Morgen graut: Noch während ich schlafe, umsorgen mich lautlos Maschinen. Der Kühlschrank hält meinen Frühstücksjoghurt frisch, der Boiler im Bad temperiert das Wasser auf 70 Grad, im Keller springt die Ölheizung auf Tagbetrieb um, und der Batteriewecker hat gleich seinen Einsatz.

Halb acht. Aufstehen, Licht an, Radio an, rasieren, Kaffeewasser auf den Herd, ab unter die Dusche. Als ich mir die Haare föne, habe ich schon zwei Kilowattstunden Strom und einen Viertelliter Heizöl verbraucht. Das entspricht einer Energiemenge von ungefähr 20 000 Kilojoule – mehr, als etwa eine achtköpfige indische Landfamilie während eines ganzen Tages benötigt.

Unter 20 000 Kilojoule kann sich bestenfalls ein Physiker etwas vorstellen. Deshalb ist es zur Betrachtung einer Energiebilanz sinnvoller, meinen gesamten Verbrauch in Erdöl-Einheiten umzurechnen, unabhängig davon, ob er aus Kohle, Öl, Erdgas oder Kernkraft gedeckt wird. Bei dieser Kalkulation summieren sich scheinbar unbedeutende Einzelposten zu einer gehörigen Gesamtmenge. Eine Diplomandin an der Universität Dortmund hat einmal akribisch ermittelt, daß allein ein einziger Erdbeerjoghurt einen Transportballast von vier Kubikzentimetern Dieseltreibstoff mit sich trägt. Sämtliche Inhaltsstoffe zusammen legen dabei eine Reise von insgesamt 7857 Kilometern zurück, bis das fertige Produkt endlich im Ladenregal steht. Denn die Früchte stammen aus Polen, werden in Aachen verarbeitet, in Stuttgart unter schwäbische Milch gerührt, die zuvor mit schleswig-holsteinischen Bakterienkulturen verdickt worden ist. Das Glas stammt aus einer bayerischen Fabrik, die es aus nordrhein-westfälischen Rohstoffen herstellt. Der Aludeckel kommt vom Niederrhein, Pappe, Leim und Kunststoff-Folie werden aus wiederum anderen Orten herbeigeschafft.

In diese Bilanz sind noch nicht einmal die Energiekosten für die eigentliche Herstellung von Yoghurt und Verpackung mit einbezogen, auch nicht der Stromverbrauch in der Supermarkt-Kühltheke oder später der Aufwand für den Abtransport des Mülls. Weil sich solche „Kleinigkeiten" läppern, ist es kein Wunder, daß ich bereits den Gegenwert von 0,8 Litern Öl verbraucht habe, bevor ich auch nur eine Stunde auf den Beinen bin. Im Laufe des Tages werden allein für Strom und Heizung 2,4 Liter hinzukommen.

Während ich zwischen überbordenden Regalen und dichtgedrängten Kleiderbügeln etwas Passendes heraussuche, gleitet mein Blick über eine ganze Batterie von Schuhen, zwei Dutzend Hemden, sieben Jeans, einen Stapel Pullover, Mäntel, Handschuhe, Krawatten, Jacken, Schals und dergleichen. Das Übliche. Auch ohne Modefimmel brauche ich drei Schränke, um das ganze Zeug unterzubringen. Wenn ich

Allein die Zahl der Menschen macht den Planeten noch nicht voll. Vielmehr kommt es darauf an, wieviel Rohstoffe der einzelne verbraucht und wieviel Müll und Schadstoffe er dabei produziert. Die Tabelle zeigt deutlich, daß vor allem die Industrienationen weit über ihre Tragfähigkeit hinaus besiedelt sind – auch wenn die Bevölkerung dort kaum mehr wächst. Die Entwicklungsländer dagegen gefährden ihre eigene Lebensgrundlage durch explosives Bevölkerungswachstum

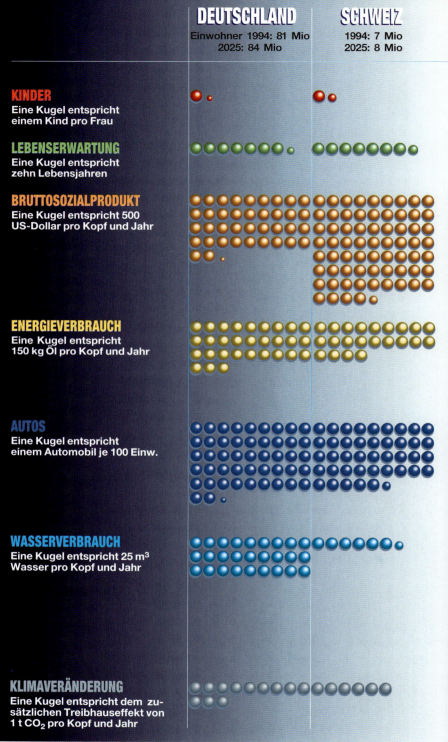

DEUTSCHLAND
Einwohner 1994: 81 Mio
2025: 84 Mio

SCHWEIZ
1994: 7 Mio
2025: 8 Mio

KINDER
Eine Kugel entspricht einem Kind pro Frau

LEBENSERWARTUNG
Eine Kugel entspricht zehn Lebensjahren

BRUTTOSOZIALPRODUKT
Eine Kugel entspricht 500 US-Dollar pro Kopf und Jahr

ENERGIEVERBRAUCH
Eine Kugel entspricht 150 kg Öl pro Kopf und Jahr

AUTOS
Eine Kugel entspricht einem Automobil je 100 Einw.

WASSERVERBRAUCH
Eine Kugel entspricht 25 m³ Wasser pro Kopf und Jahr

KLIMAVERÄNDERUNG
Eine Kugel entspricht dem zusätzlichen Treibhauseffekt von 1 t CO_2 pro Kopf und Jahr

Quelle: Weltbank, United Nations, World Resources Institute

USA	CHINA	INDIEN	BANGLADESCH	RUANDA
1994: 260 Mio	1994: 1.222 Mio	1994: 913 Mio	1994: 125 Mio	1994: 8 Mio
2025: 322 Mio	2025: 1.540 Mio	2025: 1.394 Mio	2025: 233 Mio	2025: 21 Mio

Der Norden sahnt ab:
Die reichen Industrienationen, wo nur ein Fünftel der Erdenbürger lebt, teilen sich mehr als 80 Prozent des Welteinkommens. Am unteren Ende der Wohlstandsskala steht das ärmste Fünftel, das mit nicht einmal anderthalb Prozent des großen Kuchens auskommen muß

zusammenrechne, was ich pro Jahr an Kleidung kaufe, und berücksichtige, daß die Sachen zum Teil aus Hongkong oder Pakistan importiert sind, dann komme ich für Hemd und Hose auf einen täglichen Durchschnittsverbrauch von weiteren 0,8 Litern Öl.

Inzwischen drängt die Zeit. Ich muß jeden Werktag vom Land zum Arbeitsplatz in die Stadt und zurück. Mit dem Auto fahre ich nur zum nächsten Bahnanschluß und parke es dort. So meide ich die verstopfte Autobahn mit den vielen anderen Pendlern. Der Nahverkehrszug bringt mich ganz bequem voran – über 20 000 Kilometer im Jahr.

Meist lese ich in der Bahn Zeitung. Eine am Morgen und eine am Abend. Im Wirtschaftsteil erfahre ich von Exportüberschüssen und Rekordgewinnen und rätsele über den Zusammenhang zwischen angeblicher Rezession und notorisch steigenden Börsenkursen. Dann studiere ich die Werbung. Sie fordert mich unverhohlen dazu auf, noch mehr zu verbrauchen, als ich ohnehin schon tue. Zehn verschiedene Hersteller von Armbanduhren buhlen um meine Käufergunst. Ein Elektronikhersteller legt mir nahe, meinen alten Computer wegzuwerfen und endlich ein Faxgerät anzuschaffen. Außerdem soll ich mehr rauchen, mehr Schnaps, Wein, Bier und walisches Mineralwasser trinken, mehr reisen, mehr Bürostühle und Rasierwasser kaufen und Autos mit mehr als 200 PS fahren.

Der geballte Angriff auf mein Konsumverhalten hat Methode: Der Wohlstand in unserer Industriekultur kann nach gängiger Ansicht nur steigen, wenn die Wirtschaft wächst. Und Wachstum in einer Überflußgesellschaft bedeutet, immer mehr Güter zu produzieren, zu kaufen und so schnell es geht wieder auf den Müll zu werfen. So bleibt das Geld im Umlauf, neue Werte werden geschöpft, das Bruttosozialprodukt steigt, und die meisten werden immer reicher – jedenfalls so lange die Rohstoffe für dieses Produktionskarussell auf dem Weltmarkt unter Wert zu haben sind. Nur auf diese Weise sind aus billigen Öl- und Erzimporten teure Autos und Maschinen zu fertigen, die uns eine grandiose Außenhandelsbilanz bescheren.

Öl ist der wichtigste Schmierstoff dieser Wirtschaftsordnung. Deshalb fürchten wir Ölpreiskrisen wie der Teufel das Weihwasser. Ohne Öl und andere Brennstoffe liefe nichts in Deutschland. Es könnten keine Kühlschränke und Mikrowellenherde produziert, keine Parkplätze geplant und keine Fußballfelder illuminiert, keine Bierdosen geleert und keine Butterberge aufgetürmt werden. Würde uns der Ölhahn zugedreht werden, stünden 44 Millionen Kraftfahrzeuge nutzlos auf der Straße. Diese Flotte fände, hintereinander aufgereiht, nicht einmal auf sämtlichen Autobahnen der Republik Platz. Als wäre das nicht genug, nimmt die Zahl der Autos hierzulande unablässig zu wie in der Dritten Welt die Bevölkerung – eine regelrechte Automobilexplosion.

Wenn ich morgens aus der Bahn den Verkehrsinfarkt auf dem Asphalt der Großstadt sehe, sinniere ich manchmal darüber, warum noch niemand eine Geburtenplanung für Autos erfunden hat – die Pille für Opel oder das Kondom für Volkswagen. Doch oft genug bin ich mit schuld an der Verkehrslawine. Mit meinem Kleinwagen verfahre ich zwar etwas weniger Treibstoff als der deutsche Durchschnittstanker – aber immerhin 800 Liter Diesel im Jahr. Also 2,2 Liter am Tag, womit mein Verbrauchskonto an diesem Morgen auf 6,2 Liter Öl steht.

Der Treibstoff für meine tägliche Mobilität kostet mich keine drei Mark – trügerisch wenig. Denn an der Zapfsäule ist weder die finanzielle noch die energetische, geschweige denn die ökologische Rechnung beglichen. Zu den reinen Spritkosten kommen jene für die Energie, die zur Herstellung meines Autos nötig war – und zu seinem Unterhalt: für Ersatzteile, Reparaturen, neue Reifen, Ölwechsel... Berücksichtigen muß ich ferner meinen Anteil am Aufwand für den Straßenbau. Ein einziger Kilometer einer dreispurigen Bundesautobahn verschlingt rund 1400 Tonnen Zement, 23 000 Tonnen Sand, Kies und Schotter, tonnenweise Bauholz, Stahl und Sprengstoffe sowie einige hunderttausend Liter Erdöl.

Übers Jahr verteilt bin ich natürlich auch diverse Male mit der Fernbahn und im Flugzeug unterwegs, fast täglich im Nahverkehrszug. Summiere ich all diese Mobilitäten, ergibt sich, neben dem reinen Treibstoffverbrauch fürs Auto, eine zusätzliche Menge von 4,1 Litern. Zwischensumme: 10,3 Liter.

Kurz vor dem Hauptbahnhof rumpelt der Zug durch ein Labyrinth von Gleisen, Stromleitungen, Hoch-, Einfall- und Schnellstraßen in die lärmende Metropole, wo der Verkehr niemals stillsteht. Kein Wunder, denn in solchen Millionenwucherungen wohnen wesentlich mehr Menschen, als sich dort eigenständig versorgen können, und alle Güter, die eine Stadt zum Leben braucht, müssen über weite Strecken herbeigeschafft werden.

Die schiere Organisation von Menschen- und Materialmassen bringt es mit sich, daß die Aktionsbereiche eines Stadtbewohners oft weit auseinanderliegen: Viele Bürger erwachen in der Wohn- und Schlafsiedlung am Stadtrand, bringen ihre Kinder zur Mittelpunktschule, fahren in den Industriepark oder in die Bürotürme der City zur Arbeit, machen anschließend Besorgungen in den Shopping-Arkaden auf der grünen Wiese und brausen dann ins Erlebniscenter am anderen

Ende der Stadt. Fast ein Viertel der gesamten aufgewendeten Energie verpulvern wir nur, um Menschen und Waren in der Gegend herumzutransportieren.

Der amerikanische Umweltaktivist Jeremy Rifkin hat die moderne Megalopolis einmal mit dem Alten Rom verglichen, der einzigen Millionenstadt des Altertums. Die Römer besaßen keine Autos und Maschinen, die ihnen Arbeit und Transport hätten erleichtern können. Sie hielten sich statt dessen ein riesiges Sklaven- und Soldatenheer und räumten systematisch die besetzten Gebiete leer. Diese Organisation mußte spätestens dann zusammenbrechen, als die Dienstleistungen der Sklaven und des Heeres einen wesentlichen Teil der Energie und Rohstoffe verschlangen, die sie in die Metropole brachten. Denn mit 12 000 Fuhrwerksladungen pro Woche war die Kapazität der antiken Verkehrswege in die Stadt vermutlich schon erschöpft. Weil gleichzeitig die Ansprüche der römischen Lebewelt ähnlich unersättlich stiegen wie heute die unsrigen, war das Ende des Weltreiches programmiert. Rom wurde von seiner eigenen Bevölkerungsexplosion besiegt, meint Jeremy Rifkin, weil es sich energetisch und ökologisch zu Tode gewirtschaftet hatte.

EIN MENSCH DER JÄHRLICH 14 BADEWANNEN VOLL ÖL VERBRAUCHT...

Der Durchschnittsdeutsche verbraucht jährlich eine Energiemenge, die rund 5500 Litern Erdöl entspricht – das sind immerhin 14 volle Badewannen. Er könnte sich seine Ansprüche rein theoretisch auch durch Arbeit von Sklaven erfüllen, wie es die Reichen im alten Rom taten. Ohne die Hilfe von energiezehrenden Maschinen...

Mein Leben in der westeuropäischen Wohlstandskultur ist durchaus vergleichbar mit dem eines feisten und orgienverwöhnten Römers. Zwar läßt unser soziales Gewissen die Sklavenhaltung nicht mehr zu, dafür plündern wir die Energiereserven der Erde. Das wirkt humaner – ist aus ökologischer Sicht jedoch weitaus schlimmer.

Rein theoretisch könnte ich den Großteil meiner Ansprüche ebenfalls von Dienern und Lakaien befriedigen lassen – und zugleich die Reserven schonen. Ich reiste mit der Kutsche, ließe mich in der Sänfte tragen und bekäme mit dem Federkiel geschriebene Nachrichten vom reitenden Boten auf den Eichenschreibtisch gelegt. Ich kleidete mich in handgewebtes Tuch, ließe mir die Speisen vom Gesinde zurichten. Insgesamt hielte ich etwa 150 Leute auf Trab, um meinen gegenwärtigen Lebensstil zu führen. Natürlich könnten nicht alle 81 Millionen Menschen in Deutschland unter solch feudalen Bedingungen leben, denn sie hätten das Land mit zwölf Milliarden Energiesklaven zu teilen. Und dazu wäre beim besten Willen nicht genug Platz.

Gemessen an unseren Ansprüchen ist die Bundesrepublik weitaus dichter bevölkert als ein Land wie Bangladesch, wo de facto sieben Menschen die Fläche eines Fußballfeldes besiedeln – in Deutschland sind es nicht einmal zwei. Erstaunlicherweise können die Bangladeschi in einem guten Erntejahr von diesem Land sogar leben – ohne dabei nennenswerte Mengen an endlichen Ressourcen zu verbrauchen. Denn Landarbeit ist dort Handarbeit, die wichtigsten Hilfsmittel sind Zugtiere, und die fressen Gras, also gebundene Sonnenenergie, die unendlich ist. Ali Normalverbraucher in Bangladesch ißt das, was auf dem Feld oder im Wasser gedeiht: Reis, etwas Gemüse, ein wenig Fisch und selten Fleisch. Seine Hütte ist aus Bambus und Jutestäben gebaut, das Dach mit Reisstroh gedeckt. Ein Bangladeschi funktioniert wie ein Solarmobil – mit Sonnenkraft und schadstoffarm. Ein Europäer wirkt dagegen wie ein stinkendes Kohlekraftwerk. Der Bangladeschi fristet erzwungenermaßen ein karges Leben, das uns Westeuropäern nicht eben nachahmenswert erscheint, aber erstaunlich umweltverträglich ist.

Ich bin mittlerweile in meinem Büro angekommen. Es liegt in einem seltsamen Konglomerat von Gebäuden aus Aluminium, Stahl und Glas, das sich je nach Jahreszeit heizen oder kühlen läßt und auf dessen Gängen 365 Tage im Jahr das Licht brennt. Auf dem Schreibtisch habe ich einige Kilo Papier – die tägliche Post- und Zeitungsflut – beiseitegeschoben, das meiste davon ungelesen weggeworfen. Nun schalte ich meinen PC ein, um darauf an einem Buch über Bevölkerungsprobleme zu schreiben.

...hielte er dann ein Heer von 150 Dienern auf Trab. In Deutschland müßten dann allerdings 12 Milliarden Menschen Platz finden. Das sind mehr als doppelt so viele, wie heute auf der ganzen Erde leben – eine irreale Vorstellung

Noch vor nicht allzu langer Zeit hieß es, die moderne Technik werde uns endlich das papierlose Büro bescheren. Heute stehen überall elektronische Fax-, Kopier- und Druckgeräte, deren ausschließliche Aufgabe es ist, massenweise Papier einzusaugen und auszuspucken. Allein die Computer in aller Welt bedrucken mehr als 300 Millionen Blatt Papier – pro Tag! Für mich samt all meinen privaten wie beruflichen Elektrogeräten und Arbeitsutensilien, vom Anrufbeantworter bis zur Büroklammer, ist täglich eine Energiemenge fällig, die rund zwei Litern Erdöl entspricht. Neue Zwischensumme: 12,3 Liter.

Wahrscheinlich ist Papier das Produkt, das ich am gedankenlosesten verwende. Ich muß es im Laufe meines Lebens schon zig-tonnenweise verbraucht haben: Zeitungen, Notizblöcke, Kopierpapier, Bücher, Magazine, Briefbogen, Packpapier, Klorollen – Umweltpapier, Hochglanzpapier... Wohin ich in meinem Büro oder meiner Wohnung auch schaue: stapelweise Papier.

Papier herzustellen, ist sehr energieaufwendig. Das fällt wenig auf, weil Energie kaum etwas kostet. Deshalb kann ich es mir leisten, Papier bedenkenlos zu verschwenden wie die vielen anderen energiezehrenden Güter auch.

Die Industrienationen haben ihr massives Bevölkerungswachstum hinter sich – dafür erleben sie eine Automobilexplosion ohnegleichen. Der Fahrzeugpark wie auch der gesamte Ausstoß des Treibhausgases Kohlendioxid vergrößert sich weit schneller als die Zahl der Menschen in den Entwicklungsländern. Was uns fehlt, ist eine Art Geburtenkontrolle für Autos

Auf den ersten Blick birgt diese Rohstoffplünderung nicht einmal ein Problem: Die Erde verfügt über weit mehr Reserven, als Industrie, Verkehr und Haushalte seit Beginn der „fossilen Ära" mit dem Kohleabbau vor mehr als zweihundert Jahren bereits verfeuert haben. Die Versorgung ist für weitere Jahrhunderte gesichert. Problematisch sind freilich die Verbrennungsprodukte von Kohle, Öl und Erdgas: Schwefeldioxid, Stickoxide, vor allem das Treibhausgas Kohlendioxid. Derzeit gibt die Menschheit mehr als doppelt soviel davon an die Atmosphäre ab, wie dort natürlicherweise abgebaut werden kann – die Hauptursache für die gegenwärtige Klimaveränderung.

An den gigantischen Emissionen allein von Kohlendioxid läßt sich vielleicht am besten ablesen, wie stark der Globus übervölkert ist. Insgesamt entlassen wir jährlich 26 Milliarden Tonnen davon in die Lufthülle der Erde, mehr als fünf Tonnen pro Mensch. Die Mengen sind allerdings sehr ungleich verteilt: Ein US-Amerikaner erzeugt 20, ein Deutscher 12 Tonnen, ein Bangladeschi jedoch kaum mehr als 100 Kilogramm. Erträglich wären, so rechnen besorgte Klimatologen vor, gerade zwei Tonnen je Weltbürger – eine Menge, die ich im Jahr allein durch den Auspuff meines Kleinwagens jage.

Bezogen auf die Kohlendioxid-Emissionen, ist Deutschland demnach sechsmal zu dicht besiedelt. Um unsere Ökobilanz ins Lot zu bringen, müßten wir Deutschen den Energieverbrauch entweder auf ein Sechstel drosseln. Oder unsere Einwohnerzahl müßte – bei gleichbleibendem Konsum – von 81 auf 13 Millionen sinken. Oder schließlich: Wir müßten lernen, fünf Sechstel unseres Energiebedarfs emissionslos, aus unerschöpflichen Quellen wie Sonnen-, Wind- und Wasserkraft, zu decken. Doch davon sind wir himmelweit entfernt.

Groteskerweise überziehe ich im täglichen Leben mein persönliches Energie- und Kohlendioxid-Konto bereits bei den notwendigen Nahrungsmitteln. Während die Bauern in der Dritten Welt mit dem körperlichen

WO SICH AUTOS SCHNELLER MEHREN ALS MENSCHEN

AUTOS
● Dritte Welt
● Industrieländer

CO_2-EMISSIONEN
● Dritte Welt
● Industrieländer

BEVÖLKERUNG
● Dritte Welt
● Industrieländer

Einsatz von einer Kilokalorie zehn Kilokalorien Eßbares, also gespeicherte Solarenergie, erwirtschaften, sieht hierzulande das Verhältnis umgekehrt aus. Zwar holt ein High-Tech-Landwirt beispielsweise in Schleswig-Holstein bei gleichem Muskeleinsatz eindrucksvolle 5000 Kilokalorien aus den Boden. Das schafft er aber nur, weil er Traktoren, Mähdrescher, Beregnungsanlagen, Pestizide und chemische Düngemittel einsetzt. Damit steckt er insgesamt 50 000 Kilokalorien fossiler Energie in den Ertrag. Auf diese industrielle Weise kostet die Produktion von Lebensmitteln zehnmal mehr Energie, als sie auf den Tisch bringt. Kein besonders fortschrittliches Verfahren – und wirtschaftlich schon gar nicht.

Die Methode birgt obendrein ein doppeltes Mißverhältnis. Ein Bangladeschi beispielsweise hat täglich nur 1900 Kilokalorien zum Verzehr. Hingegen mästet sich der deutsche Michel mit 3500 dieser Energie-Einheiten – für die insgesamt 35 000 Kilokalorien aufgewendet wurden. Auf das Beispiel meines Alltags umgerechnet: Ich „verzehre" neben Wurst und Brot vom Frühstück bis zum Abendessen eine Energiemenge, die 2,8 Litern Erdöl entspricht. Addiere ich das zu meinem anderen Konsum, dann lande ich am Ende dieses Tages bei einem Verbrauch von etwa 15 Litern Erdöl.

Manchmal sind es sogar wesentlich mehr. An Tagen beispielsweise, an denen ich beruflich in die Ferne fliege oder privat mit dem Auto in den Skiurlaub fahre. Oder wie an jenem Abend am Wochenende, als ich mit Freunden beim Italiener sitze. Zum Pinot Grigio serviert Emilio als Vorspeise gegrillte Zucchinischeiben mit seinem unvergleichlichen Parmaschinken. Vermutlich stammt das tiefrote Fleisch von einem bayerischen Schwein, das in einem Allgäuer Mastbetrieb mit Maniokmehl aus Thailand und Sojaschrot aus Brasilien auf Schlachtgewicht gekommen ist. Zerteilt und gekühlt, wurde es dann im Lkw über den Brennerpaß zu „Veredelung" in die Lombardei geschickt, dort gepökelt und getrocknet. Nach Monaten klimatisierter Reifung rollte das Endprodukt wohlverpackt zurück über den Brenner, wurde auf dem Großmarkt von Hamburg umgeladen, ausgepackt, zwischengelagert, umgepackt, gekühlt und auf der elektrischen Maschine geschnitten, bevor Emilio mir endlich drei Scheiben davon servieren konnte. Danach trägt er noch köstliche Haupt- und Nachspeisen auf, Espresso und Digestivo.

Ein wunderbarer Abend, den ich mir nicht verübeln lasse. Ein Tag freilich, an dem ich mit meinen drei Freunden am Tisch – alle kinderlos wie ich und „unschuldig" an den Bevölkerungsproblemen dieser Welt – ökologisch so richtig über die Stränge gehauen habe. Binnen 24 Stunden haben wir vier schätzungsweise 80 Liter Öl verplempert: ein halbes Barrel, auf dem Weltmarkt zur Zeit für einen Spottpreis von rund acht Dollar zu haben.

Vor anderthalb Millionen Jahren lebte auf der Erde ein Mensch, der dem heutigen Homo sapiens bereits verblüffend ähnlich war. Doch erst mit der industriellen Revolution vor mehr als 200 Jahren entfachte er den Zündfunken zur Bevölkerungsexplosion. Die damit angeschobene Lawine ist bis heute nicht zum Stillstand gekommen. Im Gegenteil: Derzeit vermehrt sich die Menschheit so rasend schnell wie nie zuvor – mit jedem Tag um eine Viertelmillion

DER AUFSTIEG ZUM

HOMO TECHNICUS

Niemand weiß, wie der Junge zu Tode kam. Vielleicht war er im See ertrunken. Vielleicht hatten ihn die Fluten nach einem tropischen Regenguß mitgerissen. Womöglich war er auf der Flucht vor einem Raubtier im Morast steckengeblieben und versunken.

Keine Spur von Gewalt, keine Knochenbrüche, keine Schädelverletzung. Nicht einmal die Aasfresser, die zuhauf durch diese Gegend streiften, hatten sich über den Leichnam hergemacht. Schlamm hatte den Toten schnell bedeckt. Der Staub der Jahrtausende, Sand und Vulkanasche, überlagerten die letzte Ruhestätte.

Anderthalb Millionen Jahre später, im August 1984, erreichte eine erschöpfte Expedition das ausgetrocknete Flußbett des Nariokotome am Westufer des Turkana-Sees in Nordkenia. Im Schatten der Akazien schlugen die Männer vom Nationalmuseum in Nairobi ihre Zelte auf. Zwei Wochen lang hatten sie in der wüstenhaften Landschaft ohne großen Erfolg nach Fossilien gesucht. Nun freuten sie sich auf einen Ruhetag.

Eher aus Langeweile denn aus Tatendrang stemmte sich am späten Nachmittag Kamoya Kimeu, der Leiter des Trupps, aus seinem Klappstuhl und schlenderte durch die Ödnis aus Geröll und Lavagestein. Als er einen kleinen Hügel erreichte, fiel sein geübtes Auge auf einen unscheinbaren Brocken am Boden, nicht größer als eine Streichholzschachtel. Sofort erkannte er, was er vor sich hatte: das Fragment eines versteinerten menschlichen Knochens, eindeutig identifizierbar als Stück aus der Schädeldecke.

Noch am selben Abend berichtete der Fossilengräber seinem Chef, Richard E. Leakey in Nairobi, über Funk von der Entdeckung. Ein paar Tage später landete der weltberühmte Paläoanthropologe gemeinsam mit seinem englischen Kollegen Alan Walker in einer kleinen Maschine am Turkana-See. Es begann eine Grabung, die eines der sensationellsten Fossilien aus der Frühgeschichte der Menschheit zutage förderte: das nahezu vollständige Skelett eines 1,60 Meter großen elfjährigen *Homo erectus*, der vor mehr als 1,5 Millionen Jahren gelebt hatte.

Aus anderen, weit schlechter erhaltenen Funden war bekannt, daß diese Spezies Urmensch bereits Steinwerkzeuge und das Feuer nutzte sowie über ein erstaunliches Gehirnvolumen, vermutlich schon über eine rudimentäre Sprache verfügte. Doch die Überreste des „Turkana Boy" eröffneten jetzt einen viel detaillierteren Einblick in die Welt des frühen Menschen.

Die größte Überraschung bargen die Beckenknochen des Knaben. Der Anatom Alan Walker vermaß das Skelett, rechnete daraus die Dimensionen des Beckens eines weiblichen *Homo erectus* hoch und stieß dabei auf ein Phänomen: Einerseits konnte der Geburtskanal jener Urfrau nur für einen Babykopf mit etwa 275 Kubikzentimeter Gehirnvolumen weit genug gewesen sein. Andererseits besaß ein erwachsener Mensch seinerzeit bereits ein etwa 900 Kubikzentimeter großes Gehirn. Ein Menschenkind muß also schon vor 1,5 Millionen Jahren relativ „unfertig" zur Welt gekommen sein.

Damit war der *Homo erectus* dem heutigen Menschen wesentlich ähnlicher als bisher angenommen. Denn „unreife" Nachkommen zu gebären, ist eine recht junge Eigenschaft unserer Art; sie hat sich im Laufe der Evolution erst langsam herausgebildet.

Während der Entwicklung vom aufrecht gehenden Affenmenschen zum modernen *Homo sapiens* vergrößerte sich das Gehirn über Jahrhunderttausende immer weiter. Wenig verändert hingegen hat sich die Anatomie des weiblichen Beckens. Die immer größerkopfigen Babys mußten folglich zu einem immer früheren Zeitpunkt ihrer Entwicklung auf die Welt gekommen sein – gewissermaßen als stetig weiter vorgezogene Frühgeburten.

Jedermann weiß es: Ein Menschenbaby lebt nach der Geburt monatelang in einem völlig hilflosen postfötalen Zustand – fast so, als sei es noch im Uterus der Mutter. Um ein einigermaßen „lebenstüchtiges" Kind zu Welt zu bringen – das haben Mediziner berechnet –, müßte die Schwangerschaft beim Menschen eigentlich 21 Monate dauern. Für ein solches Riesenbaby aber wäre der Geburtskanal zu klein – oder das Becken müßte so breit ausgelegt sein, daß die Frau gar nicht mehr aufrecht gehen könnte.

Neotenie nennen Wissenschaftler diese unvollkommene Entwicklung menschlicher Babys, die auf den ersten Blick biologisch unsinnig erscheint. Denn während die meisten Säugetiere spätestens wenige Monate nach der Geburt in der Lage sind, sich Nahrung zu suchen und Gefahren zu entkommen, braucht ein Mensch dazu viele Jahre.

Die menschliche „Zu-Früh-Geburt" barg dennoch einen entscheidenden Überlebensvorteil: Die Schutzbedürftigkeit der Kinder zwang den *Homo erectus* dazu, sie lange in einem „sozialen Uterus" zu umsorgen. Die ausgedehnte Kindheit verlangte den Eltern viel Zeit zur Pflege ihrer Nachkommen ab. Das bewirkte soziale Familienbindungen und eine Arbeitsteilung zwischen Mutter und Vater. All das förderte die Kommunikation – und letztlich das Entstehen von Sprache.

Dabei erwies sich das bei der Geburt so unvorteilhaft große Gehirn plötzlich als Gewinn: Wer mehr davon im Kopf hatte, konnte seine Kinder besser versorgen. Intelligentere Urmenschen konnten sich zu Gruppen organisieren, gemeinsam jagen, Waffen entwickeln, Beute teilen, sich gegen Raubtiere verteidigen. Vor allem konnten sie ihren Zugewinn an Wissen von einer Generation an die nächste überliefern. Diese soziale und kulturelle Fortentwicklung brachte dem Menschen mehr Vorteile als die genetische Evolution. Und hierin unterschied sich der *Homo erectus* von seinen Vorfahren und allen anderen Lebewesen in der afrikanischen Savanne.

Der entscheidende Durchbruch zur Menschwerdung war also weniger – wie meist angenommen – der aufrechte Gang, sondern vielmehr die Hilflosigkeit der Kinder. Der *Homo erectus* war die erste Spezies unter unseren Vorfahren, die das Zeug dazu hatte, auf der Erde Geschichte zu machen – letztlich sogar den Planeten zu verändern.

Im ursprünglichen süd- und ostafrikanischen Siedlungsraum des *Homo erectus* lebten über Jahrhunderttausende – versprengt in kleinen Gruppen – vermutlich nicht mehr als einige zehntausend Menschen. Angesichts dieser kleinen Schar – sie entspricht der Einwohnerzahl eines Städtchens wie Buxtehude oder Schweinfurth – grenzt es fast an ein Wunder, daß die ersten Menschen überhaupt überlebt haben. Denn die Möglichkeit, daß eine zahlenmäßig so geringe Art von der Bühne der Evolution verschwindet, ist viel größer, als daß sie erdgeschichtliche Karriere macht.

Die meiste Zeit seines Daseins ist der Mensch eine von Hungersnöten, Seuchen, Klimaveränderungen und anderen Katastrophen bedrohte Art gewesen sein. Anthropologen schätzen, daß er während der Steinzeit durchschnittlich nur 20 bis 25 Jahre alt wurde. Die Frauen bekamen zwar etwa sechs Kinder, aber von denen starben vier, bevor sie selbst geschlechtsreif wurden. Die Forscher gehen ferner davon aus, daß die Menschheit durch mehrere Krisen der Evolution, gleichsam „Flaschenhälse", gegangen ist und ihr Bestand dabei immer wieder drastisch dezimiert wurde. Der Mensch hatte keine Wahl: Entweder vermehrte er sich angesichts hoher Sterblichkeitsraten und permanenter Bedrohung durch eine widrige Umwelt so gut er konnte – oder er ging unter.

Die Spanne zwischen den beiden demographischen Extremen – Aussterben und Überbevölkerung – ist indes äußerst schmal. Einerseits waren möglichst viele Nachkommen für die Art, für die Sippe überlebensnotwendig; andererseits bedeuteten zu viele Kinder rasch ein Ende der erreichbaren Ressourcen.

Vermutlich seit sie existiert, hat die Menschheit unter einer den Lebensverhältnissen entsprechend zu hohen Bevölkerungsdichte gelitten. Davon zeugen Hungersnöte, Verteilungskämpfe, Völkerwanderungen, die Übernutzung ganzer Landstriche und infolgedessen der Niedergang von Hochkulturen.

Wie stark der *Homo erectus* den Bevölkerungsdruck bereits verspürt haben muß, zeigt die Tatsache, daß er vor mehr als einer Million Jahren seine Ur-Heimat Ostafrika verlassen hat. In Zehntausenden von Generationen hat er schließlich alles bewohnbare Land des Globus besiedelt – selten freiwillig, sondern meist auf der Flucht vor lokaler Übervölkerung. „Niemand geht aus reiner Neugier von Asien aus über

Der Stamm der Rendille im Norden Kenias hat sich über Jahrhunderte ideal an seine Umwelt angepaßt. Existenzgrundlage der Nomaden sind im wesentlichen Kamele, die das karge Land nicht übernutzen. Junge Rendille-Krieger leben gemeinsam mit den Tieren fern der Sippe. Sie dürfen erst heiraten und Kinder zeugen, wenn die Herde des Vaters groß genug ist, um eine weitere Familie zu ernähren

die Beringstraße, um nach Nordamerika zu gelangen", sagt der Kieler Anthropologe Hans Jürgens. „Die Jäger und Sammler mußten schlichtweg auswandern, denn für sie gab es nicht mehr genug zum Jagen und Sammeln."

Neben der Emigration kannten die Naturvölker eine weitere Möglichkeit, auf die Begrenztheit ihres Lebensraumes zu reagieren. Sie paßten ihr Wachstum an die Umwelt an. Für die Rendille beispielsweise, einen Nomadenstamm im Grenzgebiet zwischen Kenia und Äthiopien, gilt das bis heute. Diese Wanderhirten leben im wesentlichen von der Milch ihrer Kamele und von dem Blut, das sie ihnen regelmäßig abzapfen. Mit den genügsamen Tieren können sie weit entlegene Weideflächen erschließen. Weil Kamele von Büschen und Bäumen nur die Blätter reißen und mit ihren weichen Hufen die empfindliche Grasnarbe nicht zertrampeln, nutzen sie überdies die Steppe, ohne sie zu zerstören. Das Ökosystem bleibt intakt. Kamele zu halten – meint der amerikanische Anthropologe Daniel Stiles –, ist die einzige Möglichkeit, die unwirtlichen Trockenregionen des Sahel, der nordafrikanischen Steppenzone, auf Dauer zu bewirtschaften. Das über Generationen entstandene Miteinander von Weidetieren und Wanderhirten, so konnte Stiles in jahrelangen Studien belegen, hat eine überraschende Folge: Kamele regulieren das Bevölkerungswachstum der Rendille.

Die ökologische Rechnung: Jeder echte Nomadenstamm vermehrt sich – sofern nicht Missionare oder Entwicklungshelfer dieses Verhältnis stören – synchron zur Größe seiner Herde. Junge Männer dürfen

Die Wanderhirten vom Stamm der Samburu leben in der Nachbarschaft der Rendille. Sie allerdings züchten Ziegen, Schafe und Rinder, deren Herden schneller wachsen als die von Kamelen. Entsprechend rasch können sich die Samburu auch vermehren. Die Folge: Ihre Umwelt wird übernutzt und weithin zur Wüste

erst heiraten, wenn die Herde des Vaters groß genug ist, um geteilt zu werden und zwei Familien ernähren zu können. In mageren Jahren wird auf diese Weise die menschliche Fortpflanzung indirekt gebremst, zu fetten Zeiten mehren sich Mensch und Tier schneller.

Nach diesem Mechanismus wächst die Rendille-Bevölkerung ebenso wie ihr Kamelbestand relativ langsam – um durchschnittlich 1,6 Prozent im Jahr, denn Kamelkühe brauchen 13 Monate, um ein Kalb auszutragen. Nur unter optimalen Bedingungen, wenn der Regen regelmäßig fällt und das Gras ausreichend wächst, verdoppelt sich eine Herde binnen zehn Jahren. Aber zehn fette Jahre hintereinander sind selten im Sahel, und so kommt es, daß die Rendille eine der niedrigsten Geburtenraten aller kenianischen Stämme aufweisen. Dieser geringe Zuwachs hat – bei allen Hungersnöten, Kriegen und Epidemien – stets genügt, um den Stamm seit Menschengedenken überleben zu lassen.

Junge Rendille-Krieger wachsen als ledige Burschen in Männergruppen bei ihren Tieren in der Steppe auf – getrennt von der Familie. Ehe und somit Fortpflanzung sind ihnen vorerst und womöglich auf Dauer untersagt. Wie bei anderen Kamelnomaden heiraten Rendille-Männer, wenn überhaupt, spät und leben über lange Zeit sexuell abstinent. So wird die Zahl der Nachkommen begrenzt. Zudem verstreichen zwischen zwei Schwangerschaften oft Jahre, und überzählige Mädchen werden häufig an die benachbarten Samburu verkauft. Im Gegensatz zu den Rendille ist dort die Mehrehe üblich.

Der Stamm der Samburu züchtet vorwiegend Rinder, Schafe und Ziegen – die sich allesamt wesentlich schneller fortpflanzen als Kamele. Die Bevölkerung dieser Wanderhirten mehrt sich – parallel zu ihren Herden – um rund drei Prozent im Jahr. Kein Wunder, daß die Samburu angesichts dieses explosiven Wachstums ihr Umland mit ihren gefräßigen Weidetieren regelrecht verwüsten und viel anfälliger auf Dürreperioden reagieren als die mobilen und angepaßten Rendille.

Es waren gewiß nur die Weisen und Stammesältesten der Rendille, die schon in grauer Vorzeit um den Zusammenhang zwischen der Begrenztheit der Ressourcen und dem Zwang zur Selbstbeschränkung wußten. Um den ganzen Stamm vom Sinn eines sicherlich unpopulären Verzichts auf unbeschränkte Vermehrung zu „überzeugen", mußten sie Gesetze und Verbote erlassen. Um sie besser durchzusetzen – und weil Menschen dem Übersinnlichen eher Glauben schenken –, verbrämten sie diese Regeln als Tabus, Mythen, Riten, Bräuche. Ein junger Rendille-Krieger würde deshalb nie sagen, daß ihm ein Gesetz das Kinderzeugen verbietet, sondern eher, daß sich die Sitten seines Stammes von denen der Samburu unterscheiden.

Ebenso effizient regelten die Indianer Nordamerikas ihr Wachstum. Wer dort heiraten wollte, mußte zuerst einen Skalp vorweisen – als Beleg dafür, daß er auf der Welt „Platz" für eine neue Familie geschaffen hatte. Viele Völker brachten in schlechten Zeiten ihre Neugeborenen um – vorzugsweise Mädchen, denn die drohten das Bevölkerungswachstum in der nächsten Generation noch zu verschlimmern. Für einen Yanomami-Indianer am Amazonas war die Tötung eines Neugeborenen sinnvoller, vor allem humaner, als einen Erwachsenen verhungern zu lassen.

Wo die moralischen Skrupel größer waren, wurden Neugeborene im Wald oder auf dem Fluß in einem Schilfkorb ausgesetzt – in der allerdings wohl meist vergeblichen Hoffnung, eine Wölfin oder ein barmherziger Einsiedler nehme sich des ledigen Bündels an. Wie häufig die Menschen ungewollte Nachkommenschaft auf diese Art loswurden, dokumentiert die Rolle von Findelkindern in Märchen, Mythen und auch der Heiligen Schrift.

Bei den Toda, einem kleinen Stamm auf den südindischen Nilgiri Hills, wurden einst so viele kleine Mädchen umgebracht, daß die Briten 1871 bei einer Erhebung je 100 Männer nur 71 Frauen zählten. Die Toda lebten unter so kargen Bedingungen und hatten so wenig Land, daß sie sich eine Gesellschaft von mehr als tausend Menschen nie erlauben konnten. Um den Männerüberschuß sozial auszugleichen, hatte sich bei den Toda sogar die seltene Polyandrie etabliert – die Ehe einer Frau mit mehreren Männern.

Wie stark der Druck auf die Menschen mitunter gewesen sein muß, sich zahlenmäßig zu beschränken, zeigt das Beispiel der Yap. Dieses Volk siedelt nördlich von Papua-Neuguinea auf entlegenen pazifischen Inseln, die einem flüchtigen Betrachter zunächst wie der Garten Eden erscheinen. Doch die Eilande sind seit Menschengedenken übervölkert; sie geben nicht genug her. Als Reaktion darauf hat sich im Laufe der Zeit, wie es der britische Naturforscher John Reader beschreibt, ein „Sozialsystem von labyrinthhafter Vielschichtigkeit" entwickelt, das die Bewohner selbst kaum noch durchschauten.

Wenn zum Beispiel das Land eines Familienoberhauptes zu klein war, um es an seine Söhne zu verteilen, vertrieb der Vater die Sprößlinge, die nichts erben konnten, kurzerhand aus dem Haus. Zur Not setzte er sie sogar in ein Boot und schickte sie aufs Meer. Töchter – potentielle Mütter! – wurden, wenn sie nicht verheiratet werden konnten, auf dieselbe Weise verstoßen.

Zugleich aber waren den unverheirateten Insulanern bereits in jungen Jahren große sexuelle Freiheiten erlaubt. Es gab sogar spezielle „Club-Häuser", in denen wohlgeachtete Frauen den heranwachsenden

Männern Sexualpraktiken beibrachten, die beiden ein hohes Maß an Befriedigung verschafften. Sie waren freilich nicht von der Art, daß sie zur Empfängnis führten. Und wenn es doch einmal ungewollt zur Schwangerschaft kam, kannten die Yap-Frauen wirkungsvolle Methoden der Abtreibung. Sie tranken konzentriertes Meerwasser und wandten spezielle Massagen an, schreibt Reader. Oder sie führten gerollte Hibiskusblätter in den Muttermund ein. Die Blätter quollen, weiteten das Gewebe, und die Frauen ritzten es mit einem scharfen Gegenstand an, so daß eine Entzündung zur Fehlgeburt führte.

Nach einer offiziellen Eheschließung war dann jedoch Schluß mit der Freizügigkeit. Die Yap tabuisierten ehelichen Geschlechtsverkehr auf vielerlei Art. Ein Mann durfte mit seiner Frau nicht schlafen, wenn er an einem Boot oder einem Haus baute, wenn er bestimmte Muscheln sammeln wollte oder wenn er sich auf den Fischfang vorbereitete. Die Männer glaubten sogar, Sex während der Ehe sei gesundheitsschädlich. Trotzdem konnten die Männer natürlich nicht ihren Sexualtrieb

Das Leben der Yap auf der Pazifikinsel Mogmog ist von Riten und Tabus geprägt. So verbringen die Frauen die Zeit ihrer Menstruation gemeinsam in Häusern, zu denen Männer keinen Zutritt haben. Dort tauschen sie auch ihr Wissen um wirkungsvolle Verhütungsmethoden aus. Der tiefere Sinn der alten Sitten: Die Bevölkerung auf die Tragfähigkeit der Insel zu beschränken

abstellen. Deshalb schufen die Yap weitere verschlungene Regeln, die einen zu großen Kindersegen verhindern sollten: Der Brauch wollte es, daß Mann und Frau, aber auch alle Töchter und Söhne aus verschiedenen Töpfen ihre Mahlzeiten zu sich nahmen, die jeweils auf unterschiedlichen Feuerstellen gekocht werden und deren Ingredienzien ebenso aus streng getrennten Gärten stammen mußten. Viele Familienmitglieder bedeuteten somit sehr viel Arbeit für die Frauen. Die entwickelten deshalb, trotz natürlicher Kinderliebe, ein ausgeprägtes Interesse, die Familie so klein wie möglich zu halten. Der seltsame Brauch der getrennten Töpfe – auf den ersten Blick schikanös – war in Wirklichkeit ein rituell verkleideter Mechanismus, um eine große Kinderzahl zur Last zu machen und die Population auf das Maß der Insel zu begrenzen.

Im fruchtbaren Niltal stand vor zehntausend Jahren die Wiege der Landwirtschaft. Hier begannen Jäger und Sammler jene Wildpflanzen zu kultivieren, deren Samen sie zuvor nur zum Verzehr aufgelesen hatten. Viele Fellachen betreiben den Ackerbau bis heute nach alter Väter Sitte

Solch komplexe Methoden zur Selbstbeschränkung sind gewiß so alt wie die Menschheit selber. Solange sie in archaischen Kulturen lebten, hatten die Menschen kaum die Chance, sich über die natürlichen Grenzen ihrer Umwelt hinaus zu vermehren. Bis 8000 v. Chr., beim Übergang von Paläolithikum zum Neolithikum, war ihre Zahl weltweit zwar auf rund acht Millionen angewachsen – etwa die Einwohnerschaft des heutigen London. Möglich war das aber nur, weil sich die Menschheit über alle Kontinente – mit Ausnahme der Antarktis – verbreitet hatte. Seit der „Turkana Boy" 60 000 Generationen zuvor im Schlamm des Sees umgekommen war, hatte sich die Weltbevölkerung extrem langsam vermehrt – um durchschnittlich nur fünf Häupter pro Jahr.

Die erste Bevölkerungsexplosion erlebte die Menschheit indes, als mit dem Neolithikum die Jäger und Sammler begannen, ein paar jener Pflanzen zu kultivieren und Tiere zu zähmen, die sie zuvor nur gesammelt und gejagt hatten. Unabhängig voneinander entstanden um 8000 v. Chr. an Euphrat und Tigris, am Nil und in Südostasien Ackerbaukulturen. Und die ernährten auf gleicher Fläche wesentlich mehr Menschen, als je zuvor möglich war.

Am erfolgreichsten war diese „Agrar-Revolution" im Bereich des heutigen Ägypten. Auf dem regelmäßig von fruchtbarem Schlamm überschwemmten Boden entlang des Nil kultivierten die ersten Siedler die Ahnformen von Weizen, Gerste, Erbsen und Linsen ohne große

Mühe: Sie streuten Saatgut einfach aus und schickten Herdentiere – Rinder, Schafe und Ziege – über das Feld, damit sie es in die feuchte Erde trampelten.

Die neue Nahrungsquelle ließ die Anzahl der Früh-Ägypter binnen 4000 Jahren von etwa 100 000 bis 200 000 auf vermutlich zwei Millionen emporschnellen. Der bewohnbare Teil des Landes war damit am Ende des 4. Jahrtausends v. Chr. bereits dichter besiedelt als viele Industrienationen heute. Wahrscheinlich stellte das Reich der Pharaonen zu jener Zeit mehr als die Hälfte aller Afrikaner. Denn im größten Teil des riesigen Kontinents lebten weiterhin lediglich Jäger und Sammler mit ihren beschränkten Möglichkeiten und in ihren natürlichen Populationsgrenzen.

Wieviel mehr Menschen durch Ackerbau satt werden können, wird auch am Beispiel Nordamerika deutlich. Bevor die Europäer im 16. Jahrhundert begannen, die Neue Welt zu erobern, war das Land zwar dünn besiedelt, in Wirklichkeit aber – gemessen an der Lebensweise der Ureinwohner – übervoll. Jene Indianer, die keine Landwirtschaft kannten, lieferten sich endlose Stammesfehden um die Jagdgründe. Die Tragfähigkeit der weiten Wälder und Prärien war mit ein bis zwei Millionen Menschen vielerorts längst erschöpft.

Trotzdem gelang es den neuen weißen Siedlern, nachdem sie die Ureinwohner nahezu ausgerottet hatten, sich bis 1850 schon auf 23 Millionen Häupter zu vermehren. Denn sie hatten aus der Alten Welt Ackerbau und Viehzucht mitgebracht und konnten damit auf derselben Fläche etwa die zehnfache Menge an Menschen ernähren.

Überbevölkerung – man sieht es an diesem Beispiel – ist eine relative Größe. Sie hat weniger damit zu tun, wie viele Individuen auf einer bestimmten Fläche leben, als vielmehr, auf welche Weise sie dort leben: Ob sie die Mammut- oder Büffelherden, die ihnen als Nahrungsquelle dienen, ausrotten – oder schonend bejagen. Ob sie den Wald, der ihnen Holz und Früchte liefert, niederbrennen – oder nachhaltig bewirtschaften. Ob sie den Boden übernutzen, das Grundwasser erschöpfen und die Umwelt mit Abfallstoffen überladen. Oder ob sie dem System, dem sie selbst angehören, nur soviel zumuten, wie es folgenlos verkraften kann.

Eine Steppe in der Sahelzone Afrikas mit einer Handvoll Ziegenhirten oder ein dünnbesiedeltes Industrieland wie Schweden mit 19 Menschen je Quadratkilometer kann somit stärker übervölkert sein als eine traditionelle balinesische Reisterrassenlandschaft, wo sich auf derselben Fläche mehr als 400 Menschen drängen.

Es ist nicht verwunderlich, daß mit jedem Schritt zu einer intensiveren Wirtschaftsform zwar mehr Menschen auf derselben Fläche existieren können, aber die Lebensqualität sich nicht unbedingt verbessert. Anthropologen haben beispielsweise in Afrika den Alltag der letzten als ursprüngliche Jäger und Sammler lebenden Buschleute der Kalahari mit dem ihrer bäuerlichen Nachbarn verglichen. Der amerikanische Anthropologe Richard Lee fand heraus, daß die Buschleute wesentlich weniger Zeit für ihren Lebensunterhalt aufwenden, unabhängiger von Klimaschwankungen sind und dabei eine weitaus abwechslungsreichere, proteinhaltigere und nahrhaftere Kost zu sich nehmen als die benachbarten Farmer. Auf die Frage, warum er das urtümliche Herumstreifen durch die Savanne der „bequemeren" Landwirtschaft vorziehe, antwortete ein erstaunter Buschmann: „Wieso sollten wir etwas anbauen, wo auf der Welt doch so viele Mongongo-Nüsse wachsen?"

Paläopathologen – jene Wissenschaftler, die sich mit den Gebrechen der Frühmenschen beschäftigen – bestätigen, daß sich die Menschen zwar kräftig mehrten, nachdem sie von Jägern und Sammlern zu Bauern wurden, doch keineswegs gesünder lebten: Die neue, stärkereiche, aber vitaminarme Getreidekost führte häufig zu einem Rückgang der Körpergröße. Solche einseitige Ernährung verursachte Eisenmangel und Blutarmut. Der körperliche Zustand der Frauen verschlechterte sich zudem durch häufigere Niederkünfte.

Insgesamt – die Erkenntnis verblüfft zunächst – sank die Lebenserwartung, nachdem die Menschen seßhaft geworden waren. Gründe vor allem: Weil sie dichter aufeinander wohnten und – zwangsläufig – Infektionskrankheiten sich viel besser verbreiten konnten.

Der amerikanische Völkerkundler Jared Diamond bezeichnet den „Aufstieg" des Menschen vom Jäger und Sammler zum Ackerbauer und Viehzüchter gar als Irrweg in der Geschichte der Entwicklung. Denn die Landwirtschaft verursachte nicht nur ein bis dato nie dagewesenes Bevölkerungswachstum. Sie führte auch zu hierarchischen Strukturen und einer Aufteilung der Gesellschaft in Klassen. Während alle Jäger und Sammler besitzlos und vor dem Tier- und Pflanzenangebot der Natur „gleich" waren, brachte die Seßhaftigkeit Eliten hervor, die von der Feldarbeit anderer lebten. Adelige, Großgrundbesitzer, Militärs und Bürokraten – das sind klassische Errungenschaften der ersten Hochkulturen. Sie prägen selbst die hochindustrialisierten Zivilisationen der Gegenwart. Bei den letzten Buschleuten blieben sie bis heute unbekannt.

Der Siegeszug der „Kultur" war unaufhaltsam. Weniger, weil alle Jäger und Sammler sich vom Segen der Landwirtschaft überzeugen ließen, sondern weil die neuen Seßhaften kraft ihrer Vermehrungsrate die ökologisch angepaßteren Nachbarn an Zahl einfach überflügelten. „Hundert schlecht ernährte Farmer", schreibt Diamond, „können einen einzigen kräftigen Jäger immer noch leicht verdrängen."

Aus Bauern wurden bald Städter. Diese erhöhten mit vielen kleinen Schritten die Ausnutzung des Landes künstlich immer weiter: Getreidespeicher halfen über magere Jahre hinweg; Kaufleute bauten Handelswege aus und erschlossen damit entlegene Reichtümer; Armeen brachten von ihren Raubzügen Sklaven mit, das historische Pendant zu den modernen Maschinen; Erze wurden zu Metallen verhüttet und zu Werkzeugen geformt. Pflugscharen verbesserten die landwirtschaftlichen Erträge. Schwerter erleichterten es den Mächtigen, größere Menschenmengen zu kontrollieren und fremde Gebiete zu unterwerfen.

Mit Abbau und Verhüttung der Erze gingen die Menschen erstmals an die Substanz – an die nicht erneuerbaren Ressourcen der Erde. Das hatte vielerlei Folgen. Während die teuren Materialien Kupfer und Bronze einst nur den Eliten zur Verfügung standen, brachte die Eisenzeit metallenes Werkzeug fürs Volk. Und wo viele Menschen von den neuen Hilfsmitteln profitierten, wuchs die Bevölkerung entsprechend.

An diesem Punkt allerdings gab es – nicht zum letztenmal – eine entscheidende Hürde für die weitere Entwicklung. Um aus Erz Eisen zu gewinnen, bedurfte es großer Mengen an Holzkohle. Die Wälder, längst dezimiert durch den Holzeinschlag für Haus- und Schiffbau, schwanden zusehends. Auf dem Gebiet des heutigen Libanon, noch 1000 v. Chr. berühmt für seine mächtigen Zedernwälder, mußten die Menschen sogar das Bauen mit Holz aufgeben und statt dessen die Steinbogen-Architektur mit Mörtel erfinden – ein „Fortschritt", der die letzten Waldreste dahinraffte. Denn für das Brennen des Kalkmörtels war weiteres Holz nötig.

Die baumlose Landschaft wurde bald zur Ödnis. Der Boden erodierte, die Landwirtschaft brach zusammen, und um 700 v. Chr. mußten die frühen Libanesen ihr einstmals blühendes Land aufgeben. Es hat sich, wie der gesamte Raum der ehemaligen phönizischen, griechi-

Nur mit stetig steigendem Rohstoffverbrauch ließ sich die Tragfähigkeit der Erde immer weiter erhöhen. Diese Art von Fortschritt führt jedoch in eine Sackgasse

31

Die karge Landschaft auf der griechischen Insel Karpathos ist nicht natürlichen Ursprungs. Sie entstand als Folge einer Übernutzung, die zwei Jahrtausende zurückliegt. Damals hatten die Bewohner die Wälder kahlgeschlagen, um Holz für Haus- und Schiffbau zu gewinnen

schen und römischen Reiche um das Mittelmeer, bis heute ökologisch nicht von dem Raubbau erholt.

Das stete, aber vorerst immer noch gemächliche Wachstum der Menschheit hatte über Jahrhunderte nur regionale Übernutzungen der Umwelt zur Folge. Doch es zeichnete sich bereits ein Trend ab: Jeder Schritt zur Erhöhung der Tragfähigkeit zog einen kleinen Bevölkerungsschub nach sich – oder: Jedes Bevölkerungswachstum erzwang neue Technologien, um den Zuwachs zu ernähren. Und jeder „Fortschritt" erforderte eine große Menge nicht erneuerbarer Ressourcen.

Seit Beginn der Agrar-Revolution bis zur Zeitenwende, in rund acht Jahrtausenden, war die Zahl der „Verbraucher" weltweit von acht auf etwa 300 Millionen angewachsen. Das finstere, fortschrittsfeindliche Mittelalter mit seinen Kriegen, Hungersnöten und Pestepidemien ver-

hinderte, daß sich die Menschheit weiter mehrte, ließ sie vorübergehend sogar schrumpfen. Erst nach dieser Unterbrechung bereitete die Epoche der Aufklärung die demographische Wende vor. Bis Mitte des 18. Jahrhunderts war die Zahl der Menschen weltweit auf mindestens 700 Millionen angestiegen, davon 100 Millionen Europäer, die zum Teil unter dem Bevölkerungsdruck bereits begonnen hatten, in die Neue Welt auszuwandern. Dann folgte das, was Bevölkerungswissenschaftler zu Recht als „Bevölkerungsexplosion" bezeichnen.

Mit der industriellen Revolution im 18. Jahrhundert schickte sich die Menschheit an, zur Multimilliarden-Art aufzusteigen. Grundlage dafür war die Erfindung der Dampfmaschine, jenes Geräts, das im Erdreich gespeicherte fossile Energie zu Bewegung und später über Generatoren zu Strom umwandeln konnte.

Die neuen Fabriken, in denen die fauchenden Ungetüme standen, brauchten zunächst mehr Arbeitskräfte, als Menschen in den Städten vorhanden waren. Nachschub kam vom Lande, wo Tausende durch die Mechanisierung des Ackerbaus – also durch die Dampfmaschine – ihre Existenz verloren hatten. Die neuartigen Lokomotiven konnten mit der vielfachen Kraft eines Pferdefuhrwerks Kohlen zu den Maschinen und Waren zu den Menschen transportieren. Durch die höhere Produktivität von Landwirtschaft, Handel und Gewerbe ließen sich wiederum mehr Bürger versorgen und ernähren.

Im Sog der naturwissenschaftlichen Umbrüche verbesserten sich seit Mitte des 19. Jahrhunderts Heilkunst und Hygiene. Das Wissen um lebensbedrohende Mikroorganismen, die ersten Impfstoffe, vor allem sauberes Trinkwasser und später die Antibiotika verringerten die Kindersterblichkeit. Cholera, Tuberkulose und Kindbettfieber gingen zurück. Die Pest, die in den Jahrhunderten zuvor mindestens ein Viertel der europäischen Bevölkerung dahingerafft hatte, verschwand. Die Städte, noch im Mittelalter mit ihren Seuchen und Infektionskrankheiten als wahre Höllen der Überbevölkerung berüchtigt, nahmen jetzt die arbeitslosen Massen vom Lande auf und wucherten zu industriellen

Metropolen heran. Kurz: Die Bevölkerungslawine kam nunmehr kräftig ins Rollen.

Nur wenige machten sich bereits Gedanken darüber, wo das enden sollte. Als Kritiker der Entwicklung tat sich besonders der 1766 geborene Thomas Robert Malthus hervor, anglikanischer Pastor und Nationalökonom aus dem englischen Guildford. Ausgehend von den beiden biologischen Grundbedürfnissen des Menschen – lapidar: erstens Hunger auf Brot und zweitens Sex – folgerte er, daß sich die Bevölkerung immer schneller vermehren werde und entsprechend immer mehr Nahrungsmittel brauche.

Seine Überlegungen begründete Malthus in seinem ersten „Essay on the Principle of Population": Weil die Zahl der Menschen nach geometrischem Muster wachse (zwei Eltern, vier Kinder, acht Enkel, 16 Urenkel usw.), die landwirtschaftlichen Erträge in gleichen Zeitabschnitten jedoch nur in arithmetischer Progression zunähmen (eine Tonne Weizen, zwei Tonnen, drei, vier usw.), müsse das Wachstum der Menschheit irgendwann in Massenelend, Epidemien und Hungersnöten enden.

Malthus sah als einzigen Ausweg, daß sich die Menschen zügelten, indem sie dem Vermehrungstrieb mit Ehelosigkeit und Enthaltsamkeit beggneten, „bis wir sichere Aussicht haben, unsere Kinder ernähren zu können". Zumindest er selbst hielt sich einigermaßen an seine Vorgaben: Er heiratete erst spät, mit 39 Jahren, und zeugte lediglich drei Kinder.

Kein anderer Bevölkerungswissenschaftler spaltet die Meinung der Experten bis heute mehr als Malthus. Der fromme Mann sollte mit seinen Theorien Recht und Unrecht zugleich behalten. Völlig falsch eingeschätzt hatte er das Potential der immer weiter intensivierten Landwirtschaft, denn bald schon wuchsen fast überall auf der Erde die Erträge schneller, als die Menschheit es tat. Nicht vorhergesehen hatte er, daß zwischen 1815 und 1914 beispielsweise aus Großbritannien, dem Mutterland der industriellen Revolution, rund ein Drittel aller Menschen in die gerade erschlossenen Kolonien auswanderten. Selbst aus Deutschland emigrierten zu jener Zeit 5,5 Millionen in die Vereinigten Staaten. Falsch war auch Malthus' moralisch, aber nicht wissenschaftlich begründete Vorstellung, zuviel Nachwuchs lasse sich nicht mit Verhütung, sondern nur durch Enthaltsamkeit vermeiden. Doch richtig lag er in seiner Annahme, daß Bevölkerungswachstum in einer endlichen Welt irgendwann im Chaos enden muß.

Als Malthus 1834 mit 68 Jahren starb, hatte die Menschheit bereits ihre erste Milliardenhürde übersprungen und das Wachstum den typischen Verlauf einer Exponentialfunktion angenommen. Den abstrakten mathematischen Begriff erläutert am besten ein Beispiel. Bekannt – und beliebt – ist exponentielles Wachstum bei einem Bankkonto,

Das Erfolgsgeheimnis des Homo sapiens: Nur weil es ihm gelang, die Landwirtschaft immer weiter zu intensivieren – hier eine Weizenfarm im US-Bundesstaat Montana –, können heute auf der Erde wesentlich mehr Menschen Nahrung finden als vor zehntausend Jahren

wenn der Zins dem Guthaben zugeschlagen wird und seinerseits Zinsen einbringt: den Zinseszins. Populationen schwellen nach dem gleichen Muster an – vorausgesetzt, die Kinder (Zinsen) haben wieder Kinder (Zinseszinsen) und bleiben lange genug auf der Erde (dem Konto), um sich selbst zu vermehren.

Derzeit wächst die Menschheit um 1,7 Prozent im Jahr. Trotz des scheinbar niedrigen „Zinssatzes" verdoppelt sich das „Humankapital" unter diesen Bedingungen schon nach 40 Jahren: eine gigantische Dynamik im Vergleich zum ersten Bevölkerungsschub, den die agrarische Revolution zu Beginn des Neolithikums ausgelöst hatte. Damals erhöhte sich das Wachstum von 0,001 auf gerade mal 0,1 Prozent im Jahr.

Der Vorteil – aber auch Nachteil – von exponentiellem Wachstum ist, daß es sich durch den Zinseszins selbst beschleunigt, anfangs fast unmerklich langsam, am Ende aber unüberschaubar schnell. Grafisch dargestellt, kriecht eine solche „e-Funktion" lange an der waagerech-

DIE ZWANZIG GRÖSSTEN LÄNDER

	BEVÖLKERUNG in Mio. (1994)	KINDER je Frau	VERDOPPELUNG der Bevölkerung in Jahren
CHINA	1.222	2,2	60
INDIEN	913	3,9	34
USA	260	2,1	92
INDONESIEN	198	3,1	42
BRASILIEN	158	2,8	46
RUSSLAND	150	2,1	*
PAKISTAN	131	6,2	23
BANGLADESCH	125	4,7	29
JAPAN	125	1,7	*
NIGERIA	123	6,4	23
MEXIKO	92	3,2	30
DEUTSCHLAND	81	1,3	*
VIETNAM	72	3,9	31
PHILIPPINEN	68	3,9	28
IRAN	65	6,0	20
TÜRKEI	61	3,5	32
THAILAND	58	2,2	49
GROSSBRITANNIEN	58	1,8	*
FRANKREICH	58	1,8	*
ITALIEN	58	1,3	*

* Verdoppelung unwahrscheinlich, bzw. Bevölkerungsschwund

ten x-Achse entlang – und schießt dann, gewissermaßen ohne Vorwarnung, entlang der senkrechten y-Achse himmelwärts. „Exponentielles Wachstum", hat der amerikanische Biologe und Bevölkerungsexperte Paul Ehrlich nüchtern bemerkt, „birgt das Potential für große Überraschungen."

Entsprechend nahm die Menschheit seit Malthus die Milliardenhürden in immer kürzeren Zeitabschnitten: 1930 zählte die Erde, ungeachtet der mehr als zehn Millionen Opfer des Ersten Weltkrieges, schon zwei Milliarden. Auch die Weltwirtschaftskrise in den dreißiger Jahren und der Zweite Weltkrieg konnten den Zuwachs nur marginal bremsen. Zwar forderte dieses Blutbad um die fünfzig Millionen Menschenleben, doch erwies es sich – wie alle Kriege – demographisch als unerheblich. Selbst der Abwurf einer Hiroshima-Bombe pro Tag könnte die Menschheit nicht dezimieren, schrieb einmal das britische Ärztefachblatt *The Lancet*. Bereits der Nachkriegs-Babyboom machte den Einbruch rasch wieder wett, und 1960 erblickte der dreimilliardste Mensch die Welt. 1975 der Viermilliardste.

Die Vereinten Nationen erklärten den 11. Juli 1987 zum Geburtstag des Erdenbürgers Nummer 5 000 000 000. Symbolisch ausgewählt wurden Matej Gaspar, der in einer Klinik im slowenischen Zagreb zur Welt gekommen war, und – um den internationalen Ansprüchen einer Weltorganisation genüge zu tun – vier weitere Babys in Peru, Großbritannien, Dänemark und Australien.

Heute legt die erfolgreichste Spezies auf Erden zu, als gelte allein der alte biblische Befehl: „Seid fruchtbar und mehret euch". Derzeit steigt die Zahl der Menschen so rasend schnell wie nie in der Geschichte des *Homo sapiens*. Allein in den neunziger Jahren, konstatiert ein Bericht der Vereinten Nationen, „wird noch eine Milliarde hinzukommen – soviel wie ein ganzes China".

Ein einziger Atemzug, und die Welt ist um acht Menschen reicher. Eine Zigarettenpause, und 500 zusätzliche hungrige Mäuler sind zu füllen. Binnen jeweils fünf Tagen kommt die Bevölkerung einer Millionenstadt wie München hinzu.

Ein Jahr vergeht, und die Erde hat fast 100 Millionen neuer Mitbürger – ein Planet, der längst unter der Last von 5,7 Milliarden ächzt.

Die reichen Nationen haben ihre Bevölkerungsexplosion hinter sich. Wohlstand und persönliche Unabhängigkeit verdrängten den Wunsch nach vielen Kindern. Die armen Länder der Welt sind von dieser Entwicklung noch weit entfernt. Die Geburtenraten sinken dort nur langsam. Deshalb wächst die Zahl der Menschen derzeit immer noch mit Rekordgeschwindigkeit. Ein Zug unter Volldampf mit 5,7 Milliarden Passagieren hat einen langen Bremsweg

KONSUM – ODER KINDER?

Zuerst die gute Nachricht: Seit Mitte der sechziger Jahre sinkt weltweit die Geburtenrate, das heißt, die Frauen bekommen im Durchschnitt weniger Kinder. In den Industrienationen ist praktisch ein Nullwachstum erreicht. In manchen Ländern schrumpft die Bevölkerung sogar schon.

Die schlechte Nachricht: Die Erde erlebt gegenwärtig den stärksten Wachstumsschub der Geschichte.

Dem seltsamen Phänomen liegt nicht etwa irgendein unerklärliches menschliches Verhalten zugrunde. Der Boom läßt sich ganz logisch erklären: Weil die Geburtenrate langsamer zurückgeht, als die Gesamtzahl der gebärfähigen Frauen zunimmt, muß – simple Arithmetik – die Zahl der neuen Erdenbürger vorerst weiterwachsen.

Das klingt kompliziert, wird aber bei einem Blick auf die Dritte Welt deutlich: Dort leben weit mehr junge als alte Menschen, also auch Mädchen, die erst noch ins fruchtbare Alter kommen und mit hoher Wahrscheinlichkeit den Babyboom jener Regionen weiter schüren werden. Selbst unter der – theoretischen – Annahme, daß sie alle nur zwei Kinder zur Welt bringen (das verhieße zunächst Nullwachstum), nähme die Weltbevölkerung weiter zu – so lange, bis das letzte aller heute lebenden Mädchen sein zweites Kind bekommen hat. Ein Fünfeinhalb-Milliarden-Zug unter Volldampf hat einen langen Bremsweg.

Die Welt befindet sich derzeit in einem Wandel, den Experten als „demographischen Übergang" bezeichnen. In einigen Ländern hat er bereits stattgefunden, in den meisten jedoch längst noch nicht. Theoretisch verläuft er von einem stabilen Zustand mit hohen Geburten- und Sterbeziffern über eine kritische Zwischenphase der Bevölkerungsexplosion, in der die Lebenserwartung steigt und die Kinderzahl unver-

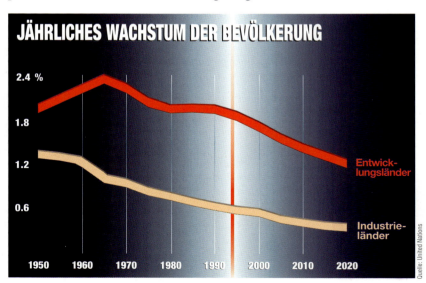

Die gute Nachricht: Weltweit gehen die Geburtenraten zurück. In manchen Industrienationen ist gar schon ein Stillstand erreicht. Sollte der Trend anhalten, dann kommt die Bevölkerungslawine auch in der Dritten Welt irgendwann zum Erliegen

ändert hoch bleibt, zu einer neuen Stabilität, die sich durch niedrige Geburten- und Sterberaten auszeichnet.

Der demographische Übergang begann im 19. Jahrhundert in Europa im Sog der industriellen Revolution: Zunächst sank die Sterberate, weil dank verbesserter Hygiene und medizinischen Fortschritts immer mehr Kinder überlebten und die Erwachsenen immer älter wurden. Seither stieg die mittlere Lebenserwartung beispielsweise der Deutschen von 35 auf 76 Jahre, so daß manche Demographen sogar von einer „Mortalitäts-Revolution" sprechen. Zugleich blieb aber die Geburtenrate noch hoch, mit der Folge, daß die Bevölkerungsziffern explodierten.

Mit dem technischen und medizinischen Fortschritt kam aber langsam auch der Wohlstand – und der brachte eine notorische Kindermüdigkeit mit sich. Wie stark der Wunsch, den Nachwuchs zu begrenzen, gewesen sein muß, zeigt sich an dem massiven Sinken der Geburtenzahlen schon zu einer Zeit, als es noch keine modernen Verhütungsmittel wie Pille und Latexkondom gab. Für den Rückgang gab es im wesentlichen vier Gründe.

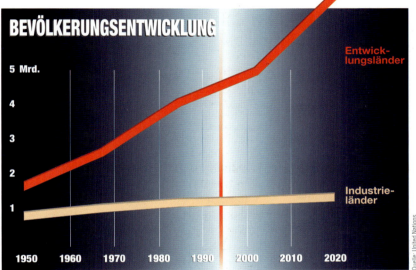

Die schlechte Nachricht: Auch wenn die Menschen heute weniger Kinder bekommen als früher, steigt ihre Gesamtzahl so schnell, daß sich das Bevölkerungswachstum vorerst noch beschleunigt. Das gilt insbesondere für die Entwicklungsländer. Dort leben überdurchschnittlich viele junge Menschen, die erst noch ins vermehrungsfähige Alter kommen

Erstens wurden die Kinder, die bis dahin als billige Arbeitskräfte willkommen und gebraucht waren, im Laufe der Industrialisierung durch Maschinen ersetzt. Sie gingen statt dessen zur Schule und begannen nun Geld zu kosten. „In Tansania", erklärt der Kieler Bevölkerungsforscher Hans Jürgens, „sorgt ein Fünfjähriger als Hütejunge schon für sein Einkommen. Hierzulande liegt er noch zwanzig Jahre später als Student den Eltern oder der Gesellschaft auf der Tasche."

Zweitens führten zuerst Deutschland 1889 und später alle Industriestaaten die gesetzliche Altersversicherung ein. Sie war notwendig geworden, weil der uralte Generationenvertrag – „du erbst meinen Hof, damit du mich im Alter versorgst" – unter dem Industrieproletariat in den Städten wirkungslos geworden war. Fabrikarbeiter hatten nichts zu vererben. Mit der Rentenversicherung entfiel dann der existentielle Grund für Nachkommen.

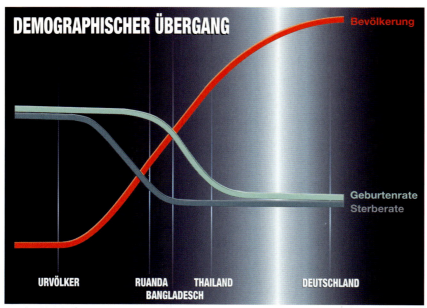

Bevölkerungswissenschaftler nennen die Entwicklung von hohen Todes- und Geburtenraten zu niedrigen den demographischen Übergang. In dessen Verlauf geht zuerst die Sterblichkeit zurück und später die Geburtenzahl. In der Zwischenphase kommt es zu einem raschen Anwachsen der Bevölkerung. Ruanda befindet sich ganz am Anfang des Übergangs. Thailand hat die kritische Phase fast hinter sich. In Deutschland ist Nullwachstum erreicht

Drittens drängte die Konkurrenz der Genüsse den Kinderwunsch in den Hintergrund. Wo die zeitlich wie finanziell so aufwendige Nachwuchspflege gegen das Surfbrett oder die Fernreise zur Wahl steht, entscheiden sich immer mehr Menschen für das genüßlichere Leben – und gegen die Familie.

Viertens änderte sich vor allem die soziale Rolle der Frau. Wo immer Frauen lesen und schreiben lernten, brachten sie erst in späteren Jahren und vor allem weniger Kinder zur Welt. Wo immer Frauen mehr Rechte und Chancen bekamen und Berufe fanden, die sie von einem Versorger unabhängiger machten, sank die Bereitschaft, am Herd zu stehen und nur die Rolle der Mutter zu spielen. Selbst wenn sich eine Frau in den Dreißigern heute mitten im Erwerbsleben für Nachwuchs entschließt, schafft sie es rein biologisch kaum mehr, zur Bevölkerungslawine beizutragen. Bundesdeutsche Studien zeigen obendrein, daß wachsender Ehefrust oft ein zweites Kind verhindert. Denn nur mit einem Einzelkind können Frauen sich noch die Option offenhalten, nach einer Trennung auch alleinerziehend über die Runden zu kommen.

Als sich die Lebenserwartung der Menschen in den Industrieländern kaum noch steigern ließ und die Geburtenrate immer weiter sank, erreichte der demographische Übergang seine Endphase: Die Geburtenrate zog mit der Sterbeziffer gleich, sank später sogar unter das „Ersatzniveau". Die Bevölkerungszahl ging folglich zurück. Seither halten nur Zuwanderungen aus dem Ausland den Schwund in Deutschland auf. Das Ersatzniveau bezeichnet jene Nachkommenzahl, die notwendig ist, um eine Gesellschaft in ihrer Größe konstant zu halten. Dazu müßte jede Frau im Laufe ihres Lebens nicht zwei, sondern 2,1 Kinder bekommen, weil einige wenige davon erfahrungsgemäß sterben, bevor sie selbst in das vermehrungsfähige Alter kommen.

In der alten Bundesrepublik war 1971 das Ersatzniveau erreicht, der demographische Übergang somit abgeschlossen. Andere Länder, die erst später das Zeitalter von Wohlstand und Frauen-Emanzipation erreichten, durchliefen den Wandel um so rapider. Ausgerechnet Italien, das Land von Papst und sprichwörtlichem Bambini-Kult, aber auch andere südeuropäische Länder liegen heute weit unter jener Ziffer des Ersatzniveaus. In Spanien bekommen die Frauen mittlerweile nur noch 1,2 Kinder, so wenig wie nirgendwo in der Welt.

Der Bevölkerungsrückgang in

Die Ein-Kind-Familie der Pellegrinis in Pienza ist typisch für Italien: Im Land des einstigen Bambinikults liegt die durchschnittliche Kinderzahl pro Frau nur noch bei 1,3. Ganz anders im westafrikanischen Mali: Dort zieht eine Frau im Mittel 7,1 Kinder groß. Das enorme Wachstum führt dazu, daß sich die Zahl der Menschen in Mali binnen 23 Jahren verdoppelt

den hochentwickelten Industrieländern ist allerdings teuer erkauft. Dieses reiche Viertel der Weltbevölkerung kann sich eine „Konkurrenz der Genüsse" nur erlauben, weil es seine Umwelt nach allen Regeln der Technik und über jedes verträgliche Maß ausbeutet, sozusagen ökologisch auf Pump lebt und damit eigentlich überbevölkert ist – weit stärker jedenfalls als etwa Ruanda oder Bangladesch, jene Länder, die gewöhnlich als Schreckensbild für die Bevölkerungsexplosion gelten.

Die Reichen der Welt haben sich weit über die ökologische Tragfähigkeit ihrer angestammten Heimat vermehrt und können nur von importierten Rohstoffen überleben, die größtenteils nicht in natürlichen Kreisläufen erneuert werden. Sie konsumieren zwei Drittel der globalen Energie und produzieren pro Kopf zehnmal soviel Müll wie

Die Statistik macht deutlich: Mit steigendem Lebensstandard sinkt die Familiengröße. Welcher der beiden Faktoren den anderen bedingt, ist allerdings ungeklärt. Besonders arme Länder wie Somalia oder Afghanistan fallen durch hohe und reiche Länder wie Deutschland durch extrem niedrige Geburtenziffern auf

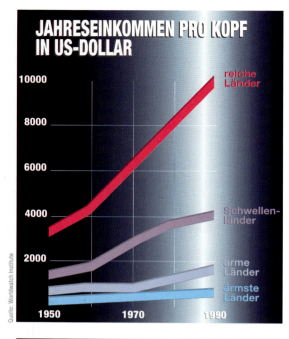

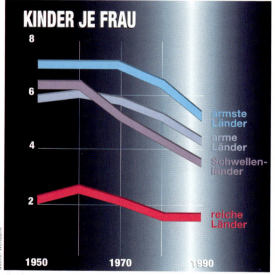

die Armen der Welt. Nur sie verfügen über jene destruktiven Technologien, die globalen Schaden anrichten – etwa gigantische Kraftwerkparks, Millionenflotten von Autos, waldfressende Papierfabriken und eine hochtechnisierte Landwirtschaft. Auch wenn die Bevölkerungszahl in diesen Ländern stagniert, bleibt der Ressourcenverbrauch auf einem unvertretbar hohen Niveau hängen, oder er steigt sogar weiter.

Nahezu sämtliche länderübergreifenden Umweltprobleme haben ihre Ursache deshalb nicht im Bevölkerungswachstum des Südens, sondern in der Überpopulation des reichen Nordens: Ozonloch, Treibhauseffekt, Meeresverschmutzung, Artenschwund, radioaktive Verseuchung, Müllnotstand und mehr. Es sei soweit gekommen, meint der amerikanische Evolutionsforscher Edward O. Wilson, daß der Mensch sich von einer biologischen Größe zu einer „geophysikalischen Kraft" entwickelt habe, die mittlerweile sogar die Erdatmosphäre manipuliere.

Die Folgen dieser Übervölkerung in den nördlichen Ländern bekommen zunächst vor allem die Menschen der Dritten Welt zu spüren:

Wenn der Treibhauseffekt den Meeresspiegel steigen läßt, kann sich das reiche Holland besser schützen als das mittellose Bangladesch. Wenn wir nach mehr Kaffee und Bananen verlangen, holzen die Bewohner der Tropenländer dafür den Regenwald ab und nicht den Harz. Und wenn die Chemiekonzerne des Nordens nicht mehr wissen, wohin mit dem Giftmüll, finden sie im Süden leichter eine billige Deponie als in ihrem Stammland.

Zusätzlich leiden die armen Nationen des Südens unter ihrer hausgemachten Überbevölkerung. Denn bei ihnen wächst die Zahl der Menschen heute wesentlich schneller als in Europa während der Industrialisierung. Ihre Lebensbedingungen verschlechtern sich mit jedem zusätzlich geborenen Konkurrenten um Brennholz, Trinkwasser, Weidefläche, Ackerland und Arbeit. Vor allem können jene Menschen nicht wie einst die Europäer andere Kontinente besiedeln, kolonisieren und ausbeuten, um so dem Bevölkerungsdruck im eigenen Land auszuweichen.

Ausgerechnet in Afrika, wo die Böden am ärmsten, die politischen Verhältnisse höchst instabil und die wirtschaftlichen Aussichten am schlechtesten sind, kommen am meisten Kinder zur Welt. Bei dem gegenwärtigen Wachstum von jährlich drei Prozent wird sich die Zahl der Afrikaner binnen der nächsten 30 Jahre auf 1,5 Milliarden verdoppeln.

Afrika leidet wie keine andere Region der Erde unter dem Erbe der Kolonialisten, Missionare und Entwicklungshelfer. Sie waren es, die den „Eingeborenen" eine christlich-abendländische Sexualmoral aufdrängten und alle traditionellen Methoden der Empfängnisverhütung oder Abtreibung kurzerhand als Sünde deklarierten. Sie brachten Impfstoffe, Wasserpumpen, Antibiotika und Nahrungsmittel – gewissermaßen die Entwicklungs-Hardware aus dem Norden. Die Lebenserwartung der Afrikaner erhöhte sich demgemäß, die Säuglings- und Kindersterblichkeit ging zurück. „Es ist nicht so, daß sich die Menschen auf einmal vermehren wie die Kaninchen", sagt der amerikanische Demograph John Weeks, „sondern daß sie nicht mehr sterben wie die Fliegen."

Nur durch den Einfluß von außen wurde Afrika in die zweite, kritische Phase des demographischen Übergangs katapultiert. Aber bislang folgte nicht die dritte, die Entlastung durch Geburtenrückgang gebracht hätte. Denn ohne ausreichende Bildung, Altersversorgung, Agrarreformen und eigenes Kapital zur Industrialisierung – der Entwicklungs-Software – kommen die Afrikaner nicht zu dem erhofften

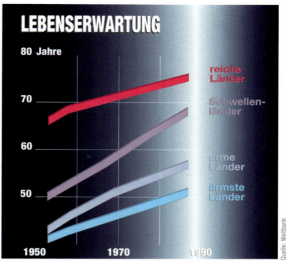

Verbesserte Hygiene, ausreichende Ernährung und medizinischer Fortschritt lassen die Lebenserwartung auf der ganzen Welt steigen. Seit Beginn der industriellen Revolution im 18. Jahrhundert hat sie sich etwa in Deutschland mehr als verdoppelt – auf mittlerweile 76 Jahre. In manchen afrikanischen Ländern wie Sierra Leone oder Malawi werden die Menschen im Durchschnitt auch heute kaum 45 Jahre alt

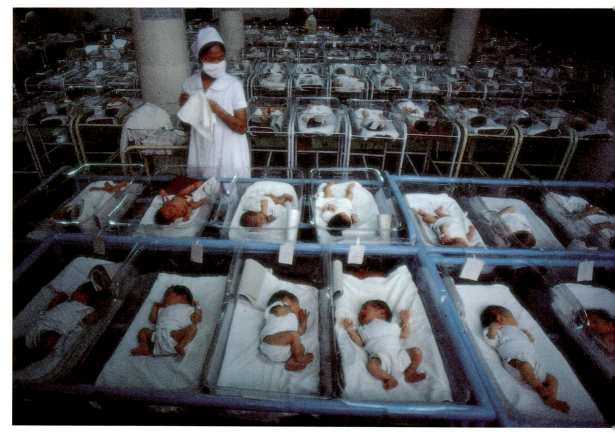

Im Dr. José-Fabella-Hospital von Manila kommen täglich 60 bis 80 Babys zur Welt. Den neuen Erdenbürgern steht eine düstere Zukunft bevor. Denn wenn sich die Bevölkerung der Philippinen noch einmal verdoppelt, müßten alle verbliebenen Reste des tropischen Regenwaldes zu Reisfeldern umgewandelt werden

Wohlstand. Was bleibt, ist ein auch künftig eskalierendes Bevölkerungswachstum.

Alle Teilerfolge der Entwicklungshilfe in der Dritten Welt können nicht über die brisante Lage hinwegtäuschen. So lobt Mahbub ul-Haq, der pakistanische ehemalige Leiter des Entwicklungsprogramms der Vereinten Nationen, daß sich im Süden die durchschnittliche Lebenserwartung zwischen 1970 und 1990 um 16 Jahre erhöht hat, das Analphabetentum bei Erwachsenen um 40 Prozent gesunken, die Nahrungsversorgung pro Kopf um 20 Prozent gestiegen und die Kindersterblichkeit um die Hälfte zurückgegangen ist. Allein durch die Impfkampagnen von Welt-Gesundheits-Organisation und Unicef werden jährlich drei Millionen Kinderleben gerettet. Der UN-Bürokrat übersieht dabei das Dilemma, daß die Bevölkerung in jenen Nationen in derselben Zeit um 1,5 Milliarden angewachsen ist. Das sind so viele Menschen, wie noch um die Jahrhundertwende auf der ganzen Erde lebten.

Als in den siebziger Jahren die Geburtenraten fast überall – vor allem in der Riesennation China – sanken, glaubten die Statistiker, das

Schlimmste sei überstanden. Leon Tabah, einst Chef des UN-Bevölkerungsfonds, sprach gar euphorisch von einer „weichen demographischen Landung". Doch schon in den achtziger Jahren mußten die Wissenschaftler ihre gerade nach unten korrigierten Prognosen wieder zurücknehmen. Überraschend erreichte das jährliche Wachstum immer neue Rekordgrößen – insbesondere wegen des Kindersegens in der Dritten Welt. In den kommenden Jahrzehnten wird 95 Prozent des Menschen-Mehrs aus Asien, Afrika und Lateinamerika stammen.

Gegen diesen Boom gibt es kein Patentrezept. Einst hieß es, jene Länder müßten sich erst nach dem Modell der Industrienationen entwickeln, dann werde sich das Problem der Überpopulation von allein lösen. Heute wird klar: Es ist weder möglich noch erstrebenswert, daß auch dort jeder Mensch Auto, Video sowie elektrischen Wäschetrockner besitzt und so verschwenderisch mit den Rohstoffen umgeht, wie es der Norden tut. Vielmehr müssen die reichen Nationen der Welt sich ihren Raubbau abgewöhnen, so schnell es geht. Würde deren Wohlstandsmodell in die Dritte Welt exportiert, dann käme es dort nach der Bevölkerungsexplosion auch noch zu einer Konsumexplosion und infolgedessen zu unlösbaren ökologischen Problemen für den ganzen Planeten.

Es gibt also auf der Welt zwei separate Probleme unter derselben Bezeichnung „Überbevölkerung". Das erste besteht darin, daß die Menschen im Norden zuviel konsumieren. Das zweite, daß die Massen im Süden immer zahlreicher werden. Schuld an beiden trägt fatalerweise der reiche Norden, auch wenn ausgerechnet dort die meisten Leute glauben, die Ursache für die globale Bevölkerungsexplosion sei einzig im Süden zu suchen.

Gelöst werden können beide Probleme nur getrennt. Denn weder lassen sich die Armen beispielsweise in Bangladesch davon abhalten, viele Kinder zu bekommen, falls die Deutschen auf ihre elektrischen Wäschetrockner verzichten. Noch werden die US-Amerikaner ihre Autos abschaffen, falls dafür die Frauen von Ruanda nur noch zwei Kinder in die Welt setzen.

Ein Ende der unheilvollen Entwicklung ist nur erreichbar, wenn der reiche Norden seinen Lebensstil radikal verändert und zugleich der arme Süden seine Kinderzahl massiv beschränkt. Für den ersten Schritt bedarf es einer Revolution in der Wirtschaft (siehe Kapitel „Vorfahrt der Vernuft"). Für den zweiten der Befreiung der Frau (siehe Kapitel „Der Planet der Frauen").

Am Golf von Bengalen liegt ein fruchtbares Land, das als Inbegriff für Elend und Übervölkerung gilt. In ihrer Not lassen sich die Menschen auch in überschwemmungsgefährdeten Gebieten nieder, die regelmäßig von wochenlangen Monsunfluten und verheerenden Wirbelstürmen heimgesucht werden. Klimaforscher gehen davon aus, daß sich solche Naturkatastrophen in Zukunft noch häufen werden

BANGLADESCH: IM LAND

DER GROSSEN FLUT

Rahmina ist auf den Beinen, bevor die Sonne ihren ersten fahlen Schein durch den Morgennebel schickt. Seit fast einer Stunde stampft die schwangere Frau mit ihrer ältesten Tochter Dipali ein paar mickrige Süßkartoffeln zu braunem Brei. Laila, die zweite Tochter, trägt bündelweise Stroh für das Feuer herbei und die dritte, Razia, versorgt den Topf, in dem der Reis für die karge Morgenmahlzeit brodelt. Ahmed, der älteste Sohn, ist mit dem schweren Tongefäß zum Wasserholen an den Fluß gegangen. Sein kleiner Bruder Muhammad, vielleicht drei Jahre alt, sitzt im Staub neben der Feuerstelle. Hasan, das sechste und jüngste Kind, versteckt sich vor dem Besucher hinter der Mutter.

Nun hat sich auch Najaruddin erhoben. Der hagere Mann mit dem langen, grauen Kinnbart bindet sich sein zerschlissenes Baumwolltuch um die Hüften und schaut mit leerem Blick in den neuen Tag. Ein Tag, an dem er hungrig aufgewacht ist und auch wieder hungrig schlafen gehen wird.

Najaruddin hat wenig zu tun, denn er besitzt kein Land. Zwar hat er einen Acker gepachtet, aber der ist nicht viel größer als ein bundesdeutsches Reihenhaus-Grundstück. Von dem Reis, den er darauf anbaut, muß er die Hälfte an den „Landlord" abgeben. Mit dem anderen Teil versorgt er seine Familie. Selbst bei drei Ernten im Jahr reicht das jeweils nur für einige Wochen. Zum Glück kann sich Najaruddin manchmal als Tagelöhner verdingen. Gelegentlich bringt er auch eine Handvoll winziger Fische vom Fluß mit nach Hause.

Die Familie lebt in ihrer kleinen Ein-Zimmer-Hütte auf einem aufgeschütteten Erddeich im Flußgewirr des mächtigen Brahmaputra im Norden von Bangladesch. Hier, auf den „Chars", dem Schwemmland, das während des Monsuns regelmäßig im Wasser versinkt und oft von den Fluten weggerissen wird, wohnen die Ärmsten der Armen. In der Regenzeit muß sich Najaruddins Familie wie die meisten für ein paar Wochen auf einem Floß aus Bananenstauden einquartieren. Wenn sie „Glück" hat, während die Flut zu einer Katastrophe anschwillt, kommen Hilfsorganisationen und versorgen die „char people" für eine Weile mit dem Allernötigsten.

Im Herbst gehen die Wassermassen zurück und geben ein schlechtes, sandiges Land frei, das eigentlich weder zur Besiedlung noch zum Ackerbau taugt. Der Reis gedeiht schlecht, die Menschen bleiben klein und schmal – ein Zeichen von Mangelernährung. Selbst die Kühe auf den mageren Weiden erreichen nur Bonsai-Größe. Sie geben kaum Milch.

In jedem Industrieland würde die ganze Region umgehend zum Naturschutzgebiet erklärt, so urwüchsig ist sie. Sie gäbe einen idealen Brut- und Laichplatz für Vögel, Fische und Amphibien ab. Bald würde dort wieder wie vor Jahrhunderten ein Auen-Urwald wuchern. Doch

Bangladesch kann sich solche Landverschwendung nicht leisten. Auf den unbeständigen Chars zwischen Rajibpur und der indischen Grenze leben auf einem Areal von zusammen 21 Quadratkilometern 20 000 Familien.

Die Infrastruktur ist dürftig. Es gibt weder Straßen, Strom noch ein Spital. Wen hier eine schwere Krankheit befällt, der ist meist schon tot, bevor er im winzigen Fährboot auf die Westseite des Brahmaputra geschafft werden kann. Lehrer lassen sich nur widerwillig auf die Inseln versetzen, und die wenigen Schulen, klapprige Wellblechhütten, stehen häufig leer. Wo Unterricht stattfindet, jagen die örtlichen Mullahs meist die Mädchen davon, weil die dort nichts zu suchen haben. Nur die Koranschulen funktionieren. Dort lernen die Buben die Heilige Schrift auf Arabisch herunterzubeten – eine Sprache, von der sie kein Wort verstehen.

Auf verschiedenen Chars – nur die größten von ihnen tragen Namen – leben die sieben Geschwister von Najaruddin weit verstreut. Alle ihre Familien sind landlos wie er, alle Frauen fruchtbar wie Rahmina. Zusammen zählt der Klan fast sechzig Kinder.

Wie denn deren Zukunft einmal aussehen wird, will ich von Najaruddin wissen. Was werden seine drei Söhne einmal von ihm übernehmen? Was wird aus Frau und Töchtern, falls er stirbt?

Im April 1991 raste der bislang schwerste Wirbelsturm über die Küste von Bengalen. Der Zyklon mit Spitzengeschwindigkeiten bis zu 235 Stundenkilometern tilgte ganze Inseln von der Landkarte. Er brachte für 139 000 Menschen den Tod und machte zehn Millionen obdachlos. Noch Tage nach der Katastrophe waren Felder und Dörfer überschwemmt, so weit das Auge reichte

Der Mann schaut mich verständnislos an, begreift meine Frage nicht. „Ich habe kein Geld und kein Land", sagt er nach einer Weile. „Meine Söhne werden auch kein Geld und kein Land haben. Da gibt es keinen Unterschied. Sie werden leben wie ich. Allah, der Allmächtige, wird sich um sie kümmern."

Fatalismus ist eine Art zu überleben in der Nation am Golf von Bengalen. Das Land, vor Urzeiten aus dem Schlamm der vagabundierenden Riesenflüsse Ganges, Brahmaputra und Meghna erstanden, gilt als Synonym für Katastrophen und Übervölkerung.

Auf der halben Fläche der alten Bundesrepublik drängen sich in Bangladesch doppelt so viele Menschen. Daß ein Viertel des Landes zur Monsunzeit wochenlang unter Wasser steht, gilt als normal. Kaum sind die Regenmassen aus dem Land abgeflossen, müssen die Bengalen mit Dürren rechnen. Regelmäßig überrollen verheerende Zyklone, tropische Wirbelstürme, vom Meer her die ungeschützte Küste mit haushohen Wogen.

Seit Menschengedenken fordern diese Naturkatastrophen immer wieder Tausende von Opfern. Doch weil sich die Menschen unter dem Bevölkerungsdruck in immer stärker gefährdeten Gebieten niederlassen, zieht jede Katastrophe weitere Kreise: Der eine große Wirbelsturm, der im April 1991 über die Südostküste raste, riß nach Regierungsangaben 139 000 Menschen in den Tod und machte zehn Millionen obdachlos; inoffizielle Quellen sprachen gar von annähernd 400 000 Toten. Selbst das zynische Argument, solche Desaster würden wenigstens die Bevölkerungslawine bremsen, zieht hier nicht: Schon binnen elf Tagen nach dem Zyklon waren in Bangladesch 139 000 neue Erdenbürger geboren.

Es gibt nur eine Jahreszeit, zu der es weder zu heiß noch zu kalt, nicht überschwemmt und auch nicht zu trocken ist: Nach dem Monsun, etwa von November bis Januar, gleicht Bangladesch von der Grenze zum indischen Assam im Norden bis nach Cox's Bazar im Süden einer endlosen Parklandschaft. Wenn sich dann das goldene Licht des Abends über die fruchtbaren Reisfelder, über Bananen- und Bambushaine, Teiche und Tümpel legt, scheint es, als biete dieses friedliche Land Platz, Arbeit und Nahrung für alle.

Doch das Idyll täuscht. Das Land wird unaufhaltsam bis zum letzten Quadratmeter ausgebeutet. Überall, in den Dörfern wie in den Straßen der Städte, in Bussen wie Eisenbahnen, wimmelt es von Menschen. „In unserem Land ist es so eng", sagen die Bangladeschi sarkastisch, „daß du dich bei der Flut immer noch auf den Köpfen der anderen abstützen kannst, um nicht zu ertrinken."

Das kleine, politisch und wirtschaftlich unbedeutende Land gehört zu den Bevölkerungsriesen der Erde. Als ich es 1990 zum ersten Mal besuchte, war es mit 116 Millionen

Einwohnern die neunt-„mächtigste" Nation der Welt. Bei der zweiten Visite, drei Jahre später, hatte Bangladesch längst Japan von der Position acht verdrängt. Und mit jedem Jahr wird es um drei Millionen neuer Erdenbürger mächtiger.

Kein Flächenstaat auf Erden ist so dicht besiedelt. Kommen in den Vereinigten Staaten auf einen Quadratkilometer 28 und in Deutschland 231 Bewohner, sind es in Bangladesch rund 939. Zieht man vom Staatsgebiet die Wasserflächen ab, dann drängen sich 1130 Menschen auf einem Quadratkilometer.

Obwohl nirgendwo auf der Welt ein so großer Anteil der Landesfläche – 61 Prozent – unter Pflug und Hacke ist, entfallen auf einen Bangladeschi nur gut 700 Quadratmeter Akker. (In Deutschland sind es 2200 Quadratmeter.) Das heißt, daß von der Fläche eines Fußballfeldes zehn Menschen satt werden müssen. Dies indes ist bestenfalls in jenen Jahren möglich, in denen das Land aus-

Bangladesch ist der am dichtesten besiedelte Flächenstaat der Erde. Dort müssen auf der Fläche eines Fußballfeldes sieben Menschen leben. Ihr Energieverbrauch ist allerdings so niedrig, daß sie gemeinsam nur 1,1 Tonnen Kohlendioxid produzieren. Die 1,7 Deutschen, denen die gleiche Fläche zur Verfügung steht, erzeugen immerhin 20,6 Tonnen Abgas. Noch krasser liegt das Verhältnis zwischen Fläche und Verbrauch in den Vereinigten Staaten. Dort hat ein einzelner 35mal mehr Platz als ein Bangladeschi, produziert aber 124mal soviel Kohlendioxid

Quelle: World Resources Institute

nahmsweise von Naturkatastrophen verschont bleibt, und so wird der Mangel zur Norm: Eine angemessene und ausgewogene Ernährung wie in den Industriestaaten können sich hier gerade mal fünf Prozent der Menschen erlauben.

Vor allem die Frauen sind notorisch unterernährt. Die Char-Bewohnerin Rahmina kocht zwar für die ganze Familie. Aber wenn es ans Essen geht, sind nach bengalischem Brauch zuerst die Männer dran, dann die Kinder und als letzte die Mütter. Was ihnen bleibt, ist bestenfalls etwas Reis. Die Frauen geben ihren schlechten Gesundheitszustand direkt an die nächste Generation weiter. Rund die Hälfte aller Babys kommt schon mit Untergewicht zur Welt. Entsprechend hoch ist die Kindersterblichkeit. Die wiederum sorgt dafür, daß gerade die Ärmsten um so mehr Kinder wollen, um wenigstens einem Minimum an Nachkommen ein Überleben zu sichern – der typische Kreislauf von Elend und Bevölkerungswachstum.

Ein Vergleich zwischen der Altersstruktur von Bangladesch und Deutschland macht deutlich, in welcher demographischen Falle das Land der Bengalen steckt. Weil dort zwei Erwachsene im Mittel mehr als vier Kinder haben, gibt es weit mehr junge als alte Menschen. Der Überschuß an Jungen verheißt auch für die nächste Generation explosives Wachstum. In Deutschland dagegen sind die Alten bald in der Mehrzahl, denn mit jeder Generation wachsen immer weniger Kinder nach

Politiker und Entwicklungshelfer in der Hauptstadt werden nicht müde, sich und anderen einzureden, daß es aufwärtsgehe mit dem armen Land. Immerhin haben sich in den letzten Jahren an der Küste bei Chittagong ein paar multinationale Spielzeug- und Elektronikfirmen niedergelassen, die Bangladesch als Superniedriglohnland nutzen. In Dhaka rattern mittlerweile Zehntausende von Nähmaschinen, auf denen die Modehäuser und Kaufhausketten der Industrieländer ihre Sonderangebote fertigen lassen. Die Erträge von Landwirtschaft und Fischzucht nehmen dank der „Grünen Revolution" zu, und glaubt man den Agrarwissenschaftlern, dann läßt sich die Produktion – optimale Bedingungen vorausgesetzt – in den nächsten Jahrzehnten womöglich verdoppeln.

Andererseits jedoch wachsen den Bangladeschi die Probleme über den Kopf. Denn jede Verbesserung muß durch eine steigende Zahl von Menschen geteilt werden. Während 1930 ein Durchschnitts-Ostbengale täglich 2300 Kilokalorien in seiner Schüssel fand, sind es heute trotz effektiverer Landwirtschaft nur noch 1900.

Das ist kaum ein Wunder angesichts der Tatsache, daß sich allein während der letzten 30 Jahre die Bevölkerung auf 125 Millionen verdoppelt hat. Infolge dieses Booms ist heute fast die Hälfte der Bangladeschi unter 15 Jahre alt. Damit gleicht die Bevölkerungsstruktur einer Zeitbombe: Dieser Nachwuchs wird dafür sorgen, daß sich die Menschenzahl noch vor dem Jahr 2050 abermals verdoppelt, schlimmstenfalls sogar verdreifacht.

Mit dieser Entwicklung wächst Bangladesch in den demographischen GAU. Denn die Selbstversorgung ist spätestens in zwei bis drei Jahrzehnten zu Ende, wenn die Bevölkerungsexplosion die pro Kopf nutzbare Agrarfläche auf Tennisplatzgröße verringert hat.

Damit nicht genug: In die alltägliche Katastrophe des Landes mischt sich allmählich eine Bedrohung neuer Dimension. Der Treibhauseffekt, den die übervölkerten Industrienationen durch ihren ungezügelten Energiekonsum global anheizen, läßt den Spiegel der Weltmeere steigen. Das veränderte Klima peitscht die Sturmfluten der Tropen zu neuen Rekordhöhen auf. Es droht den Monsunzyklus aus dem Gleichgewicht zu bringen und könnte damit sowohl die Überschwemmungen als auch die Dürren verschlimmern.

Diesen Naturgewalten sind die Menschen am Golf von Bengalen schon heute nahezu schutzlos ausgeliefert, denn die Enge treibt sie in Küstengebiete, die nur für amphibische Lebewesen taugen. Ein großer Teil des Landes ragt kaum mehr als ein paar Meter aus dem Meer. Das stark zergliederte Delta des Ganges mit seinem Labyrinth von Wasserstraßen macht einen wirksamen Deichbau unmöglich.

Die Internationale Arbeitsgruppe für Klimaveränderungen der Vereinten Nationen, das Weltgremium der Klimatologen, geht davon aus, daß sich die Temperaturen bis Mitte des nächsten Jahrhunderts global um 1,5 bis 1,8 Grad erhöhen werden. Bereits bei einem Zehntelgrad, um das sich die Erdatmosphäre erwärmt, schmelzen die Gletscher in den Gebirgsregionen merklich ab. Zusätzlich dehnen sich die Ozeane thermisch aus, was ebenfalls die Meeresspiegel steigen läßt.

Die befürchtete Folge: Die Pegel an den Küsten werden bis zum Jahr 2030 um 20 Zentimeter, bis zum Jahr 2100 um 65 bis 100 Zentimeter steigen. In diesem schlimmsten Fall würde ein Sechstel von Bangladesch im Meer versinken. Mehr als zehn Prozent der Einwohner (das wären dann vermutlich 30 Millionen) müßten ihre Hütten verlassen und fänden anderswo keinen Platz. Mehr als eine Million Hektar Reisfelder würde durch Salzwasser unfruchtbar werden. Eine Reisernte von jährlich zwei Millionen Tonnen ginge verloren.

Bangladesch ist wie ein riesiges Labor, in dem die Forscher die Auswirkungen des globalen Klimawandels bereits studieren können. Was dort heute an den Küsten geschieht, droht morgen den ähnlich tiefliegenden und übervölkerten Schwemmlandzonen im Nildelta und in China sowie Inselparadiesen wie den Malediven, Vanuatu und Kiribati.

Das ganz normale Chaos von zu vielen Menschen und unbändigen Naturgewalten erlebe ich bei der Ankunft auf der Insel Hatia im Golf von Bengalen. Das Schiff kommt von der Hafenstadt Chittagong und ist überfüllt wie immer. Als der Steuermann nach sechsstündiger Fahrt vor der flachen Küste den Anker fallen läßt, um die Passagiere wie üblich auszubooten, bricht ein Sturm los. Wie ein Vorhang fällt der Regen auf das lehmig braune Wasser und raubt jede Sicht.

Panisch raffen die Menschen Kisten, Kinder, Jutesäcke zusammen, stürzen zu Hunderten von den ungeschützten Oberdecks abwärts, drängen zu einer Blechleiter an der Außenwand des Schiffes. Geblendet vom Licht eines Scheinwerfers und mitgerissen von einer Menschenwelle, lande ich auf einem „sea-truck", einer Art motorisiertem Ponton. Lärmend wie ein Traktor pflügt die Maschine durch die See, schiebt das Gefährt mit einem dumpfen Schlag auf das Ufer. Ich springe von Bord, lande im Morast, folge den Menschen in Richtung auf ein paar flackernde Petroleumlampen.

Mein Begleiter Edward Ratna, ein einheimischer Entwicklungshelfer, besorgt ein Fahrradtaxi. Der Rikscha-Mann müht sich, mehr schiebend als strampelnd, durch ein Spalier palmwedelgedeckter Hütten, Tea-Shops und Verkaufsstände. Das Gefährt schiebt glänzende Leiber beiseite, eine Woge durchnäßter Menschen. Unzählige Augenpaare funkeln gespenstisch im Licht der Sturmlaternen.

Der Fahrer biegt von der Straße auf der Deichkrone ab, sucht sich einen Weg durch Wasser und Schlamm, durch Reisfelder, aus denen umgestürzte Bananenstauden ragen, und entläßt uns in der Dunkelheit

vor einem Blechdach unter Bäumen. Hier, im Haus von Shamsut Tibreiz, dem Sturmwart der Insel, finden wir Schutz vor dem Unwetter.

Als ich am nächsten Morgen aus der Hütte trete, fühle ich mich wie auf einer Arche. Der Wind hat sich gelegt, keine Wolke am Himmel. Vor mir breitet sich ein endloser See aus. „Ein paar Hütten an der Küste hat es weggerissen", sagt Ratna, „ein Stück vom Deich fortgespült. Nichts besonderes."

Shamsut Tibreiz fährt mich auf seinem Moped an die Küste, vorbei an Hütten, die auf künstlichen Hügeln aus dem Wasser ragen. Wer sich hier niederläßt, gräbt erst einmal einen Fischteich in den Boden, und auf dem Aushub errichtet er sein Haus. Jeder Zentimeter Höhe bietet einen Hauch mehr Sicherheit.

Am Südende der Insel finden wir, was die Leute den „Deich" nennen: ein langgezogener Lehmwall, drei Meter hoch, über weite

Drei Riesenflüsse wälzen sich vom Himalaya durch ein weithin ebenes Land. In der Zyklonsaison wirkt der Golf von Bengalen wie ein Trichter, in dem sich die Wogen aufstauen. Das untere Bild simuliert – hypothetisch – den Anstieg des Meeresspiegels von acht Metern. Dabei versänke das Land fast völlig im Ozean

Strecken vom Meer zernagt. „Den haben wir aufgegeben", sagt Shamsut. „So ein Damm hält nur ein Jahr, danach müssen wir einen neuen bauen, immer eine Meile weiter landeinwärts. So schnell frißt das Meer unsere Insel."

Wir fahren ein Stück weiter und treffen auf einige Hundertschaften Frauen und Männer, die Lehm aus dem Boden hacken, in Bambuskörbe füllen, sie auf dem Kopf balancieren und einige hundert Meter weiter schwungvoll abwerfen. Es ist ein armseliges Bild, wenn ein Häufchen Dreck zu Boden klatscht. Aber wenn Hunderte dasselbe tun, tagelang, monatelang, dann wächst ein neuer Deich heran und ist gerade rechtzeitig fertig, bevor das Meer den alten vollends verschlungen hat. Sisyphus muß ein Bangladeschi gewesen sein.

Die Wassermassen machen mit Hatia, was sie wollen. Seit Jahrhunderten schieben sie die Insel wie eine riesige, sich in der Form ständig verändernde Amöbe über die Landkarte. In einer der ersten Aufzeichnungen aus dem Jahr 1789 ist sie noch als „Hattian" 60 Kilometer nordwestlich der heutigen Lage vermerkt. Vorübergehend versank sie im Meer, wuchs dann auf das Doppelte der heutigen Größe, bevor der Nordteil von der Strömung fortgespült wurde.

Was im Norden verlorenging, so hoffen die Bewohner von Hatia, könnte im Süden neu entstehen. Denn ein Teil der ein bis zwei Milliarden Tonnen Sand und Schlamm, die jährlich von den Flüssen aus dem Himalaya in den Golf von Bengalen gewaschen werden, lagert sich dort zu Sandbänken ab, aus denen irgendwann Inseln werden könnten. „Das Wasser ist die Mutter unseres Landes", sagen die Bangladeschi in grenzenloser Zuversicht, „es bringt uns Leben, nicht Tod."

Solches Neuland ist vor wenigen Jahren südlich von Hatia dem Meer entwachsen, nachdem das Forstministerium Millionen von Mangroven in das seichte Wasser hat pflanzen lassen. Die gegen Salzwas-

Allein mit der Kraft ihrer Muskeln können die Bangladeschi Berge versetzen. So haben sie während einer einzigen Tide die Mündung des Feni abgedeicht. 15 000 Menschen schleppten in nur sieben Stunden 600 000 Lehmsäcke und schlossen damit die letzten 1300 Meter eines drei Kilometer langen Dammes

ser unempfindlichen Pionierpflanzen bremsen die Strömung, halten mit ihrem Wurzelwerk den Schlick fest, bieten anderen Pflanzen und Kleintieren neuen Lebensraum. Im feuchtheißen Klima verbreiten sich Mangroven mit atemberaubender Geschwindigkeit – zehn Meter in fünf Jahren –, und schließlich verlandet der Küstenstrich.

Nizundwip, die „Insel der Stille", wie das Neuland heißt, war noch nicht trocken, „da hatten sich schon die ersten Menschen angesiedelt", erzählt Shamsut. Einige schaffen es sogar vor den Mittelsmännern der mafiotischen Großgrundbesitzer, die sich den Großteil der Insel unter den Nagel rissen.

Die Bewohner von Nizundwip bekommen schon bei einer ganz normalen Vollmondflut nasse Füße. Aber nur bei extremem Hochwasser zerlegen die Männer ihre Hütten, laden sie auf ein Boot und bringen erst das Vieh, dann die „female section", Frauen und Kinder, nach Hatia, wo sie sich Sicherheit erhoffen.

Doch in der Nacht zum 30. April 1991 konnte ihnen auch die große Mutterinsel keinen Schutz gewähren. Bereits fünf Tage zuvor hatten die Meteorologen des Wetterdienstes in Dhaka auf ihren Satellitenbildern ein rasch rotierendes Tiefdruckgebiet vor der Inselgruppe der Andamanen ausgemacht. Der Sturm nahm Kurs auf den Golf von Bengalen. Vor der Küste von Bangladesch sog die strudelnde Luftmasse immer mehr Wasserdampf aus dem warmen Meer auf, legte dramatisch an Gewalt und Geschwindigkeit zu, wuchs zu einem Killerorkan heran und ließ die Fluten um so höher steigen, je weiter sie in den Trichter des Golfes getrieben wurden.

Am Abend des 28. April gab der Wetterdienst – zwölf Stunden früher, als es der Notfallplan vorsieht – Alarmstufe neun. 25 000 geschulte Helfer zogen mit Megaphonen und Trommeln durch die Dörfer an der Küste, um das Volk zu warnen. Doch weil es viel zuwenig Schutzbauten auf Stelzen gab, blieben die meisten der bedrohten zehn Millionen Menschen in ihren niedrigen Hütten.

Dann brach der Orkan herein. Mit Spitzengeschwindigkeiten bis zu 235 Stundenkilometern wütete er seit dem Mittag über den Inseln Manpura, Hatia, Sandwip, Kutubdia und Maishkal, um ein Uhr nachts erreichte er das Festland bei Chittagong. Bis zu siebeneinhalb Meter hoch türmten sich die Wogen im Hafen der Millionenstadt. Kleine Eilande wie Nizundwip riß der Sturm einfach von der Landkarte.

DIE GRÖSSTEN FLUTKATASTROPHEN IN BANGLADESCH

1965	Zyklon	19.000 Opfer
1970	Zyklon	ca. 300.000 Opfer
1974	Monsunflut	28.000 Opfer
1985	Zyklon	11.000 Opfer
1988	Zyklon	2.000 Opfer
1991	Zyklon	139.000 Opfer

„Ich habe die Kinder an mir festgebunden", berichtete Razia Katum aus Chittagong, „und konnte gerade noch auf das Dach des Hauses steigen. Dann rasten die Wassermassen, lärmend wie das Gebrüll von tausend Löwen, auf uns zu." Zweimal rissen die Wellen die 24jährige Mutter herab, zweimal konnte sie sich wieder auf ihr Haus retten. Nach vier Stunden, noch in der Dunkelheit, brach das Dach zusammen. „Ich schwamm blind durch das Wasser", sagte die Frau, „und mußte immer wieder nach meinen Söhnen tauchen. Überall schrien die Menschen, aber ich konnte niemanden sehen." Irgendwann wurde sie, die Kinder im Schlepp, von Helfern auf ein anderes Haus gezogen.

Die nächsten Tage offenbarten das Drama in seinem ganzen Ausmaß. Entlang der verheerten Küsten des Festlandes und der Inseln landeten Tausende von Tier- und Menschenleibern, in der Hitze schnell aufgebläht und kaum mehr zu identifizieren. Manche Leichen lagen mit verzerrten Gliedern im Wasser – an dem einen Handgelenk ein Kind, an dem anderen eine Ziege festgebunden. Die Überlebenden schleppten sich oft tagelang durch das ungenießbare Brackwasser und fanden kaum einen sauberen Schluck zu trinken. Nur die Platzregen nach dem Sturm verhinderten, daß Hunderttausende verdursteten. Die Handvoll intakter Hubschrauber, über die das Land verfügt, konnte in den ersten Tagen nur einen Bruchteil der Verzweifelten erreichen, um Trinkwasser-Behälter, Medikamente, Brot und vorgekochten Reis abzuwerfen. Manche blieben zwei Tage lang von jeder Hilfe abgeschnitten.

Der Zyklon war nicht der erste Schreckenssturm an der Küste von Bangladesch gewesen. Khan Chowdhury, der Chefmeteorologe des Wetterdienstes in Dhaka, greift in seinen Schrank und zeigt mir ein paar der handskizzierten Wetterkarten, auf denen sämtliche Wirbelstürme der vergangenen Jahrzehnte verzeichnet sind. Ein Archiv des Grauens: 19 000 Leichen im Mai 1965. 300 000 Ertrunkene im November 1970. 11 000 Opfer im Mai 1985. 2000 Tote im November 1988.

Die bislang letzte und schwerste Katastrophe von 1991 nährt die Befürchtungen der Klimatologen, daß sich die tropischen Wirbelstürme durch den menschengemachten Treibhauseffekt häufen und verstärken. Zyklone wie die im Golf von Bengalen entstehen (ebenso wie Hurrikane in der Karibik und die Taifune in Südostasien) als Tiefdruckwirbel über tropischen Gewässern, wenn der Ozean mindestens 27 Grad warm ist. Je wärmer das Wasser, desto mehr verdampft und immer mehr feuchtwarme Luft steigt in die spiralförmigen Wolkenbänder, die stetig größer und gewalttätiger werden, bis sie das Land erreichen und sich dort austoben.

Bislang können die Klimaforscher nicht mit Sicherheit sagen, ob die stürmischen Zeiten des Klimawandels bereits begonnen haben. Die Zahl der weltweit registrierten Hurrikane ist zu gering, um daraus eine verläßliche Statistik abzuleiten. Dennoch geben die Beobachtungen allen Anlaß zur Sorge: In den vergangenen Jahrzehnten hat die Fläche der Weltmeere mit mehr als 27 Grad warmem Wasser um fast ein Drittel zugenommen. Damit läuft der Motor, der Wirbelstürme antreibt, auf immer höheren Touren.

Die Überlebenden der Zyklone in Bangladesch haben oft ihren ganzen Besitz, auch ihr Land, an die Fluten verloren. Vielen fehlt das Geld für eine neue Hütte und für Saatgut. Anderes Ackerland zu finden, ist unmöglich, denn 84 Prozent aller „Bauern" haben ohnehin kein oder fast kein Grundrecht. Hunderttausende fahren deshalb mit geborgtem Geld auf einer der ständig überfüllten Fähren in eine der großen Städte. Im Gepäck nichts als die letzte Hoffnung.

In den Ballungszentren gibt es weit mehr Arbeitssuchende als Arbeitsplätze. Wer eine Beschäftigung als Nachtwächter oder Rikscha-Fahrer findet, ist fast schon ein König. Eine Karriere bietet sich den wenigsten: Rustom Ali, den ein schwerer Sturm vor Jahren in Dhaka

Die bengalische Insel Kutubdia lag bei dem verheerenden Wirbelsturm von 1991 im Zentrum des Durchzugsgebietes. Überlebende berichteten, daß mitten in der Nacht Wellen »hoch wie Berge« über sie hereinschlugen. Wenig später trieben entlang der Küste Tausende von Leichen und Tierkadavern an

stranden ließ, arbeitet als Geldeintreiber für einen Landlord. Der gebietet über eines der zahllosen Slumgelände, mit denen sich gutes Geld verdienen läßt. Umgerechnet acht Mark monatlich fordert Rustom für einen Hüttenplatz, eine Heidensumme in einem Land, wo ein Lehrer gerade mal 50 Mark verdient. 3000 Menschen teilen sich in einem Slum eine einzige Handpumpe für Trinkwasser und einige Latrinen auf Bambusstelzen. Sie stehen direkt oberhalb des stinkenden Teiches, in dem die Kinder toben. Nebenan haben die Leute sogar ein paar winzige Reisfelder angelegt.

Ein solcher Ort kann noch als regelrechtes Luxusrevier gelten, in dem nur die Aufsteiger der bengalischen Klassengesellschaft Unterschlupf finden. Die meisten Obdachlosen enden in weit schlimmeren Elendsvierteln. Hinter dem Bahnhof von Dhaka, unmittelbar neben den Gleisen, leben achtköpfige Familien in notdürftigen Zeltverschlägen, die kaum mehr Platz bieten als ein mitteleuropäischer Kleinwagen. Kein Halm, kein Strauch wächst zwischen diesen Unterkünften, und wo sich einmal eine „Baulücke" auftut, kampiert sofort eine neue Familie unter Plastikfolien oder ein einsames Kind unter einem Stück Karton. Manche Frauen sammeln Müll von den Straßen der Stadt und schleppen ihn säckeweise in ihre Slums. Die Jüngsten sortieren den Unrat sorgsam in Papierfetzen, Eisenteile, Glassplitter und Plastikreste und verkaufen ihn zum Recycling an Zwischenhändler. Was bleibt, fressen die Ziegen. Und Ratten.

Regelmäßig läßt die Regierung das Zeltdorf zwischen den Schienen mit Planierraupen niederwalzen. Polizei prügelt die protestierende Menge auseinander – und am nächsten Tag sind alle wieder da. Jeder an seinem angestammten Platz.

Mitten im chaotischen Verkehr der Hauptstadt pflocken die Armen ihre Ziegen oder klapprigen Rinder auf Verkehrsinseln an, wo noch ein paar Büschel Gras wachsen. „Slumdweller", wie die Bewohner der Elendsquartiere hier heißen, schneiden mit Messern und Macheten den Rasen in den Parks von Dhaka kurz, um ihre Wasserbüffel zu füttern.

Direkt an einer lärmenden, stinkenden vierspurigen Ausfallstraße treffe ich auf einen kleinen Jungen, vielleicht vier Jahre alt, ohne einen Fetzen Kleidung am Leib. Er schüttet den Dreck um sich herum immer wieder auf ein winziges Drahtgeflecht. Erst nach einer Weile begreife ich, was er da tut. Von dem Sieb klaubt er einzelne Reiskörner, die vorbeidonnernde Lastwagen von ihrer Ladefläche verloren haben. Als er eine Handvoll Körner zusammen hat, wickelt er sie in ein Stück Papier und trollt sich.

In einem Alter, in dem seinesgleichen in Deutschland oder der Schweiz wohlbehütet in den Kindergarten geht, kämpft der kleine Junge im Großstadt-Dschungel ums Überleben. Er kennt keine Schubladen voller Lego-Spielzeug, keine Computerspiele, keine Urlaubsreisen. Er wird nie eine Schule besuchen und kaum je genug zu essen bekommen. Seine Chancen stehen etwa so schlecht wie jene von Dipali, Laila, Razia, Ahmed, Muhammad und Hasan, den Kindern, die im Norden des Landes auf einer Sandbank im Brahmaputra aufwachsen.

Wovon sie alle später einmal leben sollen, weiß keiner. Nicht die Eltern, die sie ahnungslos in die Welt gesetzt haben. Vermutlich weiß es nicht einmal Allah, der Allmächtige.

Je mehr Menschen, desto besser – sagen manche Wissenschaftler. Sie verweisen darauf, daß sich die Lebensbedingungen trotz Bevölkerungsexplosion seit dem vergangenen Jahrhundert für die meisten deutlich verbessert haben. Schließlich bedeuten viele Bürger auch viele Konsumenten, also wirtschaftlichen Aufschwung. Rein theoretisch jedenfalls ist auf Erden Platz für zig Milliarden

WIEVIEL MENSCH

ERTRÄGT DIE ERDE?

Als mein Großvater um die Jahrhundertwende zur Schule ging, rumpelten noch Pferdefuhrwerke durch die Kleinstadt. Abwässer rannen offen durch die Gasse, und nachts flimmerten in den Straßen ein paar fahle Gaslaternen. Wenn im Winter die Stube warm werden sollte, mußten die Kohlen aus dem Keller hochgeschleppt werden, und aus dem Schornstein quoll dunkler, beißender Qualm, der manchmal tagelang über der Stadt hing.

Auf den Tisch kamen Kartoffeln, Rüben, Sauerkohl, Bohnen und etwas fettes Fleisch. Das Angebot in den „Kolonialwarenläden" war im Vergleich zu heute mehr als dürftig. Für etwas Besonderes wie Schuhe oder ein neues Hemd mußten sich die Leute schon in das 50 Kilometer entfernte Köln aufmachen. Hin und zurück war es für den Großvater nur eine Tagesreise, denn er konnte sich eine Fahrt mit der Bahn leisten. Wer weniger hatte – und das waren die meisten –, machte sich frühmorgens zu Fuß über die Landstraße auf den Weg und kam irgendwann am nächsten Tag zurück.

Weil die Lebensweise so schlecht war, wurden die Menschen weder so groß noch so alt wie heute. An Krankheiten wie Typhus und Kinderlähmung, an Masern, Tuberkulose und Diphterie zu sterben, war keine Seltenheit.

Ein Bild aus der »guten, alten Zeit«: Im Berlin der Jahrhundertwende bestand eine Wohnung für viele lediglich aus Küche und Stube. Das Essen war einseitig und mager, die medizinische Versorgung dürftig. Die Lebenserwartung eines Deutschen betrug damals gerade mal 47 Jahre

Man muß schon ein hartnäckiger Anhänger der „Früher-war-alles-besser-Ideologie" sein, um zu leugnen, daß das Dasein heute dank Telefon und Automobil, besserer Wohnungen und Ernährung, weltweitem Handel und hochentwickelter Medizin bequemer, effizienter, luxuriöser und gesünder geworden ist. Über Lebensqualität läßt sich streiten; doch zumindest was den Lebensstandard betrifft, ganz zu schweigen von persönlicher Freiheit, steht der Durchschnittsdeutsche der Gegenwart mit Sicherheit besser da als vor hundert Jahren.

Ein Fortschritt, der sich belegen läßt:

● Die Lebenserwartung, allgemeinster Indikator für das Wohlergehen des Menschen, stieg in Deutschland seit der Jahrhundertwende von 47 auf 76 Jahre.

● Die durchschnittliche Wochenarbeitszeit sank von 60 auf 38 Stunden. Dabei stieg der Monatsverdienst der Deutschen in heutigem Geldwert von 550 auf 4000 Mark.

● Gemessen am Lohnniveau, sanken die Preise für fast alle Konsumgüter, für Nahrungsmittel und Energie.

● Während im Europa des 18. und 19. Jahrhunderts von 1000 Kindern noch 200 und mehr in den ersten fünf Jahren ihres Lebens starben, sind es heute in Deutschland lediglich neun, in der Schweiz acht und in Schweden gar nur fünf.

Fast überall in Europa gibt es mehr Demokratie, höhere Löhne, gebildetere Menschen, bessere Verkehrswege, weniger Arbeitsunfälle, schärfere Umweltgesetze und mehr Urlaubsmöglichkeiten. Seit 1950 stieg die Automobilproduktion weltweit auf das Viereinhalbfache, der Welthandel auf das Zwölffache und die Zahl der Flugkilometer pro Person auf das Siebzigfache.

Nicht nur in den Industriestaaten, auch in der Dritten Welt haben sich die Verhältnisse zum Besseren gewendet. Selbst dort leben die Menschen länger, gehen zahlreicher zur Schule, sind medizinisch besser versorgt und haben saubereres Trinkwasser. Allein seit 1970 ist die Kindersterblichkeit in den Entwicklungsländern um mehr als ein Drittel, die Analphabetenrate von 55 auf 35 Prozent gesunken.

Vor allem ist dort der prozentuale Anteil der Unterernährten zurückgegangen – auch wenn die absolute Zahl zugenommen hat. In den meisten Ländern der Dritten Welt – vor allem in den menschenrei-

Globale Landflucht: Schon gegen Ende dieses Jahrzehnts wird die Hälfte der Weltbevölkerung in Städten leben. Doch während die Metropolen in den Industrienationen Kultur, Reichtum und Arbeit verheißen, wuchern in der Dritten Welt die Armenviertel. Viele dieser Ballungszentren werden bald schon zwanzig Millionen Einwohner haben – dreimal soviel wie die gesamte Schweiz

Auch wenn die Massen die Straßen von Bombay blockieren – die Infrastruktur der größten Stadt Indiens scheint immer noch zu funktionieren. Den Optimisten ist dies ein Zeichen dafür, daß der Mensch mit jeder noch so großen Herausforderung fertig wird

chen Riesenstaaten Indien und China – sind die Erträge der Landwirtschaft dank der „Grünen Revolution" über viele Jahre schneller gestiegen, als die Bevölkerung gewachsen ist. Verhungernde Massen gibt es derzeit nur in Ländern, wo Bürgerkrieg herrscht oder eine ungewöhnliche Naturkatastrophe gewütet hat.

Mit ihren möglichen Erträgen jedenfalls wären Staaten wie Somalia und Mosambik, Äthiopien und Bangladesch ohne weiteres in der Lage, sich selbst zu versorgen. Auch der Umstand, daß rund um den Globus etwa eine Milliarde Menschen nicht genug zu essen haben und unter Protein- wie Vitaminmangel leiden, beruht einzig auf schlechter Verteilung der Lebensmittel. Den Agrarpolitikern von heute bereiten nicht etwa Nahrungskrisen die größten Sorgen, sondern – Thomas

Malthus würde staunen – die Rindfleischberge, Milchseen und Getreidehalden in vielen Ländern.

Was Malthus noch weit mehr verwundern würde: Zu all jenen Errungenschaften kam es, während die Zahl der Menschen seit dem Jahr 1900 von 1,6 auf 5,7 Milliarden stieg.

Wirkt da nicht die Warnung vieler Demographen unglaubwürdig, daß die Welt mit rasender Geschwindigkeit in den Untergang steuert? Liegt nicht vielmehr die Idee nahe, es gebe eine positive Wechselwirkung zwischen Bevölkerungswachstum, wirtschaftlichem Aufschwung und menschlichem Wohlergehen? Ist das Mehr an Menschen am Ende kein Problem, sondern vielmehr ein Segen, womöglich gar die Voraussetzung für den Fortschritt?

Manches spricht dafür, und einige Bevölkerungs- und Wirtschaftswissenschaftler vertreten – entgegen gängiger Lehrmeinung – genau diese Auffassung. Unter den Pronatalisten, den Befürwortern eines weiteren Geburtenbooms, tut sich besonders der amerikanische Ökonomieprofessor Julian Simon von der Universität Maryland hervor. Mit zwei Hauptargumenten versucht er seit Jahrzehnten, seine Wachstumsphilosophie zu untermauern.

Erstens, sagt Simon, hätten sich die düsteren Zukunftsprognosen der Vergangenheit nicht bewahrheitet. Weder habe Thomas Malthus mit seinen Verelendungs-Szenarien Recht behalten, noch der amerikanische Biologe Paul Ehrlich, der in seinem Bestseller „Die Bevölkerungsbombe" weltweite Hungersnöte von den siebziger Jahren an mit Millionen von Toten prophezeit hatte.

Weder hat es den Anschein, so Simon, daß die realen Nahrungsmittelpreise auf der Erde sich bis zur Jahrtausendwende verdoppeln würden, wie es 1980 der „Global 2000"-Bericht an den US-Präsidenten Jimmy Carter vorhergesagt hatte. Noch gingen der Welt bisher die wichtigsten Ressourcen aus, wie es der Club of Rome Anfang der siebziger Jahre in apokalyptischen Bildern ankündigte. Im Gegenteil: Die bekannten und nutzbaren Vorkommen der wichtigsten Rohstoffe – seien es Kohle oder Erdöl, Eisenerz oder Phosphat – haben sich inzwischen um ein Vielfaches vermehrt, so daß paradoxerweise trotz Dauerkonsums die Vorräte wachsen.

Zweitens, schreibt Simon, sei Bevölkerungswachstum der eigentliche Antrieb für jede Volkswirtschaft. Denn mehr Menschen bedeuteten mehr Nachfrage nach Gütern sowie Dienstleistungen und deshalb größere Märkte. Je enger die Menschen aufeinanderlebten, desto billiger und effizienter werde die Infrastruktur eines Landes, vom Telefon- bis zum Straßennetz, von der Wasserversorgung bis zur Müllabfuhr. Viele Investitionen würden sich überhaupt erst von einer bestimmten Menschendichte an rentieren. Wer grabe schon eine U-Bahn in eine Landschaft, in der nur ein paar versprengte Bauern wohnen? Konsumgüter wie Fernseher und Computer würden erst erschwinglich, wenn die Nachfrage so hoch sei, daß sich eine Massenfertigung lohne.

Bevölkerungswachstum – so Simon weiter – bedeute zwar im ersten Moment eine zusätzliche Belastung für Familie und Gesellschaft, aber gerade diese Probleme hätten den Menschen bisher noch immer dazu gebracht, seine Kreativität zu entfalten. Die Antwort auf Engpässe seien stets neue technologische Durchbrüche gewesen, vom Faustkeil bis zum Mikrochip. Die Wissensexplosion habe die Tragfähigkeit der Erde stets erhöht.

„Der Lebensstandard ist seit Beginn der Zeitrechnung parallel zum Bevölkerungszuwachs gestiegen", schreibt Simon, „und es gibt keinen

Zeichnet man eine Karte der Erde entsprechend der Bevölkerungszahl ihrer Länder, dann blähen sich Nationen wie Indien und China mächtig auf. Aber auch Bangladesch, Pakistan und Nigeria nehmen überproportionale Größe an. Neben Asien wirkt Europa wie ein Zwerg

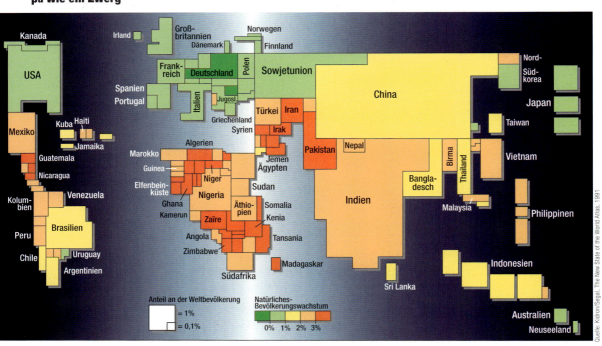

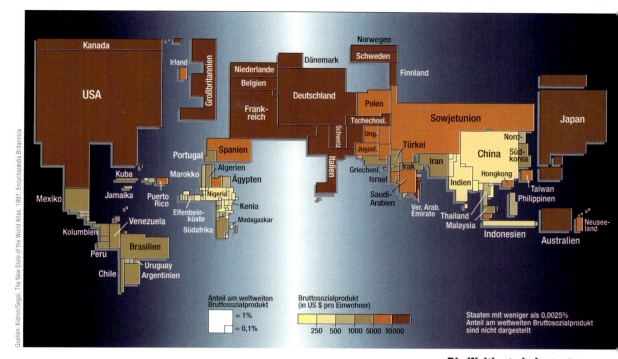

Die Weltkarte bekommt ein anderes Gesicht, wenn die Länder nach dem Umfang ihrer Wirtschaftskraft gewichtet werden. Ganz Afrika wird dabei kleiner als Großbritannien. Riesig im Vergleich zu ihren Menschenzahlen sind Nordamerika, Europa und Japan

überzeugenden ökonomischen Grund, warum der Trend zu einem besseren Leben nicht endlos weitergehen sollte."

Genau wie der Übergang von der Jäger- und Sammlerkultur zur Landwirtschaft einst mehr Menschen ein Überleben gesichert habe, so würden in Zukunft Gentechnik, Roboter, Kernenergie, Kernfusion und andere, heute noch nicht einmal angedachte Erfindungen das Leben des Menschen revolutionieren.

Für jede erschöpfte Ressource, meint Simon, gebe es einen billigeren und besseren Ersatz. Schließlich habe der Mensch Plastik erfunden, als das Elfenbein für Billardkugeln knapp wurde. Ähnlich werde der Erfindergeist jedes Rohstoffproblem lösen, denn die ultimative Ressource – das menschliche Gehirn – werde durch Bevölkerungswachstum immer größer. Ein Mitstreiter Simons hat den globalen Hirnmassen-Zuwachs sogar einmal genau berechnet; er kam dabei auf 150 000 Kubikmeter pro Jahr.

Sein Vertrauen in die Findigkeit des *Homo sapiens* läßt Simon sogar vorhersagen, daß künftige Generationen womöglich froh über unsere heutige Müllkultur sein würden: „Was für die eine Gesellschaft Abfall bedeutet, ist für eine spätere ein wertvoller Rohstoff, wenn sie ein größeres Wissen von dessen Nutzen hat. Denken Sie nur an die Kriegstrümmer, aus denen die Berliner sieben Hügel aufgeschüttet haben. Sie dienen heute als wunderbare Erholungsgebiete."

Die einzige wichtige Ressource auf Erden, die knapp zu werden drohe, meint der Ökonom Simon, sei der Mensch. Stiegen doch seit Jahren Löhne und Gehälter auf der ganzen Welt: „Die Preiserhöhung für menschliche Dienstleistungen ist der Beweis dafür, daß die Menschen aus ökonomischer Sicht zu wenige sind, auch wenn es immer mehr von uns gibt."

Bei dieser Betrachtung wundert es kaum, daß Julian Simon große Hoffnungen auf die vehementeste Gegnerin der Geburtenkontrolle setzt, die katholische Kirche. Sie sei die einzige Institution, „die sich der Idee verschrieben hat, daß mehr Leben etwas Gutes ist und die Menschen ermutigt, so viele Kinder zu bekommen, wie sie ordentlich großziehen können".

Erstaunlicherweise kann sich der rechtskonservative Gelehrte auf einen Gleichgesinnten vom ganz anderen Ende des politischen Spektrums berufen: auf Karl Marx, Vater von acht Kindern und leidenschaftlicher Kritiker seines Zeitgenossen Thomas Malthus. Marx glaubte, ein Wachstum der Bevölkerung müsse Produktion und Wohlstand erhöhen, weil die Arbeiter stets mehr produzierten, als sie selbst verbrauchten. Dieser Mechanismus konnte für ihn freilich nur in einer sozialistischen Gesellschaft funktionieren. Denn im Kapitalismus, so die Vorstellung, würde der Unternehmer den gesamten Profit einstreichen, davon Maschinen kaufen und die Arbeiter auf die Straße setzen. Menschenzuwachs im Kapitalismus müsse deshalb zwangsläufig in Arbeitslosigkeit und Armut enden – im Sozialismus jedoch zu blühenden Landschaften führen. Es ist eine Ironie der jüngsten Geschichte, daß das marxistische Experiment in Osteuropa genau das Gegenteil hinterließ: verrottete Länder, in denen das Bevölkerungswachstum fast zum Erliegen gekommen war.

Viele von Marx' und Simons Gedanken ergeben – zumindest für sich betrachtet – einen Sinn. Bei genauerem Hinschauen entpuppen sich die Theorien jedoch nicht als wissenschaftlich, sondern als ideologisch begründet. Gerade deshalb haben sie bis heute eine große Anhängerschaft: Als im Oktober 1993 im indischen Neu-Delhi auf einer internationalen Konferenz über Bevölkerungspolitik eine Proklamation verabschiedet wurde, die zu einem „Nullwachstum innerhalb der Lebenszeit unserer Kinder" aufrief, sprachen sich drei pronatalistische Organisationen gegen den Beschluß aus: Die Akademien des Vatikan und des katholischen Irland (des Landes mit der höchsten Geburtenrate der Europäischen Union) sowie die Afrikanische Akademie der Wissenschaften. „Für Afrika", hieß es da, „ist die Bevölkerung eine wichtige Quelle zur Entwicklung, ohne die natürliche Ressourcen des Kontinents verborgen und ungenutzt bleiben werden."

Ideologen linker und rechter, oft klerikaler Herkunft forderten immer schon möglichst viele Nachkommen. Denn viele Menschen bedeuten nicht nur viele arbeitende und betende Hände, sondern auch viele Soldaten. Das heißt: Übermacht gegen Nachbarn; Wehrhaftigkeit gegen Feinde und Andersgläubige; Sicherheit vor „Überfremdung".

Menschenmaterial als Faktor der Macht: Nicht nur im Altertum schlugen die Krieger bei ihren Raubzügen die männlichen Gegner tot und verschonten die Frauen – mit ihnen ließ sich das eigene Volk noch mehren. Das römische Imperium, wegen permanenter Kriege stets knapp an menschlichem Schlachtenmaterial, vergab Belohnungen an kinderreiche Familien. Der Französenkönig Ludwig XIV. versorgte Eltern von zehn und mehr Kindern mit einer Pension. Unter Hitler, der nicht genug Kanonenfutter haben konnte, gab es das Mutterkreuz für besonders reproduktionsfreudige Frauen. Die Sowjets machten Vielgebärende mit fünf oder mehr Kindern zu „Heldinnen der Sowjetunion". Mao Zedong verspottete in den fünfziger Jahren Geburtenplanung als „absurdes Argument bourgeoiser Ökonomen" und erklärte noch 1960 in streng marxistisch-simonistischer Lesart: „Eine große Menschenzahl in China ist etwas Gutes. Selbst wenn die Bevölkerung sich mehrfach verdoppelt, haben wir eine Lösung dafür. Die Lösung heißt Produktion." Bereits 1948 hatte im Nachbarstaat Indien Ministerpräsident Nehru seine Nation zum „unterbevölkerten Land" erklärt, während auf der anderen Seite des Erdballs der argentinische Staatspräsident Perón hoffte, daß sich sein Volk binnen einer Generation verdopple. Der rumänische Diktator Ceaușescu setzte das Heiratsalter für Frauen auf 15 Jahre herab und erlegte allen mit 25 noch ledigen Bürgern eine Strafsteuer auf. Und im Irak des Saddam Hussein rief es während des Golfkriegs grell von großen Plakatwänden: „Bekommt Kinder, und ihr schießt einen Pfeil in das Auge des Feindes".

Gebärfreudige Frauen bekamen im Dritten Reich das Mutterkreuz. Hinter solchen Auszeichnungen verbarg sich weniger Kinderliebe als vielmehr der Wunsch eines Diktators nach Soldaten. Heute fordern islamische Fundamentalisten: Mehret die Heere Allahs für den Krieg gegen die Ungläubigen

Genauso unverhohlen klingt die einschlägige Propaganda im Namen der Religionen, etwa aus dem Munde des Mullahs Gharaati im Iran: „Jedes neugeborene Kind ist später ein Es-gibt-nur-einen-Gott-und-das-ist-Allah-Sager mehr." Dasselbe, mit anderen Worten, meint das amtierende Oberhaupt der katholischen Kirche, wenn es aus der Genesis zitiert, auf die sich Christen wie Juden gleichermaßen berufen: „Seid fruchtbar und mehret euch und füllet die Erde und machet sie euch untertan."

Nach diesem Gebot reden manche Glaubensgemeinschaften gar nicht erst lange über Bevölkerungspolitik, sondern betreiben sie einfach – so die orthodoxen Satmar-Chassidim-Juden in New York, eine regelrechte „Zuchtgemeinschaft", die es im Mittel auf sieben Kinder je Frau bringt. Oder die friedfertigen und fleißigen Hutterer in Nordamerika: Zehn bis 16 Kinder je Familie sind in dieser strenggläubigen Täufergemeinde keine Seltenheit, und ihre Bevölkerung hat sich in den vergangenen hundert Jahren etwa versechzigfacht. Diese gottesfürchtigen Protestanten haben als Bauern großen wirtschaftlichen Erfolg und können problemlos für ihre vielen Kinder sorgen. Dennoch gibt ihr Leben kein Muster für die ganze Welt ab. Denn würden sich von morgen an alle Menschen vermehren wie die Hutterer, dann müßte die Erde schon im Jahr 2000 acht Milliarden Schwestern und Brüder und ein Jahrhundert später 500 Milliarden verkraften.

Vermutlich leuchtet es auch fanatischen Pronatalisten ein, daß sich diese Menschenmenge nicht mehr ernähren ließe. Auch die gelegentlich vorgeschlagene Auswanderung auf den Mars ist utopisch. Doch wo liegt die Grenze des Wachstums? Wieviel Mensch erträgt die Erde? Sind es zehn, 20 oder 50 Milliarden? Oder ist der Planet am Ende schon seit langem übervölkert?

Schwierige Fragen, denn für Antworten gibt es keine objektiven Kriterien. Kein Jäger und Sammler hätte sich beispielsweise vorstellen können, daß die Erde auch nur eine Milliarde Menschen zu ernähren vermag. Heute sind es 5,7 Milliarden, und Demographen pflegen zu scherzen, daß selbst die doppelte Anzahl, Schulter an Schulter, allein auf der Insel Mallorca unterkäme.

Kaum ein Einwohner Londons konnte es im 19. Jahrhundert für möglich halten, daß die Eine-Millionen-Stadt immer weiterwachse, denn es gab nicht genug Platz für noch mehr Pferde auf den Straßen. Mittlerweile leben in der britischen Metropole acht Millionen, und sie besitzen mehr Autos, als ihre Vorfahren Rösser hielten.

Wissenschaftler haben immer wieder versucht zu berechnen, wieviele Menschen der Planet maximal ertragen kann – und kamen zu völlig unterschiedlichen Ergebnissen. Als einer der ersten wagte sich der preußische Geistliche Johann Peter Süßmilch 1741 an eine Prognose, zu einem Zeitpunkt, da die Erde rund 700 Millionen Menschen beherbergte. Er kam auf eine Obergrenze von sieben Milliarden. Die Zahl war so ungeheuerlich hoch, daß andere Theologen sie schon deshalb für unmöglich erachteten, weil die Materie der Erde gewiß nicht für die leibliche Auferstehung aller Menschen ausreiche, die je gelebt haben.

Nach Prognosen der Vereinten Nationen wird die einst unglaubliche Sieben-Milliarden-Schwelle bereits um das Jahr 2010 erreicht – und überschritten werden. Vermutlich wird die Menschheit auch dann noch weiterwachsen. Solange jedenfalls, wie der limitierende Faktor Nahrung mitwächst.

Doch selbst darüber, wieviel Lebensmittel auf der Erde produziert werden können, sind sich die Experten uneins. 1965 schätzte ein amerikanischer Wissenschaftler, daß der Planet 30 Milliarden Menschen sattzumachen vermöge. Andere Forscher kamen auf lediglich 902 Millionen. Wieder andere ermittelten 147 Milliarden. Das sind doppelt so viele Menschen, wie jemals auf der Erde geboren wurden. Für das Welt-Hunger-Programm der amerikanischen Brown University auf Rhode Island wurde berechnet, daß die Welternte von 1989 ausgereicht hätte, um 5,9 Milliarden – vorwiegend vegetarisch – zu ernähren, aber nur 2,9 Milliarden, wenn die Menschen ein Viertel ihrer Kalorien über tierische Produkte deckten, wie es in den reichen Nationen der Fall ist.

Sage und schreibe eine Billion Menschen ließen sich durchfüttern, wenn die gesamte auf der Erde nachwachsende Biomasse zugrunde gelegt wird. Dazu allerdings müßten alle Nahrungskonkurrenten des Menschen – vom Bakterium bis zum Elefanten – ausgerottet werden. Und er müßte sich die Fähigkeit vieler Tiere aneignen, Holz, Gras und Blätter zu verdauen. Zudem dürfte er keinerlei Biomasse als Baumaterial, zur Papierherstellung und für Kleidung verschwenden.

Gewiß ist, daß sich die Tragfähigkeit der Erde durch neue Techniken zumindest vorübergehend weiter erhöhen läßt. Als Vorbild dienen den Wachstums-Propheten dabei meist die vor Reichtum strotzenden Wirtschaftsenklaven Singapur und Hongkong.

In der britischen Kronkolonie – um bei diesem Beispiel zu bleiben – leben auf einem Quadratkilometer 5800 Menschen. Sie haben im vergangenen Jahrzehnt ihr Bruttosozialprodukt um eindrucksvolle 6,3 Prozent pro Jahr gesteigert, verfügen über ein hochorganisiertes Sozialsystem und leben länger als die Deutschen. Würde Hongkong als Modell für die Welt von morgen gelten, dann könnten auf der Erde 170 Milliarden Menschen zusammengepfercht in ähnlichen Ballungszentren leben, und vier Fünftel der globalen Landmasse könnten dennoch unbewohnt oder extrem dünn besiedelt bleiben.

Doch nach ökologischen Kriterien ist Hongkong natürlich total übervölkert. Die Menschen dort leben von importierten Nahrungsmitteln und Rohstoffen. Sie exportieren ihren Müll ins Meer, in die At-

Ist Hongkong das Modell für die Erde als Wohlstandspferch? Auf einem Quadratkilometer drängen sich zwar 5800 Menschen. Doch die Wirtschaft boomt, der Wohlstand wächst

mosphäre und ins chinesische Hinterland. Ohne diese Ströme von Material würden die Menschen innerhalb weniger Wochen verhungern und im eigenen Abfall ersticken. Nach Ansicht von Ökologen könnte die Erde gerade zwei Milliarden Menschen mit einem Lebensstandard der Einwohner Hongkongs ertragen.

Dieser urbane Moloch ist deshalb keineswegs Beispiel dafür, daß die Menschheit beliebig weiterwachsen kann, sondern im Gegenteil: daß vielerorts die Tragfähigkeit der Erde längst überschritten ist. Die Bewohner der reichen Industrienationen bemerken es nur deshalb

noch nicht, weil sie vorübergehend von den Reserven leben können – ähnlich wie der Wanderhirte, dessen Tiere das Land allmählich kahlfressen. Auch ihm bietet seine abgemagerte Herde noch eine Weile Nahrung. Doch er zehrt im wahrsten Sinne des Wortes das vorhandene Kapital auf.

Jede Spezies auf Erden ist von Rahmenbedingungen ihrer Umwelt abhängig, die nicht veränderbar sind. Ein Heringsschwarm kann nicht weiterwachsen, wenn es nicht genug zu fressen gibt; eine Storchenpopulation vermag sich nicht zu vergrößern, wenn alle Nistplätze besetzt sind. Kokospalmen haben im deutschen Forst keine Chance, weil die Winter zu kalt sind. Sogar das Auto, eine „Spezies aus der unbelebten Welt" – schreibt der Demograph Nathan Keyfitz – ist verloren in einer Umwelt ohne Tankstellen, Straßen und Werkstätten.

Der *Homo sapiens* unterscheidet sich zwar von anderen Arten dadurch, daß er seine Umwelt zu seinen Gunsten zu verändern vermag: Er kann, anders als die Heringe, Nahrung erzeugen; er kann, im Unterschied zu den Störchen, ein Zuhause in nahezu jeder Umgebung errichten; und er kann sich im Gegensatz zu den Palmen aktiv vor Kälte schützen.

Aber die Fähigkeit des Menschen zur Adaption ist begrenzt. Lange sah es so aus, als wisse er sich erfolgreich durch alle Energiekrisen zu mogeln. Als beispielsweise den Briten im 18. Jahrhundert nach Rodung und Raubbau das Brennholz ausging, begannen sie Kohle zu fördern. Bereits während der industriellen Revolution glaubten viele, die Kohlevorräte würden bald zur Neige gehen. Dann mußten die Kumpel wider Erwarten reihenweise Kohlegruben stillegen, obwohl sie noch gar nicht ganz ausgebeutet waren. Andere Energieträger – importiertes Öl und Erdgas, später auch Uran – waren billiger geworden. Und als die Pipelines von den traditionellen Ölfeldern der Welt zeitweise blockiert waren, fanden die Prospektoren neue Vorräte in Alaska und am Grund der Nordsee.

All diese Ausweichmanöver können nicht darüber hinwegtäuschen, daß sich mit jedem weiteren Griff in das Rohstoffarsenal der Erde das ökologische Schuldenkonto der Menschheit vergrößerte – und mit jedem Schritt zu einer „moderneren" Energieversorgung die ungelösten Probleme auf lange Sicht wuchsen.

Abgeholzte Wälder lassen sich unter der Hand erfahrener Förster binnen hundert Jahren wieder hochpäppeln. Wenn sich aber das Klima durch das Treibhausgas Kohlendioxid verändert, jenes unvermeidliche Verbrennungsprodukt von Kohle, Öl und Erdgas, kann es Jahrhunderte, gar Jahrtausende dauern, bis sich die Erdatmosphäre von der menschengemachten Belastung erholt. Die Hinterlassenschaft der Atomkraftwerke schließlich wird den Nachfahren noch Jahrzehntausende Kopfzerbrechen machen.

Bereits die verzweifelten Vorschläge zur Lösung des Klimaproblems sind ein Zeichen dafür, daß uns manche Aspekte der Überbevölkerung längst entglitten sind. So haben Wissenschaftler als Mittel gegen den Treibhauseffekt vorgeschlagen, durch Satelliten eine Art Sonnenschirm in der Atmosphäre aufzuspannen. Andere dachten daran, die Ozeane mit weißen Styroporkugel zu bedecken, um so die wärmenden Sonnenstrahlen ins All zu reflektieren. Eine weitere – und ernsthaft diskutierte – Möglichkeit gegen das Erdfieber wäre, das Kohlendioxid aus den Kraftwerkschloten bei tiefen Temperaturen zu verflüssigen und über Pipelines in der Tiefsee zu versenken. Technisch wäre das kein Problem, doch verbietet sich dieses Entsorgungsverfahren schon deshalb, weil es bis zur Hälfte der gesamten im Kraftwerk eingesetzten Energie verschlingen würde.

Zweifellos zeugen alle solche Vorschläge von schier unbegrenztem menschlichen Erfindergeist. Doch mit allem Ideenreichtum läßt sich bestenfalls Zeit schinden, während sich das eigentliche Problem noch vergrößert. Vor allem taugen die technischen Rezepte des Nordens selten zur Lösung der Probleme des Südens, wo die Bevölkerungszunahme derzeit die größten Schwierigkeiten bereitet.

So leiden viele der Entwicklungsländer in Asien und Afrika unter chronischem Brennstoffmangel, der sich nicht nach dem bewährten Muster der Industrienationen beheben läßt: Zum Import von Öl oder Erdgas fehlen jenen Ländern die Devisen. Elektrizität ist für die meisten Menschen des Südens genauso unerschwinglich wie der dazugehörige Elektroherd. Kapitalintensive Atomkraftwerke können sich die Länder nicht leisten. Spezialisten zum sicheren Betrieb solcher High-Tech-Meiler wären ohnehin unbezahlbar. Also tun die Betroffenen, was sie seit jeher gemacht haben: Von den Hängen des Himalaya bis hinab in die Savannen des Sahel holzen sie die Baumbestände ab, schneller, als diese nachwachsen können.

Der Bevölkerungswissenschaftler Nathan Keyfitz zählt aus der Geschichte einige Erfindungen auf, die zwar eine höhere Menschendichte in den Industrienationen ermöglichten, in Entwicklungsländern dage-

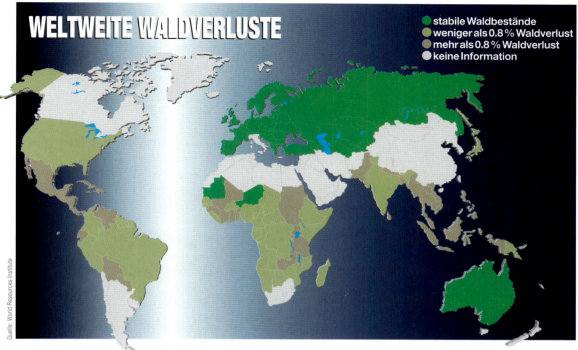

Mensch und Wald scheinen sich nicht zu vertragen. Dem Holzhunger des Nordens und dem Brennstoffbedarf des Südens fallen immer mehr Bäume zum Opfer. Schneller, als sie nachwachsen können, werden sie vernichtet. So geht der Menschheit ihr wichtigster erneuerbarer Rohstoff verloren

gen zu schlechteren Existenzbedingungen führten – und damit zu einer Verminderung der Tragfähigkeit ihres Lebensraumes. Als beispielsweise die britische Tuchindustrie in der zweiten Hälfte des 18. Jahrhunderts mit der „Spinning Jenny", der Feinspinnmaschine, die Handarbeit ersetzte, explodierten die Gewinne der Unternehmer. Doch in Indien verloren Hunderttausende von Handspinnern ihre Existenz. Die logische Folgeerfindung des mechanischen Webstuhls, Jahrzehnte später, löste sogar in Europa heftige soziale Unruhen aus und stürzte ganze Landstriche in Armut. Nur wenig später mußten die Inder, die sich einst mit Textilien selbst versorgten, jährlich eine Milliarde Meter Baumwollstoffe aus Großbritannien einführen. Auf gleiche Weise gingen dem armen Süden wichtige Exporteinnahmen verloren, als nach dem Zweiten Weltkrieg Kautschuk, Sisal und Jute durch synthetische Materialien ersetzt wurden. Der reiche Norden produzierte fortan Autoreifen, Teppiche und Seile aus billigeren Rohstoffen und exportierte sie mit großem Gewinn auch in die Entwicklungsländer.

Im Süden hatten immer mehr Menschen immer weniger zu tun. Es fehlte den armen Ländern das Kapital zum Aufbau einer eigenen Industrie, um wenigstens für den Binnenmarkt produzieren zu können. Ursprünglich glaubten die staatlichen Entwicklungshelfer des Nordens, sie könnten der Dritten Welt den Weg in die Industriegesellschaft vorfinanzieren, und sie begaben sich ans Werk. Die Schulden sollten dann

mit exportierten Produkten getilgt werden. Diese Art der Unterstützung fand jedoch bald ein Ende, als die Helfer bemerkten, daß sie damit der Industrie in ihren eigenen Ländern unerwünschte Konkurrenz bescherten. Der Technologietransfer wurde gebremst, der Import erschwert. Der Süden saß jetzt auch noch auf einem Riesenberg an Schulden für Investitionsruinen.

Das Problem hat sich noch verschärft, seit Roboter in den Industrienationen den Menschen die Beschäftigung aus der Hand nehmen. So haben die Entwicklungsländer nicht einmal mehr die Chance, ihre Arbeitskräfte gegen Billiglohn anzubieten. „In der automatisierten Welt des ausgehenden 20. Jahrhunderts hat die menschliche Muskelkraft ihren ökonomischen

Wert verloren", konstatiert Nathan Keyfitz. Und deshalb geht die Gleichung „mehr Menschen = mehr Fortschritt" nicht in den entwickelten Ländern auf, und schon lange nicht in den unterentwickelten.

Im Gegenteil: Im Süden drängen gegenwärtig auch noch besonders geburtenstarke Jahrgänge auf den Arbeitsmarkt; sie kamen in jener Zeit zur Welt, da der Rückgang der Kindersterblickeit die Bevölkerungslawine in Gang gesetzt hatte. Weil sie keine Beschäftigung finden, füllen sich die Städte mit arbeitslosen, teils sogar gut ausgebildeten, aber frustrierten Jugendlichen. Es ist eine „soziale Zeitbombe", wie der britische *Economist* bemerkt, die viele Regierungen zwinge, die Bevölkerung mit subventionierten Konsumgütern ruhigzustellen; das wiederum blockiert wertvolles Kapital, das eigentlich Arbeitsplätze schaffen sollte. Ein Teufelskreis: Entgegen dem weltweiten Trend zu Wirtschaftswachstum und mehr Lebensstandard ist, einem Bericht der Weltbank zufolge, in den achtziger Jahren das Pro-Kopf-Bruttosozialprodukt in 49 Staaten der Erde gesunken. Kein Zufall, daß dies jene sind, in denen sich die Bevölkerung besonders schnell vermehrt.

Wo Präzisionsroboter den Menschen die Arbeit abnehmen – wie hier im Mercedes-Werk in Sindelfingen –, explodiert die Zahl der Beschäftigungslosen. Bei abnehmender Bevölkerung und einer gerechten Verteilung der verbleibenden Arbeit ließe sich dieses Problem noch lösen. Fatal wird die Situation für jene Länder, die ihre Werktätigen gegen Billiglohn anbieten – wie etwa Näherinnen in Vietnam. Wenn dort die Roboter in die Fabriken einziehen, verlieren Abermillionen ihre Existenzgrundlage

Genau besehen, bleibt also wenig von dem Argument, daß viele Menschen den Motor des Fortschritts in Gang halten. Man wird dem Wirtschaftsminister eines übervölkerten afrikanischen Landes kaum einreden können, das wichtigste Kapital seines Landes seien die Mittellosen in den Slums der Städte. Es bleibt höchst unwahrscheinlich, daß deren Gehirnen unter dem Druck des aktuellen Dilemmas plötzlich geniale Lösungen für ihre Probleme entspringen.

Fatalerweise, betont Nathan Keyfitz, „sind nicht die Länder mit schnellem Bevölkerungswachstum die innovativsten. Sondern jene mit den niedrigsten Geburtenraten".

Lange warnten Wissenschaftler davor, daß der Menschheit die Rohstoffe ausgehen. Heute ist klar, daß nicht ein möglicher Mangel, sondern die Fülle zur Bedrohung wird. Denn wo reichlich Kohle, Öl und Erz vorhanden sind, werden sie auch unbedacht verbraucht – und gewaltige Mengen an Müll produziert

HEIZEN, BIS DER

GLOBUS DAMPFT

Das Buch war ein Miesmacher. Mitten in die Wohlstands-Euphorie der frühen siebziger Jahre platzte es mit einer unbequemen Nachricht: „Die Grenzen des Wachstums" – bereits der Titel war eine Provokation – seien nah. Das werde die Menschheit schon bald in erhebliche Probleme stürzen.

Die nicht ganz neue These basierte auf einem Projekt der Zukunftsforschung, das der Amerikaner Dennis Meadows am Massachusetts Institute of Technology geleitet hatte. Finanziert wurde es von einer elitären Debattier-Runde, die sich „Club of Rome" nennt.

Die beteiligten Wissenschaftler hatten weltweit die Verbrauchsdaten der wichtigsten endlichen Rohstoffe für die nächsten Jahrzehnte hochgerechnet und sie mit den bekannten Reserven verglichen. Ergebnis zahlloser Computer-Simulationen: Schon bald nach dem Jahr 2000 würden einzelne Rohstoffe so knapp werden, daß wenig später die Nahrungsmittel- und Industrieproduktion zusammenbreche – mit fatalen Folgen für die Menschheit. Ähnlich wie Thomas Malthus 170 Jahre zuvor, erwarteten die Forscher infolge anhaltender Bevölkerungsexplosion ein globales Massensterben.

Doch wie Malthus' Theorie hatte auch die von Meadows' Team ihre Schwächen. Den Wissenschaftlern waren zwei wesentliche

Denkfehler unterlaufen. Der erste: Es fehlt auf absehbare Zeit nicht an endlichen, sondern an erneuerbaren, also im Prinzip unendlichen Rohstoffen.

Zur Erläuterung: Erneuerbare, „regenerative" Ressourcen sind beispielsweise das Trinkwasser und der Wald. Weder ist zu erwarten, daß es auf der Erde aufhört zu regnen, noch, daß die Bäume ihr Wachstum einstellen. Deshalb können beide Rohstoffe nicht versiegen. Angesichts einer Weltbevölkerung von 5,7 Milliarden Menschen haben sie dennoch einen Nachteil: Sie regenerieren sich nicht schnell genug.

Bis zu Beginn der agrarischen Revolution vor 10 000 Jahren war mehr als ein Drittel der Kontinente von Wald bedeckt. Dann lichtete der Mensch ihn mit Axt und Feuer. Trotzdem gingen bis Mitte des 19. Jahrhunderts nur vergleichsweise kleine Flächen des ursprünglichen

Bestandes verloren – ein Zeichen für die enorme Regenerationsfähigkeit des Waldes. Seit Ende des Zweiten Weltkriegs jedoch schwinden die Wälder, insbesondere in den Tropen, mit atemberaubendem Tempo – eine direkte Folge der Bevölkerungsexplosion. Denn mehr Menschen mit immer höheren Ansprüchen brauchen auch mehr Papier, mehr Möbel, mehr Bau- und Brennholz, mehr Eßstäbchen. Und sie beanspruchen mehr Ackerfläche, die im allgemeinen nur dort entstehen kann, wo der Wald zuvor gerodet wurde.

In Europa existieren Urwälder nur noch als versprengte Relikte. China, das volkreichste Land der Erde, hat bereits drei Viertel seines Waldes verloren. In Indien, dem zweiten unter den Bevölkerungsriesen, ist der Holzeinschlag siebenmal höher als die Menge, die nachwächst. Japan deckt seinen eigenen Holzbedarf schon längst nicht

Prinzipiell kann ein Wald nachwachsen, seine Reserven sind naturgemäß endlos. Doch seine Funktion – als Grundwasserspeicher, Klimaregulator und Holzlieferant – geht verloren, wenn er vernichtet wird. Zum Beispiel auf Borneo, wo er weithin den Plantagen für Ölpalmen weichen mußte

mehr selber und mußte deshalb die jährlichen Importe seit 1961 von neun Millionen auf gegenwärtig mehr als 70 Millionen Kubikmeter verachtfachen. Dafür ließen die Japaner, die ihre eigenen verbliebenen Wälder sorgsam schützen, riesige Waldflächen in den südostasiatischen Tropen kahlrasieren und gaben sie der Erosion preis. So kommt es, daß Thailand und die Philippinen – einst Überflußländer – heute selbst zu Holzimporteuren geworden sind.

Die Folge des globalen Kahlschlags: Mit jedem Tag muß ein stetig schrumpfender Holzvorrat durch eine immer größere Zahl von Verbrauchern geteilt werden. Hält der Trend an, dann wird schon im Jahr 2010 für jeden Menschen ein Drittel weniger Wald vorhanden sein als heute. Diese Entwicklung muß in immer schnelleren Schritten zur völligen Entwaldung des Planeten führen.

Ähnliches gilt für die Ressource Wasser. Auch wenn mehr als zwei Drittel des Blauen Planeten davon bedeckt sind, ist nur ein winziger Anteil für den Menschen direkt nutzbar. Würde man alles Wasser der Erde in eine Badewanne füllen, dann nähme der erneuerbare Teil, also jener, der regelmäßig als Regen oder Schnee niedergeht, gerade einen Teelöffel ein.

Süßwasser ist im Überfluß nur dort vorhanden, wo wenige Menschen leben – in Polnähe und am regenreichen Äquator. Überall zwischen diesen Zonen, wo sich die Menschen drängen, wird es knapp und teuer. Der größte Teil geht dabei mit 69 Prozent auf das Konto der Landwirtschaft; die Industrie nimmt sich knapp ein Viertel; acht Prozent fließen in die Haushalte, wobei nur ein Bruchteil davon wirklich als „Trink"-Wasser dient.

Seit 1940 hat sich der Wasserverbrauch weltweit mehr als vervierfacht, während der Nachschub naturgemäß gleichblieb. In vielen Ländern, so in Libyen, dem Jemen und Israel, aber auch in den USA werden bereits „fossile" Wasseradern geplündert, die vor Jahrtausenden entstanden sind und sich kaum wieder auffüllen. Sind diese Reservoirs einmal leergepumpt, was zum Beispiel in Saudi-Arabien in 50 Jahren der Fall sein wird, dann sitzen die Menschen im wahrsten Sinne des Wortes auf dem Trockenen.

Bereits heute leben zwei Milliarden Menschen in Regionen mit chronischem Wassermangel – und das Problem kann sich nur verschlimmern. Im Mittleren Osten haben neun von 14 Ländern ernste Wasserprobleme, meldet das Worldwatch Institute in Washington. In sechs dieser Nationen (Irak, Jemen, Jordanien, Oman, Saudi-Arabien und Syrien) droht sich die Bevölkerung binnen 25 Jahren zu verdoppeln. Weil alle größeren Flüsse dieser Region durch mehrere Länder fließen, sind Konflikte um das begrenzte Naß kaum auszuschließen. Das reichlich vorhandene Meerwasser zu entsalzen, wie es seit längerem betrieben wird, ist kaum ein Ausweg. Die dazu notwendigen energiefressenden Anlagen können sich nur jene Länder leisten, die reich an Erdöl sind.

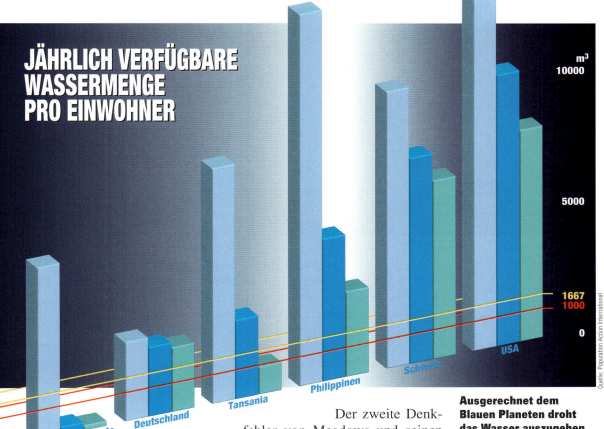

Ausgerechnet dem Blauen Planeten droht das Wasser auszugehen. In vielen regenarmen Ländern werden die letzten Reservoirs leergepumpt. Vor allem die Landwirtschaft und die Industrie verbrauchen immer mehr

Der zweite Denkfehler von Meadows und seinen Zukunftsforschern bestand darin, daß ihre Befürchtungen um ein Ende der nicht-erneuerbaren Rohstoffe weit übertrieben waren. So hatten sie nicht einkalkuliert, daß kurz nach Erscheinen ihres Buches die Ölpreiskrise den Industrienationen gehörig das Energiesparen beibrachte. Sie bezogen auch nicht mit ein, daß die Geologen bei der Suche nach Erzen und fossilen Brennstoffen an bislang unexplorierten Orten auf unerwartet umfangreiche Lagerstätten stießen. Schließlich trug das Buch zu einem ökologischen Umdenkprozeß bei, so daß einige der beschriebenen Szenarien sich deswegen nicht bewahrheiteten, weil die zugrundeliegenden Probleme inzwischen zumindest teilweise gelöst wurden. Zum Beispiel hat sich seit den siebziger Jahren die Nutzung von Energie erheblich verbessert und der Schadstoff-Ausstoß vieler Fabriken wesentlich vermindert. Einige der gefährlichsten Umweltgifte wie das Asbest, das Blei im Benzin und einige besonders langlebige Pestizide verschwinden allmählich vom Markt.

Die Autoren der „Grenzen des Wachstums" lernten dazu: Zwanzig Jahre nach dem Erscheinen des provokativen Werkes legten die Skeptiker um Dennis Meadows das Buch deshalb in revidierter Form neu auf. Dessen Kernaussage lautete jetzt: Die drohende Katastrophe sei verschoben, aber nicht aufgehoben. Zwar gebe es vorerst kein Ende der endlichen Ressourcen. Aber genau darin liege das Problem.

Bei Testbohrungen unter dieser Plattform stießen die Exploratoren auf eines der größten Öllager der Nordsee. 12 000 Faß Rohöl sprudeln hier täglich aus dem Untergrund. Durch solche Funde haben sich die bekannten Vorräte an fossilen Brennstoffen in der Vergangenheit stets vergrößert – obwohl immer mehr davon verbraucht wird

Paradoxerweise wird nicht der Mangel an endlichen Rohstoffen die Menschheit in die Schranken weisen, sondern der schier unendliche Reichtum der Erde. Weil die Welt in Erdöl schwimmt, weil Energie und Erze so billig sind, wird mehr davon verbrannt und verschleudert, als die Umwelt erträgt. Schon die Vorräte an „sicher gewinnbarem" Erdöl reichen bei gleichbleibendem Verbrauch aus, um die Menschheit für mehr als 40 weitere Jahre zu versorgen. Erdgas genügt für 60 und Kohle für 250 Jahre. Eingeschlossen die Kohleflöze, deren Ausbeutung heute noch nicht lohnt, reicht das fossile Gold sogar für 2500 Jahre. Etwa genauso lange werden die Reserven an Ölschiefer vorhalten. Zusätzlich ist zu erwarten, daß sich die heute bekannten Vorräte durch weitere Funde noch vergrößern werden.

Es fehlt also auf absehbare Zeit keinesfalls an Rohstoffen für die Industriegesellschaft. Vielmehr mangelt es an sicheren Lagerplätzen für das, was letztlich daraus gemacht wird – nämlich Müll in jeglicher Form. Die Quintessenz: Die Quellen sprudeln, aber die Senken sind voll.

Unter einer Senke verstehen Geologen eine natürliche Vertiefung in der Erdoberfläche; Ökologen bezeichnen damit ein natürliches Zwischenlager für Abfallstoffe. Solch ein Depot ist allerdings kein lebloser

Mülleimer, sondern ein biologischer, chemischer oder geologischer Mechanismus, der Abfälle zu anderen Stoffen umsetzt.

Natürlichen Abbau gibt es auf Erden für jeden Abfall. Ein abgestorbener Baum bleibt im Wald nicht lange liegen. Legionen von Würmern, Käfern, Asseln, Pilzen und Bakterien machen sich über das Holz her, zerlegen und verdauen es, so daß am Ende nichts als kleine, chemische Bausteine übrigbleiben, die in verschiedenen Kreisläufen aufgehen. Aus der Zellulose des Holzes entsteht Kohlendioxid, das in die Atmosphäre entweicht und von Pflanzen wieder als Nahrung aufgenommen wird. Eiweißbestandteile werden aufgespalten und von Flora und Fauna zu neuen Proteinen umgewandelt. Mineralstoffe sickern zurück in den Boden.

Auch vom Menschen produzierte Abfälle, Abgase und Abwässer finden in der Natur eine „Verwendung": Saurer Regen, also sulfat- und nitrathaltiger Niederschlag, ist – in Maßen – für Pflanzen ein willkommener Dünger. Im Wasser gelöste Schwermetalle, die auf dem Grund von Gewässern mit schwefelhaltigem Faulgas zusammenkommen, „mineralisieren" zu schwer löslichen Verbindungen und bilden feine Schichten künstlicher Erze. Selbst Plastik, Pestizide, Dioxine und Autoreifen zersetzen sich irgendwann unter dem Einfluß von ultravioletter Strahlung des Sonnenlichts und zerfallen zu Partikeln, die von Bakterien gefressen und unschädlich gemacht werden können. Sogar aus radioaktivem Müll wird – bei genügend Zeit, die allerdings Jahrhunderte währen kann – harmloses Material.

Genaugenommen gibt es für die Natur gar keinen Müll, sondern nur verwertbare Stoffe in allen Aggregatzuständen. Doch bereits Paracelsus wußte, daß es allein von der Dosis abhängt, ob eine Substanz giftig ist oder nicht. Als wenige Menschen mit bescheidenen Ansprüchen auf der Erde lebten, produzierten sie auch wenig Müll und konnten entsprechend wenig Schaden anrichten. Doch heute konsumieren viele Menschen Unmengen an Rohstoffen und produzieren damit Abfall. Diese Gigatonnen überfordern die natürlichen Abbauwege bei weitem und provozieren gewissermaßen einen „Wertstoff-Stau". Die Senken laufen über. Der Müll vagabundiert durch den Ökokreislauf und verursacht unerwartet an ganz anderen Orten Probleme.

Dafür gibt es erschreckende Beispiele: Plötzlich registrieren Forscher Abbauprodukte von Fluorchlorkohlenwasserstoffen (FCKW) aus Klimaanlagen in der Ozonschicht. Sie finden das Pestizid DDT, das in den Tropen gegen die Malariamücke Anopheles versprüht wurde, im Fettgewebe antarktischer Pinguine wieder. Sie messen den Fallout aus dem Havarie-Reaktor von Tschernobyl rund um den ganzen Globus.

Die weltumspannende Verschmutzung bedroht letztlich auch die Lebensgrundlagen des Menschen. Er kann deshalb das Ende der Res-

In einer Computersimulation haben Zukunftsforscher in den siebziger Jahren die Grenzen des Wachstums ausgelotet. Sie gingen davon aus, daß sich die natürlichen Ressourcen des Planeten zusehends verknappen. Die Befürchtung: Die Produktion von Industrie und Landwirtschaft würde zurückgehen und in der Folge die Zahl der Menschen dramatisch abnehmen

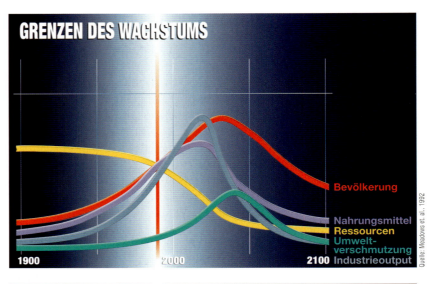

Unter der Annahme, daß die Industrie ihre Emissionen reduziert, die Landwirte ihre Erträge erhöhen und der Erosion Einhalt geboten wird, sähe die Zukunft des Menschen etwas günstiger aus. Eine Krise käme allerdings auf jeden Fall – wenngleich verzögert. Weil sich die Bevölkerung unter jenen Vorgaben nahezu verdoppeln könnte, würden die Böden zwangsläufig übernutzt werden

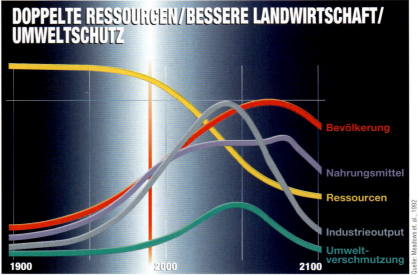

sourcen nie erreichen, selbst wenn er wollte. Zuvor würde er am hausgemachten Dreck ersticken.

Genau dies besagen die Modellrechnungen, die Meadows und seine Kollegen 1992 veröffentlichten. Die Wissenschaftler ließen ihre Computer-Simulationen erneut laufen, diesmal unter der Annahme, daß auf der Welt doppelt so viele Ressourcen vorhanden sind, wie ursprünglich angenommen. Das Ergebnis: Die Industrieproduktion wächst 20 Jahre länger, bis zum Jahr 2040. Die Zahl der Menschen kann auf 9,5 Milliarden steigen; das entspricht exakt der mittleren und wahrscheinlich-

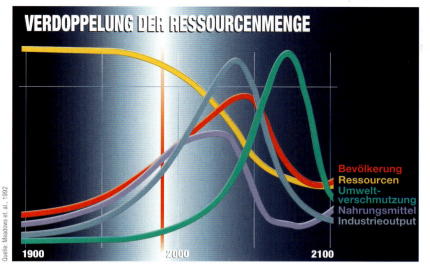

In den neunziger Jahren wiederholen die Forscher ihre Berechnungen – nun unter der Voraussetzung, daß die Erde doppelt so reich an Rohstoffen ist. Die Folge des Überflusses: Weltbevölkerung und Industrieproduktion können zwar weiter anwachsen. Doch dann bremst die Umweltverschmutzung den Boom massiv

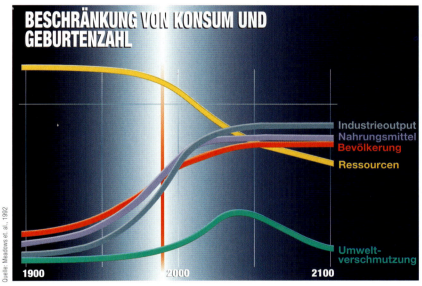

Langfristig kann die Menschheit nur überleben, wenn sie sich in jeder Hinsicht beschränkt. Sie müßte die umweltschonendsten Techniken nutzen, das Ackerland nachhaltig bearbeiten, die Industrieproduktion drosseln und den Konsum senken – aber auch ihr Wachstum drastisch herabsetzen

sten Prognose der Vereinten Nationen. Aufgrund des verstärkten Rohstoffverbrauchs verdreckt die Umwelt allerdings auch dreimal mehr. Dieser Trend erreicht im Jahr 2070 seinen Höhepunkt. Wegen der allgemeinen Umweltverschmutzung sinken deshalb bereits von 2030 an die Erträge der Landwirtschaft; sie fallen danach binnen weniger Jahrzehnte auf ein Viertel ihres heutigen Wertes. Nahrungsmangel läßt von 2045 an Abermillionen von Menschen verhungern. Die Weltbevölkerung schrumpft von ihrem Gipfel bei 9,5 Milliarden um das Jahr 2040 auf etwa 4 Milliarden noch vor Ende des 21. Jahrhunderts.

Holland in Not: Die rohstoffarme, aber hochindustrialisierte Nation mehrt ihren Wohlstand auf Kosten anderer. Denn ein Großteil der Abfälle wird exportiert oder der Nordsee und der Atmosphäre anvertraut. Kaum loszuwerden sind freilich die gigantischen Mengen an Hausmüll, die sich auf Deponien wie in Wijster türmen. Hier landet jährlich eine Million Tonnen Unrat. Nur zum geringen Teil verrottet er zu Kompost

Fazit des Horrorszenarios: Der Reichtum an Ressourcen ist der verheerende Segen der Menschheit. Er bremst zwar kurzfristig alle Probleme, verstärkt aber langfristig die Negativfolgen des Wachstums.

Die Zukunftsforscher testeten am Computer auch andere Varianten: Wie sieht die Zukunft der Erde aus, wenn auf den Äckern gentechnisch veränderte Nutzpflanzen wachsen? Was bringt verstärktes Recycling? Was geschieht, wenn die Weltwirtschaft nicht so extrem wächst, wie heute angenommen?

Alle Szenarien führten zu dem immer wieder gleichen Ergebnis: Die wachsende Menschheit stößt an ihre Grenzen, weil die Senken der Erde den Müll nicht verkraften. Variabel war bei den verschiedenen Varianten allein der Zeitpunkt des Zusammenbruchs.

Nur ein einziger Computer-Lauf endete nicht in der Katastrophe. Dieses Modell einer „langfristig überlebensfähigen Gesellschaft" setzt jedoch nahezu Unerfüllbares voraus: Die durchschnittliche Kinderzahl pro Frau – heute 3,3 – müßte von 1995 an weltweit auf zwei sinken. Die jährliche Industrieproduktion pro Erdenbürger – zur Zeit 270 Dollar – dürfte nicht über einen Realwert von 350 Dollar steigen. Und überall in Landwirtschaft wie Industrie müßten die umweltschonendsten Techniken zum Einsatz kommen. Unter diesen Voraussetzungen würde die Menschheit von gegenwärtig 5,7 Milliarden auf lediglich 7,7 Milliarden Häupter anwachsen und die Umweltverschmutzung von 2040 an sinken.

Ein Blick aus dem Fenster oder in die Zeitung führt deutlich vor Augen, daß dieses optimale Szenario illusorisch ist: Wälder sterben am Sauren Regen; Flüsse sind so stark mit Schwermetallen verseucht, daß die Fische ungenießbar wurden; Müllhalden quellen von Plastikresten und Autoreifen über; Giftfässer werden um die halbe Welt verschoben, weil kein Mensch sie zu „entsorgen" weiß; der Atommüll reicht aus, um die Menschheit für Äonen zu verstrahlen.

Dennoch werden den weltweit überbordenden Senken ununterbrochen neue Lasten zugemutet. Das ist möglich, weil sich die Folgen von Umweltzerstörung immer erst mit Verzögerung bemerkbar machen. Anschaulichstes – und vermutlich folgenreichstes – Beispiel dafür ist die schleichende, vom Menschen angekurbelte Klimaveränderung: Als unsichtbares Abgas beim Verfeuern von Kohle, Öl und Erdgas geraten jährlich 22 Milliarden Tonnen Kohlendioxid in die Atmosphäre. Drei bis vier Milliarden Tonnen kommen durch die Brandrodung vor allem tropischer Wälder hinzu.

Auf den ersten Blick erscheinen diese Emissionen nicht einmal tragisch. Kohlendioxid ist ungiftig; Pflanzen leben von dem Gas, und in der dünnen Lufthülle des Planeten ist es von Natur aus vorhanden. Gemeinsam mit anderen Spurengasen sorgt es für den wichtigen natürlichen Treibhauseffekt. Die Gase wirken wie die Scheiben eines Glashauses: Sie halten die Wärme der erdnahen Luftschichten zurück. Ohne diese isolierende Wirkung betrüge die irdische Durchschnittstemperatur eisige 15 Grad minus. Der ganze Planet wäre selbst am Äquator mit einer dicken Eisschicht bedeckt; nie hätte Leben auf Erden entstehen können.

Das Problem liegt auch hier in der Dosis: Sobald sich die Konzentration der Treibhausgase in der Atmosphäre erhöht, isolieren die „Scheiben" stärker. Darunter, also in der Sphäre allen Lebens, wird es immer wärmer. Zwar verbleibt nur etwa die Hälfte der etwa 26 Milliarden Tonnen Kohlendioxid, die aus Kraftwerkschloten und Auspufftöpfen entweichen und dem flammenden Inferno der Tropenwälder entsteigen, in der Atmosphäre. Den größten Teil der anderen Hälfte schlucken die Ozeane. Doch insgesamt hat seit Beginn der Industrialisierung der Kohlendioxid-Gehalt der irdischen Lufthülle um fast 30 Prozent zugenommen, wurde sie mit der unvorstellbaren Menge von 617 Milliarden Tonnen Kohlendioxid befrachtet. Ein Ende der dicken Luft ist nicht abzusehen. Während die Klimatologen inständig fordern, den Kohlendioxid-Ausstoß bis zum Jahr 2050 zu halbieren, deuten alle Wirtschaftsdaten darauf hin, daß er sich bis dahin verdoppeln wird.

Als direkte Folge des Verfeuerns von Öl, Kohle und Erdgas steigt seit Beginn der Industrialisierung – mit zunehmender Geschwindigkeit – der Gehalt des Abgases Kohlendioxid (CO_2) in der Atmosphäre. Die dicke Luft steigert den Treibhauseffekt und wird das Klima des Planeten schon bald massiv verändern

Zusätzlich nehmen durch das Schalten und Walten der wachsenden Weltbevölkerung auch andere Treibhausgase in der Atmosphäre zu – vom Methan, das aus Müllhalden, Rindermägen und Reisfeldern entweicht, bis zu den berüchtigten FCKW, die nicht nur das Klima aufheizen, sondern auch die schützende Ozonschicht zerstören.

Trotz dieser Sünden setzt sich die globale Erwärmung nur langsam durch, denn das Klima ist ein sehr träges System. Der menschengemachte Treibhauseffekt ist nach Erkenntnissen der Klimaforscher anfangs kaum vom normalen Wettergeschehen zu unterscheiden, hat später aber um so dramatischere Folgen. Genau wie das Wachstum der Menschheit über viele Jahrtausende erst langsam in Schwung gekommen ist und inzwischen immer schneller abläuft, birgt auch der Anstieg der Treibhausgase eine gefährliche Dynamik. Ist eine Klimaveränderung erst einmal angeschoben, läßt sie sich nur schwer wieder bremsen. Selbst wenn – rein theoretisch – die Emissionen von heute auf morgen völlig gestoppt werden könnten, würde zwar der Treibhausgasgehalt in der Luft langsam sinken – die Temperatur aber noch lange weiter steigen.

Inzwischen mehren sich die Anzeichen, daß nach Jahrzehnten massiver Atmosphären-Verschmutzung jetzt jene Übergangsphase eingesetzt hat, in der sich die ersten menschengemachten Folgen von den natürlichen Schwankungen des Klimas absetzen:

● So stieg in den vergangenen 130 Jahren die mittlere Lufttemperatur in Bodennähe global um 0,7 Grad, wobei sich im jüngsten Jahrzehnt die Erwärmung stark beschleunigt hat. Die acht wärmsten Jahre dieser Epoche erlebte die Erde seit 1980. Nach den Prognosen der Experten ist das allerdings erst der Anfang der Heißzeit. Sie rechnen mit einem weiteren Anstieg von zwei bis fünf Grad in den nächsten hundert Jahren. Das mag unbedeutend klingen. Aber eine um vier Grad wärmere Erde hat es seit der Entstehung des Urmenschen *Australopithecus* vor vier Millionen Jahren nicht gegeben.

● Entsprechend der Erwärmung nahm die frühjährliche Schneebedeckung auf den Landmassen der nördlichen Erdhalbkugel in den vergangenen 20 Jahren deutlich ab. Die Gletscher in fast allen Gebirgsregionen der Welt schrumpften zum Teil erheblich, der Meeresspiegel

Die Temperatur der erdnahen Luftschichten unterliegt zwar natürlichen Schwankungen, aber für Klimaforscher ist ein Trend unverkennbar: Seit Anfang dieses Jahrhunderts wird es auf der Erde immer wärmer

stieg seit 1860 um 15 Zentimeter. Und der Trend wird sich verstärken. Die erhöhten Pegelstände bedrohen bereits jetzt weltweit tiefliegende Gebiete – nicht nur in Entwicklungsländern wie Bangladesch, sondern auch am deutschen Wattenmeer, am Mississippi-Delta und an der erosionsgefährdeten US-amerikanischen Ostküste.

● Auch die Niederschlagszonen der Erde beginnen sich zu verschieben. Manche Regionen wie in Afrika der Sahel und Äthiopien, in Südostasien Thailand und Malaysia sowie im Süden der Vereinigten Staaten sind seit Mitte dieses Jahrhunderts trockener geworden. Andere, wie Ostrußland, die nördlichen Teile der USA und Kanada erleben stärkere Niederschläge. Bei weiterer Erwärmung werden sich die außertropischen Klimazonen generell polwärts verlagern. Ihnen muß die Vegetation und somit eine gewaltige Veränderung der Landschaftstypen folgen, denn ein deutscher Mischwald gedeiht nicht in mediterranem Klima und der skandinavische Birkenwald nicht unter Schwarzwald-Bedingungen. Fraglich ist indes, ob sich die jeweils heimischen Baumarten an das vom Menschen vorgegebene Tempo anpassen können. Die Buche beispielsweise erobert neues Terrain unter natürlichen Bedingungen mit einer „Wanderungsgeschwindigkeit" von lediglich 20 Kilometern in einem Jahrhundert. Bei der erwarteten Verlagerung der Klimazonen müßte sie jedoch fünfzigmal so schnell wandern, um mit der Verschiebung des ihr genehmen Biotops Schritt zu halten.

• Schließlich scheinen sich rund um den Globus außergewöhnliche Wetterlagen zu häufen. Für die Wissenschaftler ist diese „Änderung der Extremwertstatistik" ein typisches Zeichen des klimatischen Wandels.

Als mögliche Folge der globalen Erwärmung werten Klimatologen die jüngste Serie von tropischen Wirbelstürmen, unter anderem in der Karibik und an der US-Ostküste. Weil sich dort immer mehr Menschen niederlassen, steigen zwangsläufig auch die Zahl der Opfer und die Summen der Sachschäden

In den jüngsten Jahren erlebte die Erde eine Serie alarmierender Wetterkatastrophen. 1987 und die folgenden vier Jahre sowie 1994 rasten sogenannte Jahrhundertstürme über die Küsten Westeuropas. Seit 1988 wurden Teile der Karibik und die Südostküste der USA von Ausnahme-Hurrikanen überrollt. 1991 wütete der bislang schwerste Zyklon über dem Golf von Bengalen und verwüstete Teile von Bangladesch. Im selben Jahr wurden auch die Philippinen und Japan von verheerenden Taifunen heimgesucht. Selbst die extremen Hochwasser vom Dezember 1993 an Rhein, Donau und Mosel gehen zu einem guten Teil auf das Konto der Erwärmung. Denn anders als früher fallen starke Niederschläge im Winter nur noch selten als Schnee auf die Mittelgebirge. Ohne diesen Zwischenspeicher werden die Wasserfluten immer häufiger in einem Schwall zu Tale gespült.

Wissenschaftler scheuen noch klare Aussagen, ob die Häufung von Stürmen und Fluten lediglich ein Indiz oder bereits der Beweis für den menschengemachten Treibhauseffekt ist. Das internationale Assekuranzgewerbe freilich stützt seine Schadensbilanz auf gut abgesicherte Fakten. Daraus geht eindeutig hervor, daß sich die Zahl der folgenschweren Katastrophen seit Mitte der achtziger Jahre stark erhöht hat. Nach Berechnungen der Münchner Rückversicherung haben allein die weltweiten Stürme zwischen 1983 und 1992 Schäden von rund 88 Milliarden Mark verursacht – viermal soviel, wie auf das Konto der Sechziger-Jahre-Unwetter ging.

Solche Rückversicherungen, die einspringen, sobald gewöhnliche Assekuranzen überfordert sind, werden in Zukunft doppelt an den Folgen der Überbevölkerung tragen: Zum einen, weil der anthropogene Treibhauseffekt vermutlich noch weit schlimmere Desaster bewirken wird. Zu anderen, weil der Bevölkerungsdruck Abermillionen von Menschen in Regionen treibt, die sich zur Ansiedlung überhaupt nicht eignen. Das sind nicht nur klimatisch bedrohte Gebiete, sondern auch Zonen, die durch Vulkane und Erdbeben gefährdet werden.

So leben mittlerweile zwei Millionen Italiener im Gefahrenbereich des potentiellen Killervulkans Vesuv. 44 Millionen Amerikaner haben ihre Häuser nahe der Küste in das Hurrikan-Durchzugsgebiet zwischen den Bundesstaaten Texas und Maine gebaut. Rund 20 Millionen Menschen siedeln im flutgefährdeten Schwemmland von Bangladesch. Ebenso viele haben sich in der notorischen Erdbebenzone zwischen San Franzisko und Los Angeles niedergelassen.

Einen Vorgeschmack auf die teure Zukunft bekam die Assekuranz im Januar 1994, als ein Beben Los Angeles erzittern ließ, die Stadt mit

Rückversicherungs-Unternehmen fühlen den Puls der Katastrophen. Sie müssen einspringen, sobald die normalen Assekuranzen überfordert sind. Lange ging das Geschäft mit der Sicherheit gut. Seit einigen Jahren jedoch herrscht Sturm in der Bilanz: Die Zahl der folgenschweren Katastrophen hat dramatisch zugenommen

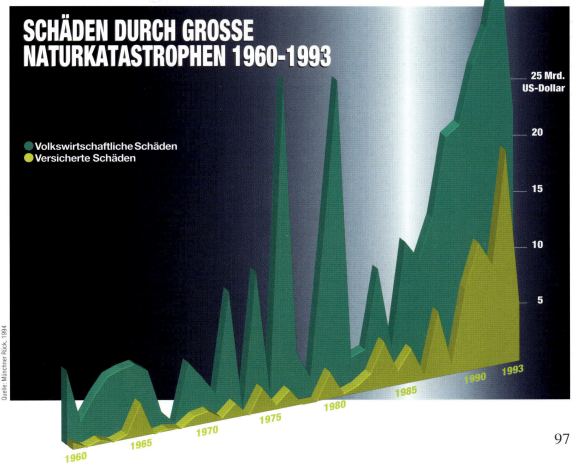

97

Wenn sich die Hochwasser in Deutschland häufen – wie hier in Köln am Rhein –, dann hat das zumindest teilweise mit der globalen Erwärmung zu tun. Besonders in milden Wintern bleiben, anders als früher, starke Niederschläge in den Mittelgebirgen nur noch selten als Schnee liegen. Die Wassermassen wälzen sich immer häufiger in einem Schwall zu Tal

dem schnellsten Wachstum in den USA. Die vergleichsweise schwachen Erdstöße der Stärke 6,6 auf der Richter-Skala verursachten mit 4,5 Milliarden Dollar den zweitteuersten Versicherungsfall in der Geschichte des Landes. Der volkswirtschaftliche Schaden belief sich sogar auf 30 Milliarden Dollar.

Was ein wirklich schweres – und keineswegs unwahrscheinliches – Beben im Großraum der 18-Millionen-Metropole Tokio anrichten könnte, haben die Risiko-Experten längst akribisch vorauskalkuliert: Sie erwarten 83 000 Tote, 120 000 Verletzte, 620 000 abgebrannte Häuser, eine halbe Billion Mark Sachschaden und einen vorübergehenden Zusammenbruch der gesamten japanischen Wirtschaft mit ökonomischen Nachbeben in aller Welt.

Die Menschheit hat mittlerweile einen so großen Einfluß auf das Ökosystem genommen, daß selbst gewaltige Naturphänomene wie die Meeresströmungen beeinflußt werden. Und das könnte verheerende Folgen haben. So ist zum Beispiel nicht auszuschließen, daß eine globale Erwärmung regional genau das Gegenteil bewirkt, nämlich eine Abkühlung in Westeuropa.

Die europäischen Küsten, von Frankreich bis Norwegen, beziehen ihr vergleichsweise mildes Klima über einen gigantischen Warmwasserfluß aus der Karibik – den Golfstrom. Er läßt in Südengland Palmen wachsen und hält sogar den russischen Hafen Murmansk eisfrei. Angetrieben wird diese Heizung vorwiegend von einem Sog im Nordatlantik, der im Seegebiet zwischen Grönland und Island liegt.

Das Wasser aus der Karibik ist nicht nur warm, sondern durch Verdunstung auf dem langen Weg über den Atlantik auch besonders salzhaltig geworden. Im Winter, wenn es vor Island abkühlt, verdichtet es sich deshalb und kann so schwer werden, daß es in die Tiefsee sinkt. 20 Millionen Kubikmeter pro Sekunde werden dann kaskadenartig in die Tiefe gerissen und saugen wie der Abfluß einer Badewanne immer neues Warmwasser über den Atlantik.

Klimatologen befürchten, daß eine schwache Veränderung des Salzgehalts den Strudel erlahmen lassen könnte, wie es in der Erdgeschichte schon öfter geschehen ist – wenn beispielsweise unter dem Einfluß der Klimaveränderung die Gletschermassen Grönlands rascher abschmelzen oder über die sibirischen Ströme weniger Regenwasser in das Nordmeer fließt, würden beide Effekte indirekt den Golfstrom abschwächen und Nordeuropa trotz globaler Erwärmung kälterem Klima aussetzen. Der Kontinent geriete dann in eine „kleine Eiszeit" – mit vordringenden Gletschern in Skandinavien, womöglich auch in den Alpentälern.

Durch wachsende Weltbevölkerung und zunehmenden Rohstoffverbrauch werden solche „überraschenden" Entwicklungen mit katastrophalen Folgen immer wahrscheinlicher. Die Menschheit nähert sich in allen Bereichen den kritischen Grenzen ihrer Umwelt. Sie gleicht einem Autofahrer, der mit beschlagenen Scheiben, schlechten Bremsen und abgefahrenen Reifen bei Glatteis auf eine rote Ampel zurast – und statt zu bremsen auch noch das Gaspedal tritt.

Den Ernst der Lage beschreibt nüchtern ein dringender Appell von zwei der wichtigsten Wissenschafts-Organisationen der Welt, der U.S. National Academy of Sciences und der Royal Society of London. Erstmals in ihrer Geschichte gaben sie 1992 eine gemeinsame Erklärung ab. Darin heißt es: „Wenn die Voraussagen über das Bevölkerungswachstum zutreffen und sich die Art, wie der Mensch mit dem Planeten umgeht, nicht ändert, dann werden Wissenschaft und Technik nicht mehr in der Lage sein, die unumkehrbare Zerstörung der Umwelt oder die fortschreitende Armut in weiten Teilen der Welt zu verhindern."

Jahrzehntelang wuchs die Nahrungsproduktion auf der Welt schneller als die Menschheit. Doch nun zeigen die Äcker in ganzen Regionen Ermüdungserscheinungen, die Massentierhaltung stößt an ihre Grenzen und die Ozeane sind leergefischt. Ohne eine zweite Grüne Revolution lassen sich die Massen der Zukunft nicht ernähren

REICHT DAS BROT FÜR

DIE WELT?

Eine weite, dürre Ebene mit Lavafeldern, Salzpfannen und ausgetrockneten Flußtälern – das ist der Norden Kenias. Nur ein paar Vulkankegel und kleinere Bergketten ragen schroff aus der Landschaft. Obwohl sie mitten in der Wüste liegen, tragen einige von ihnen eine grüne, dicht bewaldete Kappe.

Drei Stunden Fußmarsch führen aus der flimmernden Hitze des Tieflands in das Dickicht am Mount Nyiru. Der Berg ist hoch genug, um den aufsteigenden Wolken etwas Feuchtigkeit abzutrotzen. Das dichte Netz der Flechten in den Baumkronen kämmt Wasser aus dem Nebel. Dicke, kühle Tropfen fallen auf mich nieder, zerplatzen an armdicken Lianen, sammeln sich in Orchideenblüten, hohlen Baumstümpfen und schwammigen Moospolstern. Seit Monaten hat es hier nicht geregnet. Doch bei jedem Schritt schmatzt der Boden unter den Füßen.

Noch bevor das Wasser im Untergrund versickern kann, wird es vom Wurzelgeflecht des Waldes aufgehalten und zurück in die Pflanzen gepumpt. Über die Blätter verdunstet es, schlägt sich erneut in den Bäumen nieder und trieft zu Boden. Ein Kreislauf wie aus dem Lehrbuch für Ökologie.

So war es bei meinem ersten Besuch. Als ich Jahre später an denselben Ort zurückkehre, ist das ursprüngliche Paradies wüst entstellt. Verkohlte Stämme ragen in den Himmel. Zwischen den Steinen kämpfen sich ein paar Büschel dürren Grases durch. Der Blick schweift über nackte Hügel bis in die weite Ebene.

Was ist geschehen? Die Bevölkerung vom Stamm der Samburu, der in dieser Gegend seit alters her lebt, war in den vergangenen Jahren so stark gewachsen, das Weideland so knapp geworden, daß die Hirten einen Teil des Waldes mit Feuer gerodet hatten, um Grasland für ihre ständig größer werdenden Herden zu schaffen. Sie hatten kurz vor der Regenzeit gezündelt, auf daß der frisch mit Asche gedüngte Boden das Grün kräftig sprießen lasse. Doch dann blieb der Regen aus, was in dieser Gegend immer einmal passieren kann. Kaum ein Halm sproß hervor, und der Wind fegte die Asche davon. Als die Wolken sich dann in der folgenden Regenzeit besonders stark über den Hügeln entleerten, hielt kein Baum, kein Strauch und kein Moospolster die Wassermassen auf. Binnen weniger Stunden schwemmte die Krume fort, die sich in Jahrtausenden geologischer Verwitterung aufgebaut hatte. Die Fluten frästen metertiefe Erosionsrinnen in die Hänge. Was blieb, war eine Wüste aus nichts als Geröll.

An den wenigen Bäumen, die das flammende Inferno überlebt haben, läßt sich ablesen, was hier verlorenging. Einen halben Meter weit stehen die Wurzeln in der Luft und zeigen genau an, wie hoch einst der Humus reichte. Jetzt geben die kläglichen Reste nicht mehr genug her, um Bäume wachsen zu lassen. Der Boden taugt weder zum Ackerbau, noch wächst darauf genug Gras für das Vieh. Die Samburu, die mit der

Kahlschlag – und das Ende: Madagaskar war einmal von dichtem Wald bestanden. Nach dem Abholzen genügt ein tropisches Unwetter, um tiefe Erosionsnarben in die Erdoberfläche zu reißen. Danach taugt das Land weder als Weide noch zum Ackerbau

Brandrodung eigentlich ihre Lebensgrundlagen verbessern wollten, haben das Gegenteil erreicht: Für mehr Menschen bleibt nun weniger zum Teilen.

Die Menschheit kennt seit Beginn der Landwirtschaft ein ganzes Spektrum von Techniken, um die Oberschicht der Erde zu bearbeiten, jene fruchtbare Mischung aus zerbröseltem Gestein und organischem Humus, auf der nicht nur Wälder wachsen, sondern auch der größte Teil der menschlichen Nahrung. Aber unbedachte Technik kann auch zerstören: Brandrodung, tiefes Pflügen, Überdüngung, Überweidung, Auslaugen durch Monokulturen, Vergiftung mit Pestiziden, künstliche Bewässerung – all das läßt die Krume verarmen und tötet Myriaden von Mikroorganismen, die den Boden normalerweise regenerieren.

Eine solche Übernutzung des Bodens ist fatal. Häufig folgt ihr schnell die Erosion – und die hat schon ganzen Hochkulturen ein Ende bereitet. Der Reichtum der Wälder im östlichen Mittelmeerraum fiel bereits vor mehr als zweitausend Jahren den Äxten phönizischer und griechischer Schiffbauer zum Opfer. Die Kornkammer des alten Rom in Nordafrika wurde durch intensiven Ackerbau verwüstet. Auch die Maya in Mittelamerika gruben sich mit dem Raubbau am Wald und der Monokultur von Mais, die den Boden auszehrt, ihr eigenes Grab: Um 900 n. Chr. war die Scholle im heutigen Guatemala und Honduras der-

Wo Acker- und Weideland übernutzt wird, geht mehr Krume verloren, als sich durch geologische Verwitterung neu bildet. Dort, wo die Ernährungslage schon bedrohlich ist, verkommt fruchtbares Land zur Wüste

maßen verarmt, daß viele Zentren der Maya untergingen, ohne eine Spur vom Schicksal ihrer Bewohner zu hinterlassen.

Heute sind, nach Angaben des Internationalen Bodeninformationszentrums im holländischen Wageningen, mehr als zehn Prozent des globalen Acker- und Weidelands „mittelschwer bis schwer" durch Erosion geschädigt. Seit 1945 haben 1,2 Milliarden Hektar ihre Fruchtbarkeit größtenteils eingebüßt – ein Gebiet so groß wie Indien und China zusammen. Jedes Jahr geht weltweit die unvorstellbare Menge von 24 Milliarden Tonnen Ackerkrume im wahrsten Sinne des Wortes den Bach hinunter.

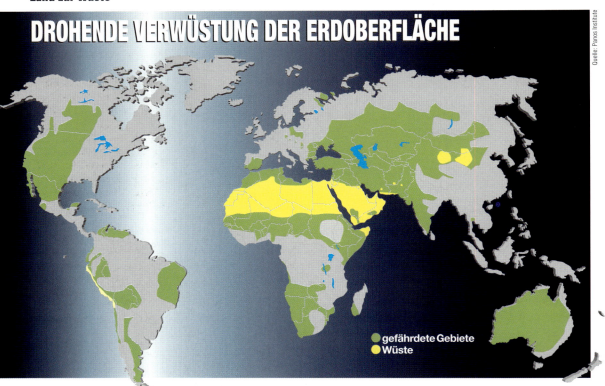

Die Folgen für die Landwirtschaft sind weithin verheerend. Zwar steigen die Erträge der Bauern derzeit global um jährlich 29 Millionen Tonnen Getreide, weil die Anbaumethoden ständig verbessert wurden. Doch zugleich bewirken Erosionsschäden rund neun Millionen Tonnen Verluste. Zusammen mit anderen Ertragseinbußen, verursacht durch Überschwemmungen oder Luftverschmutzung, summiert sich der Schaden auf 14 Millionen Tonnen. Unterm Strich frißt die Umweltzerstörung also rund die Hälfte des Fortschritts auf, der gerade jene 100 Millionen Menschen ernähren könnte, um die jährlich die Weltbevölkerung zunimmt.

Noch bis in die siebziger Jahre ließen die grandiosen Erfolge der „Grünen Revolution" die Erträge schneller wachsen, als die Menschen sich mehrten. Doch seit einiger Zeit hat sich das Verhältnis umgekehrt. Die Getreidemenge, die einem Durchschnitts-Erdenbürger zur Verfügung steht, sinkt.

Getreidepflanzen, vor allem Weizen, Reis und Mais, sind die wichtigsten Nahrungsquellen des Menschen und decken die Hälfte seines Energiebedarfs. Auch die andere Hälfte stammt großenteils aus Getreide, das, auf dem Umweg über Viehfutter, zu Fleisch, Milchprodukten und Eiern „veredelt" wird.

Rund 1,3 Milliarden Rinder leben auf der Erde in menschlicher Obhut. Gemeinsam mit unzähligen Hühnern und Schweinen verfressen sie neben anderem Futter 600 Millionen Tonnen Getreide im Jahr. Davon könnten zwei Milliarden Menschen satt werden

Von der heutigen Weltproduktion – rund 1,7 Milliarden Tonnen Getreide – leben ein Fünftel der Menschheit im Überfluß und drei Fünftel so, daß sie nicht klagen können. Für das letzte Fünftel bleibt indes so wenig, daß die Betroffenen nicht die volle Arbeitsleistung erbringen und unter chronischen Mangelkrankheiten leiden. 13 bis 18 Millionen Menschen weltweit, meist Kinder, sterben jährlich allein durch Hunger.

Um künftig nicht nur die Unterernährten versorgen, sondern auch den Zuwachs von gegenwärtig fast einer Milliarde Erdenbürger pro Jahrzehnt ernähren zu können, wären titanische Anstrengungen notwendig: Bis 2050, wenn vermutlich zehn Milliarden Menschen die Erde bevölkern, müßte – Ernährungsstandards von heute vorausgesetzt – die Getreideproduktion mehr als verdoppelt werden. Sollten Hunger und Unterversorgung besiegt werden, müßten die Bauern ihre Ernte verdreifachen; wollten sie allen Menschen eine Ernährung sichern, wie sie gegenwärtig im reichen Norden üblich ist, sogar verfünffachen.

Optimisten unter den Zukunftsforschern glauben, daß die Landwirtschaft zu solch gigantischen Steigerungen fähig ist. Pessimisten halten dies für ausgeschlossen. Die einen, vor allem Ökonomen und Ingenieure, setzen auf Technik und Chemie. Die anderen, im allgemeinen Ökologen, warnen vor dem exzessiven Einsatz dieser Mittel.

Selbst Skeptiker räumen ein, daß die Landwirtschaft in den vergangenen Jahrzehnten schier Unglaubliches vollbracht hat. Mußten in einer Industrienation um die Jahrhundertwende noch rund 30 Prozent aller Bürger in der Landwirtschaft arbeiten, um die Versorgung des Landes zu garantieren, so schafft das heute ein Prozent der Bevölkerung. Diese wenigen Landwirte produzieren nicht nur hochwertigere, sondern auch billigere Nahrung. Allein in den vergangenen zwei Jahrzehnten haben sich die realen Preise für die wichtigsten Lebensmittel mehr als halbiert.

In den vierziger und fünfziger Jahren hatten Züchter in mexikanischen, später auch in philippinischen Forschungsanstalten begonnen, neues Saatgut für die Getreidepflanzen Weizen, Mais und Reis mit ganz besonderen Eigenschaften zu entwickeln. Während herkömmliche Sorten auf Düngung vor allem mit Blattwuchs und Pflanzengröße reagieren, nicht aber mit dickeren Körnern, schießen die Neuzüchtungen weniger hoch auf und tragen kleinere Blätter. Dafür bringen sie an kurzen Stengeln mehr Ertrag. Genau das war das Ziel der „Grünen Revolution": die Kraft des Düngers dorthin zu lenken, wo sie im wahrsten Sinne des Wortes Früchte trägt.

Die Wunderpflanzen erfordern allerdings gewisse Voraussetzungen. Ihr Anbau lohnt nur auf großen Flächen. Sie taugen also kaum für

Die Wundererträge der Grünen Revolution haben ihren Preis: Die neugezüchteten Getreidesorten brauchen viel Wasser, kommen nicht ohne Düngemittel aus und wollen von Pestiziden eingenebelt sein

Kleinbauern. Sie kommen ferner selten ohne künstliche Bewässerung aus, müssen mit Pestiziden umsorgt werden und wachsen ohne massive Düngergaben genauso schlecht wie die alten Sorten. Im Laufe der Grünen Revolution verachtzehnfachte Indien deshalb binnen zwanzig Jahren seinen Düngereinsatz; Brasilien verdreizehnfachte ihn zwischen 1964 und 1979 und verspritzte fünfmal mehr Gifte gegen Schädlinge.

Weil die neuen „kosmopolitischen" Sorten fast in allen Regionen der Erde gediehen, explodierten rund um den Globus die Ernten. In der Dritten Welt steigerten die Bauern binnen zwei Jahrzehnten die Weizenerträge im Durchschnitt um das Zweieinhalbfache – ein Fortschritt, für den die heutigen Industrienationen noch länger als 600 Jahre gebraucht hatten. Nur in Afrika kam die Revolution nicht so recht in Schwung. Dort fehlt das Kapital für Saatgut und Chemie. Viele Gebiete lassen sich nicht bewässern. Die Böden sind ärmer und erosionsanfälliger als in anderen Teilen der Welt – zu sandig, zu sauer oder von Natur aus mit gesundheitsgefährdendem Aluminium befrachtet.

Erst in jüngster Zeit verzeichnen einzelne afrikanische Länder wie Kamerun, Mali und Ägypten die ersten eindrucksvollen Erfolge. Für die Optimisten ist das ein Zeichen dafür, daß die Möglichkeiten der Grünen Revolution längst noch nicht ausgereizt sind. 50 Prozent Steigerung weltweit sei noch möglich, behauptet Donald Plucknett, der jüngst im Auftrag des internationalen Agrarforschungszentrums CGIAR eine Studie über die ungenutzten Reserven von Hochertrags-Sorten vorgelegt hat.

Einer der Pessimisten, die dies keinesfalls unterschreiben würden, ist Lester Brown, der Leiter des Washingtoner Worldwatch Institute. Er meint, daß die Ökosysteme der Welt langsam an jene Grenze stoßen, wo sich die Nahrungsproduktion einfach nicht mehr steigern läßt.

Tatsächlich zeigt die Landwirtschaft weltweit auf vielen Ebenen Ermüdungserscheinungen. So wuchern überall auf der Erde die Städte in die fruchtbarsten Felder hinein. Ackerland im Umkreis von Metropolen ist meist flach und gut drainiert – ideales Bauland also. Allein in China verschwinden seit den sechziger Jahren eine halbe Million Hektar pro Jahr unter neuen Straßen, Parkplätzen, Industrieanlagen oder Wohnblocks. Weltweit nimmt die pro Kopf verfügbare Ackerfläche seit den fünfziger Jahren ab, und sie wird angesichts der Bevölkerungsexplosion mit ihrem Platzbedarf weiter drastisch sinken.

Zudem läßt sich die Ackerfläche, anders als in der Vergangenheit, kaum noch ausweiten. Die guten Böden sind überall längst unter dem Pflug, und wenn die Bauern neues Land erschließen wollen, müssen

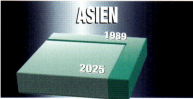

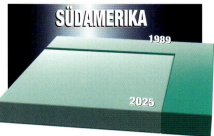

Quelle: World Resources Institute

Naturgemäß gibt es dort, wo die meisten Menschen leben, pro Kopf am wenigsten Ackerland. Im übervollen Asien verbleiben einem einzelnen nur 0,15 Hektar. Diese Fläche wird in Zukunft weiter schrumpfen. Nicht nur, weil die Bevölkerung wächst, sondern auch, weil Industrie, Verkehr und Städtebau immer mehr Land fressen

sie dies in Regionen tun, die für eine langfristige Nutzung meist nicht taugen. In Nepal und auf den Philippinen beispielsweise kultivieren sie bergrutschgefährdete Hänge. In Brasilien roden sie großflächig Tropenwald, der keine ausreichende Humusschicht hinterläßt. In Indien bewässern sie Trockenzonen, die durch die Mineralien des Wassers so schnell versalzen, daß sie bereits heute zu einem Drittel unbrauchbar geworden sind. In Bangladesch und in Vietnam bebauen sie Küsten, die regelmäßig vom Salzwasser überflutet werden. Und in Zaïre dringen sie in feuchtheiße Gebiete vor, wo eine Vielzahl von tropischen Schädlingen die Hälfte der Ernte wegfrißt.

Überall, meint Lester Brown, „wurde viel Land gepflügt, das nicht hätte gepflügt werden dürfen". Damit konnten die Farmer in den siebziger Jahren zwar kurzfristig ihre Ernten verbessern. Aber schon wenig später stellte sich heraus, daß die Äcker katastrophal schnell erodierten

und die künstliche Bewässerung den Grundwasserspiegel bedrohlich sinken ließ. 1985 mußte beispielsweise die US-Regierung ein Gesetz erlassen, das die Farmer zwang, 14 Millionen Hektar Ackerland stillzulegen – eine Fläche größer als ganz Griechenland. Die Maßnahmen konnten indes nicht verhindern, daß nach einer Dürre 1988 Stürme die Krume zentimeterweise abtrugen und dunkle Erinnerungen an die „Dust Bowl" hervorriefen: In der

Nicht alle Regionen der Erde sind für dauerhafte Landwirtschaft geeignet. In extremen Klimazonen kann schon ein einziger trockener Sommer die Bauern in den Ruin treiben. Das gilt für den Baumwollfarmer in Texas, dem nur noch Staub durch die Finger rinnt, genau wie für die Bewohner des Sahel in Burkina Faso, die ständig Angst vor Dürren haben müssen

„Staubschüssel" zwischen Kansas und Texas hatten Farmer während der dreißiger Jahre binnen vier trockener Sommer hintereinander zehn Milliarden Tonnen Boden verloren.

Die grandiosen Ernten der Vergangenheit sind demnach weniger ein Triumph der Technik über die Natur; sie resultieren vielmehr aus einer kurzfristig möglichen, langfristig aber ruinösen Übernutzung vieler Agrarflächen. Das ist, als würde ein Kaufmann sein Kapital plündern, um die Bilanz zu verbessern.

Würde man von der Welternte jene Getreidemenge abziehen, die allein in den USA nicht nachhaltig, also auf Kosten der Böden produziert wurde, dann verschwänden die Überschüsse der achtziger Jahre aus der Statistik, schreibt der Zürcher Bevölkerungsforscher Jürg Hauser. Weil zugleich die Weltbevölkerung wächst wie nie zuvor in der Geschichte, stehen die Aussichten schlecht, sieben, acht oder neun Milliarden Menschen ernähren zu können – schlechter jedenfalls, als es die Überproduktion mancher Länder vermuten läßt.

Es kommt hinzu, daß seit etwa zehn Jahren die Wunderpflanzen der Grünen Revolution zusätzlichen Dünger nicht mehr zuverlässig mit verstärktem Wachstum belohnen. Während sich im Getreidegürtel der USA während der sechziger Jahre mit jeder zusätzlichen Tonne Düngemittel noch 20 Extratonnen Getreide ernten ließen, erbringt ein Mehr an Nährstoffen heute kaum noch Zugewinn. Für Lester Brown ist das ein Zeichen dafür, daß die Bauern an die „photosynthetischen Grenzen" ihrer Pflanzen stoßen – das heißt: Selbst bei einem Überangebot an Dünger und Wasser reichen deren biologische Fähigkeiten nicht aus, um aus dem Sonnenlicht noch mehr Biomasse zu erzeugen.

Derweil zeigen sich immer mehr Schattenseiten des Düngens. Auch bei gezielter Dosierung vermag eine Weizenpflanze nur etwa die Hälfte des angebotenen Stickstoffs aufzunehmen, Reis auf gefluteten Feldern sogar nur ein Viertel bis ein Drittel. Der größte Teil des Düngers versickert ungenutzt im Grundwasser, oder er wird von Bakterien zu Methan und Lachgas umgesetzt. Diese Gase entweichen in die Luft und reichern sich in der Atmosphäre an. Dort beginnt dann das nächste Problem: Beide sind effektive und langlebige Treibhausgase und tragen wesentlich zur Klimaveränderung bei.

Obendrein wuchs die moderne Landwirtschaft auch noch zu einem gigantischen Erzeuger von Kohlendioxid heran, jenem Gas, das den menschengemachten Treibhauseffekt hauptsächlich verursacht. Auf den ersten Blick wirkt das absurd. Denn eigentlich verbrauchen alle Pflanzen Kohlendioxid, aus dem sie, mit Hilfe des Sonnenlichts, Kohlenhydrate aufbauen. Doch dieses Urprinzip der Landwirtschaft, im Grunde lediglich gebundene Solarenergie zu ernten, funktioniert nur noch bei einfachen Bauern in der Dritten Welt. Sie bedienen sich allein der eigenen Muskelkraft oder spannen den Ochsen vor den Pflug. Weil sowohl Mensch als auch Tier ihre Energie aus Reis, Weizen, Mais oder Gras beziehen, „laufen" beide gewissermaßen mit Sonnenkraft. Durch körperliche Arbeit holt ein durchschnittlicher Dritte-Welt-Bauer in Form von Nahrung etwas mehr Energie aus seinem Land, als er hineinsteckt – ein Nettogewinn. Noch effizienter versorgen sich jene letzten Urvölker, die jagend und sammelnd durch die Landschaft ziehen. Sie finden in ihrer Umwelt fünf- bis zehnmal soviel Kalorien, wie sie durch das Umherstreifen an Bewegungsenergie verlieren.

Ganz anders sieht die Energiebilanz beim Industrie-Landwirt aus. Bis er seine Ernte eingebracht hat, ist er unzählige Male mit dem Traktor über das Feld gefahren, hat es maschinell gepflügt, geeggt, besät, gedüngt, Herbizide, Insektizide sowie Fungizide versprüht, hat über Wochen stundenlang seine Bewässerungspumpen laufen lassen und das Feld zuletzt mit einem Monster von Mähdrescher abgeerntet. Bei all diesen mechanisierten Arbeiten wendet der High-Tech-Bauer zehnmal soviel fossile Energie auf – meist in Form von Erdöl –, wie er an solarer Energie erntet. Mithin wird – durch die Verbrennung des Öls – natürlich auch zehnmal soviel Kohlendioxid als Abgas frei, wie die Feldfrüchte aus der Luft aufnehmen. Aus energetischer und ökologischer Sicht erweist sich der „Fortschritt" der Agrartechnik als irrwitzige Ineffizienz.

Auch die Pestizide, die den Nutzpflanzen ein ungeschädigtes Wachstum sichern sollen, rufen immer mehr unerwünschte Nebeneffekte hervor. Das Bombardement mit Giften bringt nämlich nie die gesamte Schädlingspopulation um, sondern läßt einige wenige Exemplare am Leben, die durch genetischen Zufall immun gegen die Chemikalien sind. Deren Nachkommen vermehren sich ohne Konkurrenz wie im Paradies. Manchmal, wie im Fall des gefürchteten Reisstammbohrers, entwickeln sich solche Insekten zu wahren Monstern mit entsprechend hoher Gefräßigkeit. Insgesamt wächst die Zahl der resistenten Insektenarten weit schneller, als neue Insektizide erfunden werden können, so daß die agrartechnische Forschung immer weiter hinter der Fähigkeit der Kerbtiere herhinkt, sich mit neuen Giften zu arrangieren.

Der Entomologe David Pimentel von der amerikanischen Cornell-Universität konnte nachweisen, daß trotz einer 33-fachen Steigerung des Pestizid-Einsatzes in den USA seit 1945 die Ernteverluste durch Insekten, Pflanzenkrankheiten und Unkräuter im selben Zeitraum von 31 auf 37 Prozent anwuchsen. Jene Farmer produzieren also dank der Grünen Revolution nicht nur wesentlich mehr Menschennahrung, sondern vor allem mehr Futter für die Schädlinge. Entgegen aller Erwartung ist sogar eine Reihe von Unkräutern gegen Herbizide resistent geworden. Die Mutanten gedeihen auf dem kahlgespritzten Umfeld um so besser, je mehr Chemie sie abbekommen, weil die Giftspritze die ursprüngliche Konkurrenz anderer Unkräuter ausschaltet.

Von der Bewässerung weiter Trockenregionen – oben im US-Bundesstaat New Mexico – wie auch von gentechnischen Neuentwicklungen – links im Kölner Max-Planck-Institut für Züchtungsforschung – versprechen sich manche Experten ausreichend Nahrung für die Zukunft. Denn bis 2050 muß die Welternte verdoppelt werden, wenn die Menschheit weiter wächst wie bisher

Kein Wunder, daß der Kampf der Landwirtschaft um Supererträge mit steigendem Aufwand immer teurer wird. Dennoch sinken weltweit die Preise für Nahrungsmittel. Der Grund für diese Entwicklung liegt unter anderem im System der Subventionen. Jeder einzelne Bürger der Europäischen Union beispielsweise zahlt – auf dem Umweg staatlicher Hilfen an die Landwirte – durchschnittlich 230 Mark pro Jahr auf seine Lebensmittel drauf. Allein neun Milliarden Mark strichen die europäischen Rindfleischproduzenten 1992 ein, damit sie das Fleisch bil-

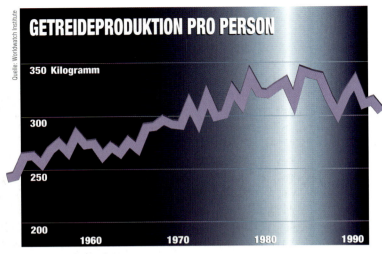

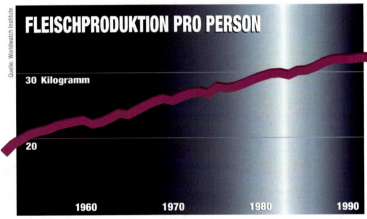

Am Ende der Fahnenstange: Während die durchschnittliche Getreideernte pro Kopf, ebenso wie die Produktion von Fleisch und Fisch, während der letzten Jahrzehnte immer weiter stieg, ist mittlerweile die Zeit maximaler Erträge ...

liger auf den Markt werfen konnten, als seine Erzeugung in Wirklichkeit gekostet hat. Damit nicht genug. Bauern kassieren auch versteckte Subventionen: Sie beziehen beispielsweise steuerbegünstigten Diesel-Treibstoff und erhalten massive soziale Zuschüsse. Insgesamt beziehen sie ein Drittel ihres Einkommens vom Staat. Dieses Geld, von der Allgemeinheit aufgebracht, fehlt in der Kasse des Finanzministers für andere Zwecke.

Bauern brauchen auch nicht für die ökologischen Schäden aufzukommen, die etwa durch verschmutztes Grundwasser oder die Treibhausgase in der Atmosphäre entstehen. Umweltfolgekosten, die nicht zu Lasten des Verursachers gehen, sind jedoch nichts als versteckte Subventionen: Bezahlt werden muß der Schaden in jedem Fall – wiederum von der Allgemeinheit, auch in künftigen Generationen.

Zu allem Überfluß finanziert der Steuerzahler auch noch die „Entsorgung" jener Überschüsse, die überhaupt erst durch die Subventionen zustande kommen – ein Irrsinn, der sich kaum beschreiben läßt: Immer wenn die EU in Wein- und Milchseen ertrinkt, von Fleischbergen erdrückt oder von Getreidehalden verschüttet wird, greift die Europäische Kommission ein und verschleudert die Produkte zu Dumpingpreisen auf der ganzen Welt. Sie verfrachtet zum Beispiel kühlschiffweise gefrorenes Rindfleisch nach Westafrika, um es weit unter dem dort üblichen Marktpreis zu verkaufen.

Dahinter steckt sogar eine perfide Methode: Zuerst mästen europäische Bauern ihre Tiere mit Futtermitteln, die zum guten Teil aus der Dritten Welt stammen. Die Exkremente der millionenstarken Herden verseuchen das Grundwasser, überdüngen Bäche wie Flüsse und ergießen sich schließlich in die Meere vor der Haustür – maritime Endlager der europäischen Industriekultur. Derweil geht die im Norden zu Fleisch „veredelte" Pflanzenmasse abermals unter hohem Aufwand an

Treibstoff für den Transport zurück in den Süden. Das ganze Rindfleisch-Karussell sichert europäischen Bauern ein Schein-Überleben, das der Steuerzahler seit Beginn der Afrikaexporte Mitte der achtziger Jahre mit 750 Millionen Mark finanziert hat, und es bedroht zudem mit seinen Billigpreisen zwei bis drei Millionen westafrikanischer Viehzüchter in ihrer Existenz.

Afrika ist somit in einer doppelten Nahrungskrise gefangen. Erstens geben die Böden unter heutigen Anbaumethoden nicht genug Nahrung für die wachsende Bevölkerung her. Zweitens wurde der schwarze Kontinent längst abhängig von den Überschußregionen des Nordens. Sinken dort nun aus irgendwelchen Gründen die Getreide-Erträge, steigt automatisch der Weltmarktpreis. Dann ist es vorbei mit billigen Exporten nach Afrika, sogar mit der karitativen Hungerhilfe. Denn die fließt nur solange reichlich, wie die Geberländer überschüssiges Getreide von ihrem eigenen Markt abschöpfen müssen.

Einen Vorgeschmack auf solch ein mögliches Desaster erlebte der Getreide-Weltmarkt 1988. Damals ließ eine Hitze- und Dürrewelle in Nordamerika erstmals die Produktion unter den heimischen Konsum fallen. Die Amerikaner mußten ihre Speicher plündern, um weiterhin Getreide exportieren zu können. Die Preise explodierten, die sogenannten Sicherheitsvorräte der Erde schrumpften zwischen 1987 und 1990 um ein Drittel und unterschritten die Marke von 18 Prozent des Jahresverbrauchs – eine kritische Grenze, die schon die alten Ägypter vor einer nahenden Hungersnot warnte. Die 1990 eingelagerte Getreidemenge reichte zum Beispiel nurmehr aus, um die gesamte Menschheit 65 Tage lang durchzufüttern.

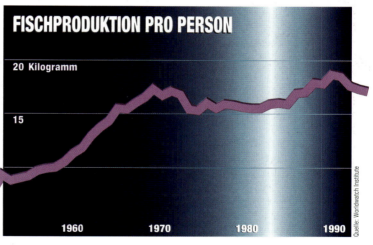

...zu Ende gegangen. Seit kurzem sinken sie in allen Bereichen. Besonders dramatisch ist die Situation beim Fisch, dem wichtigsten Eiweißlieferanten der armen Nationen. Denn die Ozeane sind weltweit übernutzt

Magere Jahre hat es immer gegeben. Nach den Vorhersagen der Klimaforscher allerdings drohen sich die Trockenperioden im nordamerikanischen Getreidegürtel zu häufen. Zwei Dürren hintereinander könnten dann den Weltmarktpreis für Getreide glatt verdoppeln. In Afrika würde dies den Hungertod von Abermillionen bedeuten.

Die Abhängigkeit der Welt von den ölexportierenden Ländern sei den meisten Beteiligten klar, meint Lester Brown. Kaum bekannt sei indes, daß die Abhängigkeit von den Getreide-Exporteuren in den USA, Argentinien, Australien, Kanada, Frankreich, Südafrika und Thailand noch viel größer ist. Denn die Brotkörbe der Erde konzentrieren sich auf weniger Nationen als die Ölquellen. Rund die Hälfte der weltweiten Getreideausfuhren stammen allein aus den Vereinigten Staaten. „Damit ist ja wohl klar, welches Risiko eine US-Mißernte für jene mehr als hundert Länder bedeutet, die von Getreideimporten abhängen", so Lester Brown.

Trotz regionaler Überproduktion herrschen deshalb schlechte Aussichten an der Nahrungsfront. „Quantensprünge", wie sie einst die Erfindung von Kunstdünger oder die Grüne Revolution brachten, seien nicht in Sicht, glaubt Brown: „Die Pipeline, aus der neue, ertragssteigernde Agrartechniken einst sprudelten, ist zwar noch nicht ausgetrocknet, aber sie tröpfelt nur noch."

Vor allem hat sich die hochgesteckte Hoffnung auf die Gentechnik nicht erfüllt. Monkombu Swaminathan, der ehemalige Leiter des Internationalen Reis-Forschungszentrums auf den Philippinen, der noch 1986 das Ende des Welthungers dank gentechnischer Züchtungen prophezeit hatte, glaubt heute selbst nicht mehr an seine Vorhersagen. Denn bislang konnten die Bio-Ingenieure ihre Züchtungen lediglich punktuell verbessern. So gelang es, Pflanzen zu entwickeln, die widerstandsfähiger gegen Krankheiten und Schädlinge sind, ein Übermaß an Herbiziden vertragen, früher reifen oder bestimmte Inhaltsstoffe verstärkt produzieren. Maßgeschneiderte Hochertragssorten indes, von denen die Gentechniker lange träumten, werden sie kaum jemals liefern können. Denn die Fähigkeit, große Früchte zu bilden, beruht nicht auf einem einzelnen Gen, das sich in die Pflanzen implantieren ließe, sondern auf vielen verschiedenen genetischen Faktoren, die weder gemeinsam isoliert noch im Paket übertragen werden können. Zudem arbeiten die Züchter vorwiegend an Pflanzen, die zwar einfach zu manipulieren

Dank vieler Subventionen lohnt sich für europäische Bauern auch die Überproduktion. Garantierte Preise und Abnahmemengen sorgen dafür, daß selbst Produkte der »Extraklasse« auf dem Müll landen – hier Birnen in Südfrankreich

sind, wie Kartoffel, Tabak oder Tomate, die aber – im Gegensatz zu Getreide – global nicht wesentlich zur Ernährung beitragen. Für afrikanische Landwirte, die Hirse, Jams oder Maniok anbauen, sind diese Retortenschöpfungen ohnehin wertlos.

All diese Neuentwicklungen könnten also vor allem den Bauern in den Industrienationen helfen, Kosten zu sparen. Und sie würden die Pflanzen vielleicht sogar qualitativ verbessern. Angesichts der wachsenden Weltbevölkerung braucht es aber vor allem Masse, weniger Klasse. Zehn Milliarden Menschen werden womöglich satt von einem Superweizen, der auch im äthiopischen Hochland gigantische Erträge liefert, nicht aber von gentechnisch manipulierten druckfesten

Der kostspielige Umweg: Wenn Bauern ihre Rinder mit Getreide mästen, brauchen sie neun Kilo, um ein Kilo Fleisch zu erzeugen. Das enthält eine Kalorienmenge, die einen Menschen einen Tag ernähren kann. Direkt verzehrt, würde das Getreide allerdings...

„Anti-Matsch-Tomaten", die lediglich den Transport aus holländischen Gewächshäusern zu den Großmärkten der EU überstehen.

Selbst wenn den Gen-Ingenieuren wider Erwarten der erträumte große Wurf gelingen sollte – etwa eine Reissorte, die doppelte Erträge erbringt – wächst damit noch nicht sofort mehr Nahrung heran. Die Wissenschaftler bräuchten mindestens noch einmal zehn Jahre, um aus der Retorte heraus ein feldtaugliches Saatgut zu entwickeln – eine Zeitspanne, in der die Welt um eine Milliarde Menschen reicher geworden sein wird.

Dennoch besteht eine vage Hoffnung, das Mehr an Menschen ernähren zu können. Schließlich scheitert in vielen Ländern die ausreichende Versorgung lediglich an sozialen und politischen Verhältnissen, an Bürgerkriegen, chaotischer Organisation und Verteilung. Zumindest theoretisch und in einer idealen Welt wäre es deshalb möglich, von heute auf morgen die Ernährungslage zu revolutionieren. Die Verhältnisse müßten dazu freilich ganz andere sein, als sie es heute sind.

● Die Ernte auf den endlosen Feldern Kasachstans, Südrußlands und der Ukraine ließe sich beispielsweise verbessern, verrotteten nicht Zehntausende Traktoren im Winter unter freiem Himmel, weil es an Garagen mangelt.

● Äthiopien könnte wieder zu einer Kornkammer erwachsen, wenn die Menschen die durch Bürgerkrieg und Mißwirtschaft zerstörten Feld-Terrassen instandsetzten und die Böden mit Hecken und Bäumen vor Erosion schützten.

● Indien könnte 400 Millionen zusätzliche Münder füllen, wenn es den Bauern nur gelänge, das Heer von schätzungsweise 2,4 Milliarden Ratten auf Feldern und in Lagerhäusern auszurotten.

● Schließlich verfügt die Menschheit noch über eine stille Reserve: Jene 600 Millionen Tonnen Getreide, mehr als ein Drittel der Weltproduktion, die jährlich an Schweine, Kühe und Hühner verfüttert werden. Von der Tiernahrung könnten immerhin fast zwei Milliarden Menschen leben.

Der Allesfresser *Homo sapiens* müßte deswegen noch nicht einmal zum Vegetarier werden. Es genügte, wenn er sich auf den Verzehr jener Nutztiere beschränkte, die nicht im aufwendigen Mastbetrieb groß werden, sondern in jenen Ländern, wo ausreichend Flächen zur Verfügung stehen, auf Weideland grasen und Ernteabfälle fressen würden. Damit das Getreide statt in den Trog auf den Teller wanderte, müßte der Fleischverbrauch lediglich gesenkt werden – vor allem in den Industrienationen.

Fatalerweise wird jedoch genau das Gegenteil geschehen. Denn in allen Ländern, wo das Bevölkerungswachstum langsam zum Stillstand kommt und sich Wohlstand breitmacht, explodiert nach den Zeiten des Mangels der Fleischkonsum. Ein Reporter der *New York Times*, der einmal einen chinesischen Dorfbewohner fragte, ob es denn vorangehe mit dem Lebensstandard, bekam die Antwort: „Das Leben ist viel besser geworden. Meine Familie ißt vier- bis fünfmal die Woche Fleisch. Vor zehn Jahren bekamen wir nie welches auf den Tisch."

... sechzehn Menschen ein Auskommen für den Tag sichern. Vegetarier plündern die Kornkammern der Erde demnach weit weniger als Fleischesser. Doch die weltweite Nachfrage nach Steak und Wurst steigt unvermindert

Lange haben Bevölkerungspolitiker eine Binsenweisheit vernachlässigt: Daß nämlich die Frauen die wesentliche Rolle beim Kinderkriegen spielen. Weil sie in vielen Ländern keine Selbstbestimmung und auch sonst nur wenig Rechte genießen, sind sie oft zu mehr Nachwuchs gezwungen, als sie wollen. Umgekehrt sinkt die Geburtenrate überall auf der Welt, wo sich der Status der Frau verbessert

MANN UND FRAU – DER

„Was ist das?", fragt Abdul und zeigt auf die unzweideutige Zeichnung eines erigierten Penis mit gelbem Überzug. „Kondom", bellt die Männerschar im Chor. „Wozu ist das gut?"

„Das ist so, als ob wir einen Deich gegen die Flut bauen", meldet sich einer der Männer, „so kann der Samen nicht bis zur Frau vordringen."

„Gut", lobt Abdul und blättert weiter in dem großen Bilderbuch, das er vor sich aufgebaut hat. Jede Seite behandelt ein anderes heikles Thema, über das im prüden Bangladesch sonst wenig gesprochen wird. Sexualkunde-Unterricht für Erwachsene, die ihn dringend nötig haben.

Abdul kommt zur Sache. Er zieht eine Kondompackung – made in USA – aus seiner Tasche und fingert behutsam das Latexteil heraus. „Diese Tüte müßt ihr vorsichtig öffnen", sagt er. „Wenn in das Kondom ein Loch reinkommt, nützt das ganze Ding genauso wenig wie ein gebrochener Deich."

Dann zeigt er, wie dehnbar das Gummi ist und daß es nicht reißt, wenn man es langzieht. „Ihr seht, das paßt bei jedem drüber." Die Zuhörer kichern verschämt.

„Nicht vergessen, ein Kondom darf man nur einmal benutzen! Nach Gebrauch sollt ihr es nicht hinter die Hütte werfen, sonst spielen die Kinder damit. Es gehört in die Latrine oder ihr müßt es vergraben."

Abdul trägt noch eine halbe Stunde lang vor wie ein Propagandist: Daß die Männer Kondome benutzen sollen, wenn ihre Frauen die Pille nicht vertragen; daß sie sich am besten sterilisieren lassen, wenn sie schon drei Kinder haben; daß weder die Götter der Christen, der Moslems noch der Hindus etwas gegen Familienplanung haben; daß in Bangladesch zu viele Menschen leben, und so weiter.

Abdul, der für eine lokale Entwicklungs-Organisation arbeitet, tut, was er kann. Er zieht mit dem plakativen Lehrmaterial von Dorf zu Dorf und redet Tag für Tag auf seine Landsmänner ein, so daß viele seinen Text schon auswendig können. Aber der eigentliche Erfolg dieser Sitzungen ist eher mäßig.

In Bangladesch sind die Männer – wie überall auf der Welt – schlechte Familienplaner. Nur zweieinhalb Prozent im zeugungsfähigen Alter benutzen Kondome. Gerade ein Prozent hat es über sich gebracht, in einer Klinik jenen kleinen, harmlosen Schnitt vornehmen zu lassen, der ihnen die Fruchtbarkeit raubt. Ginge es allein nach den Männern, hätten die Frauen nicht vier bis fünf, sondern gewiß acht bis zehn Kinder.

Mehr Erfolg verspricht ein zweiter Kursus, der einige Hütten weiter stattfindet. Hier hält Agesha vor ein paar Dutzend Frauen Unterricht zu demselben Thema. Die Teilnehmerinnen wissen genau, um was es geht, hören nicht nur zu, sondern entfachen eine Diskussion. Eine erzählt von ihrer Sterilisation: „Das war nicht schlimm. Am Tag der Operation war ich etwas müde, aber am nächsten Morgen konnte ich schon wieder auf dem Feld arbeiten." Eine andere fragt, warum dem Familienplanungs-Zentrum der Regierung immer wieder die Pille ausgeht. Zwei Frauen wollen wissen, in welcher Klinik man sich sterilisieren lassen kann und warum man dazu die Genehmigung des Ehemannes braucht.

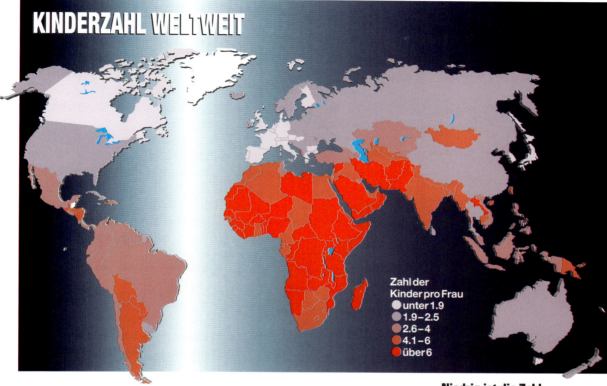

Niedrig ist die Zahl der Kinder in den reichen Industrienationen – hoch in der armen Dritten Welt. Entscheidend für einen Geburtenrückgang sind: Gesundheit, Bildung, sinkende Kindersterblichkeit – und mehr Rechte für Frauen

Hätten die Frauen in Bangladesch das Sagen, dann bekämen sie nur zwei bis drei Kinder, und das Land wäre sein größtes Problem los.

Besuch im Direktorat für Familienplanung in der Hauptstadt Dhaka. Ein devoter Diener bringt Tee und Gebäck. Neben der Behördenleiterin im grünen Seidensari nimmt ein halbes Dutzend Männer Platz. Jeder von ihnen ist Direktor irgendeiner Planungsabteilung. Jeder gebietet über diverse „divisional directors", die über eine größere Anzahl von „district directors" verfügen. Diese wiederum sind die Chefs von „local directors", welche ihrerseits 23 500 „family planning work units" im ganzen Land leiten. In Sachen Verwaltungsbürokratie macht den Bangladeschis so schnell keiner was vor.

Die Beamten reden von „Kontrazeptiv-Akzeptanzraten", von Planerfüllung, von Hunderttausenden von Kupferspiralen, die Frauen eingesetzt wurden, und Abermillionen verteilter Kondome, die allein schon ausreichen müßten, um ganz Bangladesch zu entvölkern. Sie zeigen Tabellen und Statistiken, die bis zur zweiten Stelle nach dem Komma genau erklären, wann sich wo welche Fertilitätsraten verändert haben – und verändern werden. Die Kurven reichen meist bis zu jenem fiktiven Zeitpunkt in naher Zukunft, an dem das Volk von Bangladesch aufhört zu wachsen. Mit Papier und Bleistift läßt sich jedes Problem vorab lösen.

Erst nach einer Weile räumen die Bürokraten ein, daß es einen Unterschied zwischen Wunsch und Wirklichkeit gibt. Sie berichten von einer mysteriösen „condom gap", einer offenkundigen „Lücke" zwischen der Anzahl verteilter und benutzter Kondome. „Wir wissen auch nicht so genau, was die Leute damit eigentlich machen", bemerkt die Chefin etwas verlegen und räumt ein, daß ein Teil der Kondome „auf dem Schwarzmarkt im Ausland auftaucht".

Manche der registrierten Sterilisierungen könnten auf Falschmeldungen beruhen, meint einer der Direktoren – entweder, weil die „local directors" vor Ort Erfolg vortäuschen wollten, oder weil die Leute die Prämie von umgerechnet fünf Mark samt einem neuen Sari lediglich für eine Schein-Sterilisierung einstrichen. Auch an das behördlich festgelegte Mindestalter zum Heiraten – 18 Jahre für Frauen, 21 Jahre für Männer – halte sich niemand. Nirgendwo schreite ein Amtswalter oder ein örtlicher Mullah ein, wenn eine Zwölfjährige verheiratet werde und der Mann gleich ausprobiere, ob die Frau als Nachwuchsproduzentin denn wirklich „funktioniert".

Wie in vielen Entwicklungsländern arbeitet die staatliche Familienplanung auch in Bangladesch wenig effizient. Millionen aus den Zuschüssen der Entwicklungshilfe versickern in den Mühlen der Behörden oder in den Taschen von Bürokraten. Vor allem vergessen die Familienplaner oft, daß zum Eindämmen des Bevölkerungswachstums mehr gehört als Pille, Spirale und Kondom. Mindestens genauso wichtig wäre das Recht der Frauen, selbst entscheiden zu können, wie viele Kinder sie haben wollen. Doch von Gleichberechtigung sind sie weit entfernt. Und es bleibt für sie auch ein Traum, daß sie als Mädchen zur Schule gehen können, medizinisch gut versorgt sind und später die Möglichkeit haben, eigenes Geld zu verdienen.

Es kann kein Zufall sein, daß die Geburtenraten in jenen Ländern am höchsten liegen, wo Frauen am wenigsten zu melden haben. Das amerikanische Population Crisis Committee stuft die soziale Lage von 61 Prozent aller Frauen auf der Welt als „schlecht" bis „extrem schlecht" ein. Am wenigsten Rechte haben sie in den armen Nationen Afrikas und Asiens, aber auch in den reichen Ölstaaten Nordafrikas und des Persischen Golfs. Überall dort, von Somalia bis Saudi-Arabien, von Mali bis Afghanistan, explodieren die Bevölkerungszahlen.

Andererseits belegt eine Studie der amerikanischen Johns Hopkins-Universität, daß Frauen in Asien, Lateinamerika, Nordafrika und dem Nahen Osten mehrheitlich keine weiteren Kinder wünschen. Könnten sie frei entscheiden, sänke zum Beispiel in Asien – ohne China – die Geburtenrate um ein Drittel. Lediglich in Afrika südlich der Sahara dominiert noch häufig der Wunsch nach einer großen Familie. In Kamerun etwa, wo die durchschnittliche Kinderzahl bei sechs liegt, hätten die Frauen gerne sieben und die Männer gar elf Nachkommen. Doch generell würden Afrikanerinnen wenigstens, wenn sie die Wahl hätten, lieber mehr Zeit zwischen zwei Schwangerschaften verstreichen lassen.

Besonders auf dem indischen Subkontinent erreicht die Diskriminierung von Frauen extreme Ausmaße. Im vorwiegend islamischen Pakistan, berichtet die Welt-Gesundheits-Organisation (WHO), werden bei Krankheit drei von vier Jungen, aber nur eines von vier Mädchen ins Krankenhaus gebracht. Weibliche Nachkommen werden weithin schon als Kinder vernachlässigt oder gar umgebracht, weil sie gemäß uralter Anschauung angeblich weniger wert sind als männliche. Frauen gehen wegen medizinischer Unterversorgung häufig an Schwangerschaften und Abtreibungen zugrunde. Sie werden von ihren Männern erschlagen, damit diese die Mitgift einstreichen und erneut heiraten können, oder als Witwen – der Brauch stammt aus dem hinduistischen Indien – bei lebendigem Leibe verbrannt. Die Diskriminierung ist so extrem, daß in Pakistan entgegen biologischer Norm mehr Männer leben als Frauen. Während in Industrienationen auf 100 Männer 106 Frauen kommen, sind es in Pakistan nur 92. Es „fehlen" also von allen Frauen 14 Prozent, die durch schlechte Behandlung gestorben beziehungsweise gar nicht erst geboren sind. Die indirekte Folge der Geringschätzung: Mit durchschnittlich 6,2 Kindern pro Frau hat Pakistan fast die höchste Geburtenrate in ganz Asien. Noch höher liegt sie nur in Laos, Afghanistan, Saudi-Arabien, Oman und Jemen.

Im überbordenden Bangladesch ist die Mißachtung von Frauen sprichwörtlich: „Glück hat, wem die Frau stirbt. Unglück, wem das Vieh eingeht", sagen die Leute. Denn ein Witwer kann mit jeder neuen Heirat eine weitere Mitgift einstreichen. Ein Mann darf ohnehin heira-

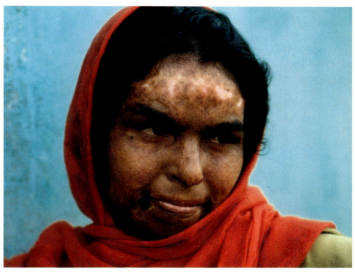

Rani Devi aus dem indischen Delhi wurde von Ehemann und Schwiegermutter geknebelt, mit Kerosin übergossen und angezündet. Solche barbarischen Mordanschläge auf Ehefrauen kommen häufig vor. Grund sind meist Streitigkeiten um Nachforderungen von Mitgift. Rani konnte entkommen – gezeichnet für immer

Die Hälfte der Menschheit rund um den Globus sind Bürger zweiter Klasse: Ob im Hochland von Guatemala, im südafrikanischen Botswana oder im islamischen Ägypten – Frauen tragen die Lasten des Alltags und müssen sich meist auch allein um die Kinder kümmern. Was ihnen fehlt, ist ein eigenes Einkommen, das Unabhängigkeit gewährt

ten, so oft er will. Er braucht dazu jeweils nur eine der vier Frauen, die ihm nach islamischem Recht erlaubt sind, zu verstoßen.

Auch in Indien, das in den nächsten Jahrzehnten China als bevölkerungsstärkstes Land ablösen wird, gelten Frauen wenig, sind Männer gefragt. Männliche Stammhalter sind unter anderem wichtig, weil hinduistische Tradition einen Sohn als Leichenbestatter der Eltern verlangt. Bereits Thomas Malthus hat die indische Vorliebe für Söhne beschrieben: „Mit einem Sohn erhebt sich der Mann über alle Menschen; mit einem männlichen Enkel wird er unsterblich; mit einem männlichen Urenkel erreicht er einen ewigen Platz im Licht."

Entsprechend schlecht stehen die Chancen der Frauen. Und zwar schon, bevor sie geboren werden. Seit es die Möglichkeit der vorgeburtlichen Geschlechtsbestimmung gebe, heißt es in einer WHO-Studie, kämen unerwünschte Mädchen gar nicht erst zur Welt. Sie werden „selektiv" abgetrieben, wie ein typisches Beispiel aus Bombay zeigt: Unter 8000 Abtreibungen nach pränataler Diagnose waren 7999 weibliche Feten. Ist die Diagnose einmal falsch ausgefallen oder – auf dem Lande – mangels ärztlicher Untersuchung gar nicht möglich, werden erstgeborene Mädchen mitunter einfach umgebracht. Immerhin: Zyniker unter den Demographen geben zu bedenken, daß dies ein Weg sei, durch künstlichen Frauenmangel das Bevölkerungswachstum von morgen zu bremsen.

Wie in Indien, sind auch die Frauen in den meisten afrikanischen Staaten vor dem Gesetz den Männern gleichgestellt. Mehr noch: Im familiären Bereich haben sie traditionell oft mehr zu sagen als die Männer, wobei ihr Status mit der Zahl der Kinder steigt. Dennoch kann von Matriarchat keine Rede sein. Denn generell bestimmen die Männer die Familiengröße. Zum einen weigern sie sich, selber zu verhüten. „Kondome gelten als Zeit- und Samenverschwendung", schreibt ein Beobachter im Fachblatt *World AIDS*, „als Kontaktsperre zwischen den Körpern, ja sogar als Erniedrigung der Spermien, weil sie deren Eindringen in die Partnerin verhindern." Zum anderen übten die Männer oft genug Druck auf ihre Frauen aus, nicht zu verhüten. Sie glaubten, ihre Partnerinnen gingen fremd oder würden zu eigenständig, wenn sie die Kontrolle über ihre eigene Fruchtbarkeit erlangten, meint Aaron Sachs vom Worldwatch Institute in Washington.

Im täglichen Leben sieht es deshalb ganz anders aus als auf dem Papier, erklärt die ugandische Frauenrechtlerin Miria Matembe: „Wir sind immer noch Bürger zweiter Klasse – nein dritter Klasse, weil unsere Söhne noch vor uns kommen. Sogar Esel und Traktoren werden manchmal besser behandelt."

Besonders in Afrika haben Missionare und Entwicklungshelfer tatkräftig mitgeholfen, den Status der Frauen weiter zu untergraben. Nach traditioneller Rollenverteilung sind Frauen für die Hauptarbeit im Ackerbau zuständig. Die weißen Helfer – vorwiegend Männer mit abendländischer Mentalität – übergeben ihre landwirtschaftlichen Maschinen und das moderne Saatgut jedoch meist ihren afrikanischen Geschlechtsgenossen. Ergebnis dieser „Entwicklung": Die Männer sitzen auf dem Traktor, und die Frauen ziehen weiter mit der Hacke aufs Feld. So entsteht zwangsläufig der Eindruck, Männer seien die besseren Landwirte. Also werden sie auch weiterhin bevorzugt, obwohl Frauen in Wirklichkeit mehr Erfahrung in der Landwirtschaft haben.

Mit dem Bevölkerungswachstum werden auch Brennholz und Trinkwasser knapper, und um beides heranzuschaffen, müssen die Frauen immer weitere Wege zurücklegen. „Wenn sie ihren Arbeitseinsatz aber nicht weiter erhöhen können", meint Jodi Jacobson vom Worldwatch Institute, „verlassen sich die Frauen auf die Mithilfe ihrer Kinder – speziell der Mädchen." Die gehen dann natürlich nicht zur Schule. Sie wachsen zu einer neuen Generation benachteiligter Frauen heran, die ebenfalls viele Kinder bekommen werden.

Es ist ein Teufelskreis mit Folgen für das ganze Land: „Denn wo Frauen am ärgsten benachteiligt sind", heißt es im Weltbevölkerungsbericht 1992 der Vereinten Nationen, „kommen Wirtschaftswachstum und Verbesserung der Lebensqualität am langsamsten voran."

Wenn aber die Diskriminierung von Frauen Nachteile für die ganze Gesellschaft birgt – wie konnte sie dann überhaupt entstehen?

„Naturgegeben ist sie jedenfalls nicht", erklären die Ethnologinnen Anna von Ditfurth und Willemijn de Jong von der Universität Zürich, schließlich seien die meisten Urgesellschaften „egalitär" organisiert gewesen. „Die Funktionen von Frau und Mann waren nur aufgrund von Fähigkeiten getrennt. Die Männer betrieben die ‚Außenpolitik', sie gingen auf die Jagd und vertrieben die Feinde. Die Frauen die ‚Innenpolitik', sie sorgten für Ernährung und Erziehung der Kinder."

„In einer Jäger- und Sammlerkultur soziale Ungleichheit zu organisieren, ist gar nicht so einfach", weiß der Schweizer Völkerkundler Lorenz Löffler, der sich seit Jahrzehnten damit befaßt, wie es zu dem unterschiedlichen Status der Geschlechter gekommen ist. „Es bringt für die Gemeinschaft einfach keinen Vorteil, wenn sich jemand in die Abhängigkeit eines anderen begibt."

Löffler kann nur vermuten, warum im Laufe einer langen Entwicklung dennoch patriarchalische Strukturen entstanden. Eine wichtige Rolle spielten dabei wahrscheinlich soziale und psychologische Unterschiede zwischen Frau und Mann. Frauen seien, meint Löffler, bedingt durch die Mutter-Kind-Bindung, stets auf die Familie fixiert gewesen. Männer dagegen nicht. Denn schließlich wüßten sie nie ganz genau, ob sie der wirkliche Vater „ihres" Kindes seien. Sie fühlten sich deshalb weniger emotional mit den Nachkommen verbunden. Statt dessen schlössen sie sich – bis heute – zu Männerbünden zusammen und knüpften Familienbande nur, um daraus politischen Vorteil zu ziehen.

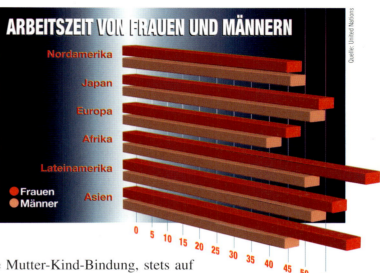

Mit Ausnahme von Nordamerika arbeiten Frauen überall auf der Erde mehr als Männer – am meisten in Afrika. Am bequemsten leben die Männer in Europa. Sie kommen auf eine knappe 45-Stunden-Woche – Hausarbeit inklusive

In den Urkulturen erwuchs den Frauen daraus offenbar noch kein wesentlicher Nachteil. Sie sammelten gemeinsam mit den Kindern Früchte und Knollen in der Nähe ihrer Behausung, während die Männergruppen in der Ferne jagten. Die Rollenverteilung zerbrach erst mit der Einführung des Landbaus – eine Errungenschaft, die die Menschheit ausgerechnet den Frauen verdankt. Denn sie waren es, die seit je die Ähren reifender Gräser als Nahrungsmittel gesammelt hatten. Irgendwann waren sie zwangsläufig auf die Idee gekommen, die besten der Körner in den Boden zu stecken und so die Urformen der heutigen Getreide zu kultivieren.

Die aufkommende Landwirtschaft erforderte Arbeitskräfte, Planung, Handel und Vorratshaltung – kurz: eine höhere Organisation als bei Jägern und Sammlern. Allem Anschein nach waren die Männergruppen besser auf diese Anforderungen vorbereitet als die mehr auf die Familie fixierten Frauen, die weniger gesellschaftliche Beziehungen nach draußen pflegten.

Vermutlich im Übergang der Jäger- und Sammlerära zum Ackerbau haben sich Frauen in die Abhängigkeit begeben. Denn Landwirtschaft bedeutet Besitz und Macht – und die haben meist die Männer. Aus eigenverantwortlichen Sammlerinnen wurden so unselbständige Arbeitskräfte

Unter diesen Umständen verloren die Frauen allmählich ihre Autonomie. In vielen Gesellschaften setzte sich die „Patrilinearität" durch: Die Söhne erbten das Land und andere Besitztümer der Familie, die Töchter wurden „ausgesteuert". Eine junge Frau heiratete aus dem Haus und zog zu ihrem Mann. Während er seine alten Verwandtschafts- und Freundschaftsbeziehungen aufrechterhielt, fand sie sich vereinzelt in einer fremden und häufig nicht gerade freundlich gesinnten Umgebung wieder. In einer Welt, in der Ehemann, Schwäger und Schwiegermutter das Wort führten, spielte sie kaum eine Rolle.

Ohne eigenen Besitz mußten die Frauen auf dem Feld ihres Mannes arbeiten. Die ehedem eigenverantwortlichen Produzentinnen wurden zu abhängigen „Produktionsmitteln", sagt Lorenz Löffler. Weil der Ackerbau, im Gegensatz zur Jäger- und Sammlerkultur, auf mehr Hände angewiesen war, so meinen viele Ethnologen, mußten die Frauen so früh wie möglich Kinder bekommen, um ihre fruchtbare Phase optimal auszunutzen. Die Männer konnten indes getrost älter sein. Dieser Altersunterschied verstärkte die männliche Vorherrschaft noch.

Unter solchen Voraussetzungen, sagt Löffler, lag es nahe, daß Männer fortan das Sagen hatten. Sie betrieben Politik, gründeten Staaten und gaben sich als Hüter der Moral. Kein Wunder auch, meint der Ethnologe, daß die drei großen Weltreligionen, die einst im Nahen Osten entstanden, als „Instrumente zur Machterhaltung" sowohl pronatalistisch als auch frauenfeindlich sein mußten.

Alttestamentarischer Glaube von Juden und Christen will es, daß Eva aus Adams Rippe geformt wurde – nicht umgekehrt. Und der Koran hält ausdrücklich fest, daß „der Mann die Macht über die Frau besitzt, weil Allah ihn über sie gestellt hat". Kaum jemand zog diese Dogmen in Zweifel. Schließlich wirkte sich das Bevölkerungswachstum meist positiv auf das ganze Volk aus. Also schien es sinnvoll, Frauen in ihrer untergeordneten Rolle zu belassen und damit das Wachstum noch zu beschleunigen.

Die Diskriminierung erhielt sich über Jahrhunderte. Im Mittelalter wurde manche Frau, die der Männerwelt durch besondere Fähigkeiten gefährlich werden konnte, als Hexe verbrannt. Der verheißungsvolle Schlachtruf der Französischen Revolution – „Freiheit, Gleichheit, Brüderlichkeit" – schloß wie selbstverständlich die Schwestern von allen neuen Privilegien aus. Selbst die amerikanische Unabhängigkeitserklärung aus dem Jahr 1776, jenes große Zeugnis moderner Demokratie, nach welchem alle Menschen „gleich" sind, gestand beiden Geschlechtern keinesfalls dieselben Rechte zu. Das Wahlrecht erstritten sich die Frauen in den USA erst 1920. In der Schweiz mußten sie darauf sogar bis 1971 warten – weit länger als ihre Schwestern in den meisten Entwicklungsländern.

Daß die Benachteiligung bis in die Neuzeit andauert, belegt eine Untersuchung der Vereinten Nationen. Danach leisten die Frauen der ganzen Welt zwei Drittel aller Arbeitsstunden, beziehen jedoch nur ein Zehntel aller Einkommen und besitzen lediglich ein Prozent aller Produktionsmittel. Sie füllen oft zwei Berufe aus – einen unbezahlten am Herd und einen weiteren, oft unterbezahlten, außerhalb des Hauses.

Selbst in den Industriestaaten haben Frauen noch längst nicht dieselben Chancen wie Männer. Dennoch hat sich ihre Situation erheblich verbessert. Besonders in den vergangenen dreißig Jahren sei es „zu einer regelrechten Kulturrevolution der Frauen" gekommen, sagt Alice Schwarzer, Herausgeberin der Zeitschrift *Emma*.

Der Bildungsstand von Frauen ist gestiegen, wenn auch vorwiegend in den Industriestaaten. Sie verdienen häufig eigenes Geld und sind nicht mehr zwangsläufig auf einen Versorger angewiesen. Sie können dank moderner Verhütungsmittel unabhängig entscheiden, ob sie schwanger werden wollen. Immer mehr bestimmen sie – und nicht die Männer – über die Zahl der Nachkommen. Vor allem gebären sie heute weit weniger Kinder als noch ihre Großmütter.

Ob und wie viele Kinder heutzutage ein Paar in einem Industrieland bekommt, hängt von völlig anderen Kriterien ab als noch vor ein paar hundert Jahren. Einst waren Kinder für die meisten Menschen eine gewinnträchtige, vor allem alterssichernde Investition. Heute bringen Kinder keine materiellen Vorteile mehr – im Gegenteil: Sie kosten, bis sie eigenständig sind, eine Menge Geld, wie alle Eltern wissen. Und ob ein Paar zehn Kinder oder gar keines aufzieht, spielt für die persönliche Altersversorgung überhaupt keine Rolle mehr.

Der amerikanische Sozialwissenschaftler Joseph Schumpeter stellte deshalb schon 1942 die Frage, die seither für immer mehr Paare naheliegt: „Warum sollen wir unsere eigenen Wünsche zurückstellen und ein ärmeres Leben führen, nur damit man im Alter auf uns niederschaut und uns beschimpft?"

Kinder in Wohlstandsländern sind deshalb nicht überflüssig geworden. In Deutschland kommen sie als künftige Erwerbstätige nach dem „Generationenvertrag" für die Renten der Alten auf. Doch das ist eine höchst anonyme Leistung, die kaum jemanden dazu bringen wird, ein Kind in die Welt zu setzen. Persönlich für Eltern haben Kinder einzig psychologischen Nutzen: zur Selbstverwirklichung, als Projektion ungelebter Wünsche, als Sinnstifter in einer hektischen, harten Konkurrenzgesellschaft, wo sich sonst fast alles um Mark und Pfennig dreht. Während nach traditionellen Vorstellungen Eltern auf Kinder angewiesen waren, ist es heute oft umgekehrt. Manche kinderlose Erwachsene sagen, sie wünschten sich jemanden, der sie brauche.

Vermutlich erstmals in der Geschichte der Menschheit bedeuten Kinder für viele Eltern keine Notwendigkeit, sondern Luxus – und Glück. Von diesen Glücksbringern genügen ihnen im allgemeinen aber ein oder zwei. Der überaus menschliche Wunsch nach Familienleben mit Nachkommen läßt sich also in einer modernen Gesellschaft befriedigen, ohne daß die Bevölkerung wachsen muß.

Viele Erwachsene verzichten sogar ganz auf Kinder, oft mit dem Argument, sich diese „nicht leisten" zu können. Dann allerdings ist das weniger eine Geldfrage, sondern liegt eher daran, daß die Betreffenden nicht bereit sind, ihren Lebensstil und Lebensstandard zugunsten von Nachwuchs aufzugeben.

„Die Kosten von Kindern werden heute in vergebenen Chancen gemessen", schreibt der amerikanische Demograph John Weeks, „und die drücken sich in einer abgebrochenen Ausbildung aus, in einer nicht vollendeten Karriere, in Einkommensverlusten, in verlorener Freizeit und so weiter." Das alles seien natürlich neue Argumente, meint Weeks, die es nicht gab, solange Frauen noch gar keinen Zugang zu Ausbildung, Karriere und Einkommen gehabt hätten.

„Die neue Frau ‚hinterfragt' und ‚problematisiert'", erklärt die Münchner Sozialpsychologin Elisabeth Beck-Gernsheim. Und aus dem immer komplizierter werdenden Abwägen „Kinder oder keine Kinder" entstehe eine sich selbst beschleunigende Entwicklung, die zu immer weniger Kindern führe: „Je weniger Kinder geboren werden, desto wertvoller wird jedes einzelne, desto mehr Rechte werden ihm zugebilligt. Je wichtiger und teurer jedes Kind wird, desto mehr Menschen schrecken aber auch zurück vor den enormen Aufgaben und Pflichten – und entscheiden sich gegen den Nachwuchs."

Ergebnis dieser Art von Kulturrevolution: Die Frauen in Deutschland bekommen heute im Durchschnitt lediglich 1,3 Kinder. Um die Jahrhundertwende waren es noch 5,1.

Alle Industrienationen erlebten die gleiche Entwicklung, größtenteils später als Deutschland, dafür aber um so radikaler. Wo der Nachholbedarf an Gleichberechtigung besonders hoch war, brach das Bevölkerungswachstum förmlich zusammen. Im katholischen Italien beispielsweise wurde erst 1974, gegen den erbitterten Widerstand der Kirche, das Recht auf Ehescheidung eingeführt. 1971 hob der Staat das Verbot der Werbung für die Antibaby-Pille auf, 1978 das Verbot der Abtreibung. Als Antwort auf die lange Diskriminierung erlebte Italien zudem in den siebziger Jahren die wohl radikalste Frauenbewegung Europas – mit Massendemonstrationen, revolutionären Parolen („Zittert, zittert, die Hexen sind wieder da") und der Drohung, die Männer im Parlament zu kastrieren.

Heute stellen Frauen in Italien die Hälfte aller Universitäts-Absolventen und ein Viertel aller Physik-Professoren, und es scheint sich niemand mehr um das päpstliche Verhütungsverbot zu kümmern. Anders jedenfalls läßt sich die gegenwärtige Kinderzahl von rund 1,3 pro Frau kaum erklären – eine Quote, die Italiens Bevölkerung bereits schrumpfen läßt. Skeptiker befürchten, daß es in dem Land, das einst bekannt war für die Vergötterung der Bambini, bald nur noch alte Römer und nordafrikanische Immigranten geben werde.

Überboten wird diese Vermehrungsmüdigkeit nur noch von Spanien, das nach dem Ende der reaktionären Franco-Ära und dem EG-Beitritt geradezu schockmodernisiert wurde. Seit dem Tod des Diktators im Jahr 1975 ist die Kinderzahl in nur 19 Jahren von 2,8 auf 1,2 pro Frau zusammengeschmolzen – die niedrigste Geburtenrate von allen Ländern der Welt.

Entwicklungspolitiker haben lange nicht geglaubt, daß die Dritte Welt einen ähnlichen Geburtenschwund erleben könnte. Denn weder Afghanistan noch Simbabwe kennen einen Wirtschaftsboom wie Italien oder Spanien. Weder Ghana noch Bangladesch leben im Massenwohlstand, der die Menschen kindermüde werden läßt. Dennoch sind in Staaten wie Kuba, Thailand, Mauritius, Barbados, Chile und Sri

Seit Kinder in den Industriegesellschaften von billigen Arbeitskräften zu Kostenfaktoren wurden, genügen den meisten Frauen eines oder zwei, um das Grundbedürfnis nach Familie zu befriedigen. Mit wenigen oder gar keinen Kindern läßt sich in Deutschland überdies besser Karriere machen ...

Lanka die Geburtenraten zum Teil extrem zurückgegangen, so daß diese Länder ihr Bevölkerungsproblem praktisch gelöst haben. Ein wesentlicher Grund: Die Situation der Frauen dort hat sich verbessert.

Das Paradebeispiel dafür liegt ausgerechnet in Indien, jenem Land, wo die meisten Kinder der Welt geboren werden. In Kerala, einem zwar armen, aber traditionell wohlorganisierten Bundesstaat, läuft so ziemlich alles anders als im Großteil des Landes. Die Gesundheitsversorgung ist vorbildlich, die Kindersterblichkeit ist gering. Mit 73 Jahren haben die Frauen dort eine für Indien ungewöhnlich hohe Lebenserwartung. Fast 90 Prozent der weiblichen Erwachsenen können lesen und schreiben, und acht von zehn Paaren benutzen Verhütungsmittel. Im Gegensatz zur Mitgift wie im übrigen Indien bezahlt in Kerala die Familie des Mannes sogar einen Brautpreis, und der gesamte Besitz wird nicht auf die Söhne, sondern auf die Töchter vererbt. Die Gründe für Keralas Sonderstatus sind vielfältig. Ein hoher Anteil der Bevölkerung ist christlichen Glaubens; die lange Zeit kommunistische Regierung setzte eine Landreform durch, und die Kerali waren auch früher schon überdurchschnittlich gebildet.

So ist es kein Wunder, daß sie auch weniger Kinder haben als ihre Landsleute etwa in Rajasthan oder West-Bengalen. Die Geburtenrate liegt nahe jener Grenze von 2,1 Nachkommen pro Frau, an der die Bevölkerung aufhört zu wachsen. Kerala, einer der ärmsten Bundesstaaten in Indien, gleicht damit demographisch eher dem fernen Schweden als dem nahen Kalkutta. Kerala liefert den Beleg für die These, daß ein hoher Frauenstatus wichtiger ist als eine boomende Wirtschaft, um das Bevölkerungswachstum zu bremsen.

... als mit zwölf Töchtern und Söhnen einer traditionellen kenianischen Großfamilie in Miwongoni. Die Folge der grundsätzlich anderen Auffassung von Frauenrolle und Selbstverwirklichung: In Deutschland sinken die Bevölkerungszahlen – in Kenia explodieren sie

Vielgeschmäht, doch erfolgreich: Die mit totalitärem Druck durchgesetzte Geburtenkontrolle in China konnte das Wachstum der Bevölkerung zumindest bremsen und schlimme Hungersnöte verhindern. Doch das übervölkerte Reich der Mitte begibt sich seit der Öffnung zum Kapitalismus in neue Gefahr. Ein beispielloser Wirtschaftsboom droht das ökologische Gleichgewicht über die Grenzen hinaus zu zerstören

CHINA: MILLIARDEN IM

GOLDRAUSCH

Yang Guanwan ist in jeder Hinsicht ein reicher Mann. Er lebt in der Provinzhauptstadt Guangzhou in einer mit 40 Quadratmetern für chinesische Verhältnisse riesigen Wohnung. Selbstverständlich für ihn sind Video, Laserdisc und Großbild-TV, der in einer Wohnzimmerecke unbeachtet im Dauerlauf vor sich hinflimmert. Yang besitzt drei fünfstöckige Mietshäuser. Und er hat drei erwachsene Söhne.

Die beiden ältesten sind verheiratet und haben je zwei Kinder – aufgeweckte Mädchen allesamt, zwischen vier und acht Jahre alt. Doch die Enkel bedeuten für den Großvater das größte Unglück seines Lebens. Denn nichts wünscht er sich sehnlicher als einen Stammhalter. Ohne den hört die Familie nach traditioneller Vorstellung auf zu existieren.

Yangs Schwiegertöchter Zang und Li haben für ihre Töchter, die eigentlich Söhne hätten werden sollen, einiges riskiert. In chinesischen Städten gilt die Ein-Kind-Familie als gesetzliche Norm. Wer gegen sie verstößt, muß mit empfindlichen Strafen rechnen. „Ein zweites Kind hat kein offizielles Wohnrecht in der Stadt. Es bekommt weder einen Platz im Kindergarten noch in der Schule, auch keine Kranken- und Sozialversicherung", klagt die dreißigjährige Li. „Außerdem mußten wir 10 000 Yuan Buße zahlen."

All das war für die Familie noch zu verkraften, gehört sie doch zur neureichen Oberschicht in Chinas boomender Küstenprovinz Guangdong. Wer hier etwas auf sich hält, schickt seine Kinder ohnehin in Privatkindergärten, auf Privatschulen und meidet staatliche Krankenhäuser.

Doch für Li begann mit der zweiten Tochter eine persönliche Tragödie. Drei Monate nach der Geburt stand das örtliche Komitee für Familienplanung vor der Tür, um Li zur Zwangssterilisation mitzunehmen. Sie hatte das bereits geahnt und war zu Verwandten aufs Land geflohen, um sich dort zu verstecken. Das Komitee ließ nicht locker: Entweder lasse sich Li freiwillig sterilisieren, oder die drei Mietshäuser der Familie würden einkassiert, ebenso die vierzig Geschäfte des Mannes.

„Ich hatte keine Wahl", sagt Li, als wir uns in Guangzhou in einem Restaurant treffen. Sie kam zurück in die Stadt und ließ sich von den Amtsärzten „zur wertlosen Frau machen".

Seit sie nicht einmal mehr theoretisch einen Sohn gebären kann, ist ihr Status in der Familie noch weiter gesunken. Vor einigen Monaten wurde ihr Leben dann zur Qual. Drei Kilo hat die ohnehin schmale Frau jüngst abgenommen. Unter den Augen hat sie graue Ringe, ihr Gesicht ist aschfahl. Aus dem Grund für ihren elenden Zustand macht sie kein Geheimnis: „Mein Mann hat sich eine Freundin genommen, weil es der Schwiegervater so wollte."

Ziel der Liaison ist der heißbegehrte Sohn. Kommt er zustande, wird Li abserviert, davon ist sie überzeugt. Ihr Mann wird sich scheiden lassen und vor Gericht sogar Recht bekommen: „Schließlich gilt es als meine Schuld, daß ich ihm nur Töchter geboren habe."

Heute bereut es Li, daß sie ihr zweites Kind nicht abgetrieben hat. Im sechsten Monat hatte sie in einer Privatklinik eine Ultraschalldiagnose machen lassen und so das Geschlecht des Babys erfahren. „Aber damals mochte ich ja nicht glauben, was auf mich zukommt."

Vergöttert und geliebt – die »kleinen Kaiser« von China. Seit die Komitees für Familienplanung in den Städten wieder rigoros die Ein-Kind-Familie als gesetzliche Norm zu erzwingen versuchen, ist der traditionell hohe Status von Stammhaltern noch gestiegen

Das Verlangen ihres Schwiegervaters nach einem Stammhalter hat derweil groteske Züge angenommen. Seinen dritten, noch ledigen Spößling hat er vorsichtshalber ins restriktionsfreie Ausland geschmuggelt. Der Fünfundzwanzigjährige fristet seither ein freudloses Leben als Hilfskraft in einem China-Restaurant in Kassel. Hier sucht er eine – möglichst chinesische – Frau. Die braucht er dringend, denn zurück in die Heimat darf er erst, wenn er einen Sohn vorweisen kann.

Dieser Stammhalter der Großfamilie würde Li zwar möglicherweise vor einer Scheidung bewahren, doch allein der Gedanke, ihr jüngster Schwager könnte sich als einziger unter den drei Brüdern im Licht eines Sohnes sonnen, treibt sie fast in den Wahnsinn: „Was für eine Ungerechtigkeit! Ich sitze hier mit einer illegalen Tochter, und in Deutschland darf man soviele Kinder kriegen, wie man will. Er wird bestimmt einen Sohn mitbringen. Und später wird dieser dann den ganzen Besitz der Familie erben."

Li kennt viele Geschichten von Freundinnen und Verwandten, die mit allen Tricks versuchen, der staatlichen Geburtenkontrolle zu entkommen. Eine Nachbarin habe sogar drei Kinder, alles Mädchen. Die beiden letzten habe sie heimlich an verschiedenen Orten auf dem Land zur Welt gebracht. Dort müßten sie sich bei Verwandten verstecken und könnten nur hin und wieder, als „Nichten" getarnt, in die Stadt zu Besuch kommen.

Als die Nachbarin ein viertes Mal schwanger wurde, kamen ihr die Beamten der allgegenwärtigen Überwachungsbehörde auf die Schliche, dachten freilich, es sei erst ihr zweites Kind. Obwohl sie im achten Monat war, stellte das Planungskomitee die Eltern vor die Wahl: Abtreibung – oder Sterilisation des Mannes. „Nur weil klar war, daß seine Frau einen Sohn gebären würde, hat er sich geopfert", sagt Li wütend, „sonst hätte er das nie getan".

Zwar hadert Li mit ihrem eigenen Schicksal. Doch als wir später durch das Großstadtgewühl von Guangzhou fahren, zeigt sie auch Verständnis für die brutalen Eingriffe des Staates in das Privatleben der Familien: „Natürlich ist es in unseren Städten zu voll, zu eng, zu laut und zu dreckig. Und alles wird immer schlimmer." Wie die meisten

Die Propaganda ist allgegenwärtig. Mit schmissigen Slogans soll den Chinesen der Segen kleiner Familien eingehämmert werden. Doch vor allem auf dem Land konnten sich die Planer aus Beijing nie ganz durchsetzen. Dort leben vermutlich 50 Millionen »illegale« Kinder – nicht gemeldet und versteckt

Chinesen, ist sie gespaltener Meinung: „Die Bevölkerungspolitik ist das Beste für unser Land – aber eine Katastrophe für mich."

China, mit 1,2 Milliarden die menschenreichste Nation der Welt, ist das Land mit der rigorosesten Geburtenkontrolle. Die Behörden scheuen kein Druckmittel, um ihre Planvorgaben durchzusetzen. Entsprechend gefürchtet ist der staatliche Überwachungsapparat.

Zumindest statistisch erweist sich das Programm als großer Erfolg. Wäre die Anzahl der Menschen in China weitergewachsen wie noch in den sechziger Jahren, dann müßte sich Li ihre Heimat heute mit 240 Millionen mehr teilen. Die meisten von ihnen würden vermutlich in bitterer Armut leben, ständig bedroht von Hungersnöten.

Thomas Malthus' düstere Prognose, daß die Bevölkerungsexplosion irgendwann an jene Grenze stößt, wo die Menschen einfach nicht mehr genug zum Leben haben, paßt auf China wie auf sonst kaum eine Nation der Welt. Hier ernähren sich 22 Prozent der Erdbevölkerung von nur sieben Prozent des globalen Ackerlandes. China ist an Fläche zwar das drittgrößte Land der Erde, besteht aber im wesentlichen aus Bergen, Wüste und anderen, landwirtschaftlich nicht nutzbaren Ödflächen. Ein Chinese verfügt – statistisch betrachtet – über zweimal weniger Trinkwasser-Reserven und sechseinhalbmal weniger Wald als ein Durchschnitts-Erdenbürger.

He Bochuan von der Sun-Yatsen-Universität in Guangdong meint, die optimale Bevölkerungszahl für das Reich der Mitte liege bei 500 Millionen Menschen – gegenüber 1,2 Milliarden heute. Der Wissenschaftler, dessen Umweltbestseller „China an der Grenze" von den Machthabern in Beijing verboten wurde, beschreibt die kritische Situation seines Landes in einer Parabel: „Wenn ein ausgezeichnetes Mahl, das für einen Menschen gedacht ist, durch zwei geteilt wird, ist das noch erträglich. Muß es allerdings durch drei geteilt werden, dann beginnt das große Hungern." Deshalb dürfe die Zahl der Menschen in China auf keinen Fall 1,5 Milliarden überschreiten. Diese kritische Grenze wird das Land jedoch nach der mittleren Projektion der Vereinten Nationen noch vor dem Jahr 2025 übersteigen.

He Bochuan ist beileibe nicht der erste chinesische Wissenschaftler, der über die Grenzen des Wachstums nachdachte. Vor gut 2000 Jahren, als immerhin schon rund 50 Millionen Chinesen das Land bevölkerten, schrieb der Philosoph Han Fei: „Heutzutage sehen die Menschen die Zahl von fünf Kindern als nicht zu viel an. Aber wenn jedes dieser fünf wiederum fünf Kinder bekommt, wird der Großvater, noch bevor er stirbt, mit 25 Nachkommen gesegnet sein. Das Resultat sind mehr Menschen mit weniger Gebrauchsgütern. Und mehr Arbeitskräfte, die weniger Nahrungsmittel unter sich aufteilen müssen."

Zwei Jahrtausende später, im Jahr 1957, als rund 650 Millionen Chinesen mit Volldampf in die Bevölkerungsexplosion hineinwuchsen, trat ein anderer „chinesischer Malthus" ins Rampenlicht: Ma Yenchu, Ökonom und Präsident der Universität von Beijing, warnte vor den Gefahren, die durch zu viele Menschen drohten und forderte eindringlich, die Massen über Möglichkeiten zur Geburtenkontrolle aufzuklären. Zwei Tage nach seinem Aufruf fiel der anerkannte Wissenschaftler in Ungnade, weil Mao Zedong solch „bourgeoises Geschwätz" nicht ertragen konnte. Nach maoistisch-marxistischer Ideologie war „der Mensch die wichtigste Ressource der Welt", und solange es nur genug Menschen gebe, so der große Führer, könne „unter der Führung der kommunistischen Partei jedes Wunder vollbracht werden".

China wuchs weiter. Ungeachtet einer großen Hungersnot Ende der fünfziger Jahre, die 30 Millionen Opfer forderte, stieg bis 1971 die Zahl der Chinesen auf 830 Millionen. Erst da – viel zu spät, wie He Bochuan meint – zog Mao die Notbremse und forderte seinem Volk ein wirkliches Wunder ab: Waren bis dato noch 5,5 Kinder pro Familie die Norm, durften es von sofort an nur zwei sein. Die verordnete demographische Kehrtwende kam, wie alles Revolutionäre, unter einem schmissigen Slogan daher: „Wan, xi, shao". Das bedeutete soviel wie „später heiraten, längere Abstände zwischen den Geburten, weniger Kinder kriegen".

Überall entstanden Orwellsche Überwachungs-Komitees, die sogar die Menstruations-Zyklen der Frauen akribisch dokumentierten. Per Dekret wurde auf dem Land das Heiratsalter für Frauen auf 23, für Männer auf 25 Jahre heraufgesetzt, in der Stadt gar auf 25 und 28 Jahre. Wer das neue Recht verletzte, dem drohten harte Strafen. Wer die Norm erfüllte, konnte mit Belohnungen rechnen. Zusätzlich gab die Regierung fünf „Garantien" für alte Menschen ohne Angehörige: Nahrung, Kleidung, Wohnung, Gesundheitsversorgung und Begräbniskosten.

Tatsächlich sank die durchschnittliche Kinderzahl in den siebziger Jahren um mehr als die Hälfte – auf 2,5 pro Frau. In solch einem Tempo hatte sich noch keine Nation der Welt das Gebären abgewöhnt. Doch für Maos radikale Nachfolger war das noch zu wenig. 1979 präsentierten sie dem Land, in dem viele Kinder und vor allem Söhne seit jeher eine wichtige Rolle spielten, den nächsten Schocker: das Postulat der Ein-Kind-Familie.

Die neue Vorgabe ließ sich nur mit stalinistischen Methoden durchsetzen. Fabriken, Dörfer, Gemeinden, Bezirke und Provinzen – alle Ebenen der Gesellschaft bekamen Quoten zugeteilt, die von strammen Parteikadern und Familienplanungs-Komitees überwacht wurden und keinesfalls überschritten werden durften. Deng Xiaoping, seit 1977 der neue starke Mann Chinas, gab die Losung aus: „Nutzt, mit welchen Mitteln auch immer, alle Möglichkeiten, um die Bevölkerung zu reduzieren – aber tut es."

Jede Frau brauchte seither ein Zertifikat zum Schwangerwerden. Bei Paaren mit zwei oder mehr Kindern wurde einer der Partner zwangssterilisiert. Wer sich dagegen wehrte, dem wurden Wasser und Strom abgestellt, Führerschein und Gewerbeerlaubnis entzogen. Einer chinesischen Journalistin führten die Behörden einmal stolz die Arbeit einer Eingreiftruppe der Familienplanung vor. Sie zeigten ihr, wie die Häuser von sechs Familien niedergerissen wurden, weil die Frauen eine Abtreibung verweigert hatten. Im Krankenhaus des Ortes, berichtete die Journalistin weiter, standen mülleimerweise abgetriebene, bis zu acht Monate alte Feten herum.

Gong Chang, eine Kontrollbeamtin aus der Provinz Liaoning nördlich von Beijing beschreibt, wie Kinder sogar bis zum neunten Monat abgetrieben wurden. Darüber hinaus: daß Ärzte selbst Neugeborene umbrachten und sie dann als Totgeburten deklarierten, um die vorgegebenen Quoten nicht zu überschreiten.

Unter dem Druck der Ein-Kind-Kampagne verdreifachte sich binnen vier Jahren die Zahl der Abtreibungen. 1982 endete fast die Hälfte aller Schwangerschaften durch einen Eingriff der Planer. In manchen Städten wie Shanghai wurden weit mehr Feten abgetrieben als Kinder geboren. Auch die Tötung von Mädchen nahm ungeheure Ausmaße an. Für viele Bauern stellte sich nach Geburt einer Tochter die Frage, ob sie auf die staatliche Versorgung im Alter verzichten wollten – oder das Mädchen umbringen sollten, um die Quote für einen „zweiten Versuch" zu retten.

Der Brauch, weibliche Neugeborene umzubringen, hat Tradition in China und galt nur für eine kurze Zeit nach der kommunistischen Revolution als „abgeschafft". Ein europäischer Reisender des späten 18. Jahrhunderts beschrieb, daß die Leute „ein Mädchen, dessen Ankunft nicht genehm ist, wieder ,fortschicken', um Aussicht zu haben, daß das nächstemal statt desselben ein Söhnlein sich einstelle". Alte Zeichnungen zeigen, gewissermaßen als Anleitung für Hebammen, wie man ein Baby im Wasserkübel ertränkt.

Zwar sank Chinas Wachstumsrate nach Einführung der Ein-Kind-Politik noch einmal, aber bald zeigte sich, daß die Regierung übertrieben hatte: Auf dem Land, wo 80 Prozent aller Chinesen wohnen, ließ sich die verschärfte Geburtenkontrolle nicht voll durchsetzen. Hier waren Kinder einfacher zu verstecken als in der Stadt und Überwachungsbeamte leichter zu bestechen. Bis heute „fehlen" in Chinas Statistiken vermutlich 50 Millionen nicht gemeldeter Kinder. Viele Bauern, die neuerdings durch die Privatisierung der Landwirtschaft unabhängig geworden waren, konnten es sich obendrein leisten, die hohen Bußen für illegale Nachkommen zu zahlen.

1984 lockerten die Behörden auf öffentlichen Druck die Gesetze: Ethnische Minderheiten und Bewohner besonders armer Regionen

Auf dem Schulhof in Sichuan im Süden Chinas zeigt Mao Zedongs Wachstumswahn späte Folgen: Der »große Führer« forderte noch in den sechziger Jahren viele Menschen für eine starke Nation. Die Nachkommen des Babybooms von einst bekommen heute ihre Kinder, so daß die Bevölkerung des Landes allen Restriktionen zum Trotz der 1,5-Milliarden-Grenze zustrebt. Das sind etwa so viele Menschen, wie noch um die Jahrhundertwende auf der ganzen Welt lebten

wurden von der Ein-Kind-Politik befreit. Eltern behinderter Kinder durften ein zweites bekommen. Diese und andere Sonderregelungen führten dazu, daß auf dem Land fast überall wieder zwei Kinder erlaubt waren.

Prompt machte die Geburtenrate wieder einen Sprung nach oben – um 25 Prozent. Das Wachstum verschärfte sich, die Planer mußten ihre hochgesteckten Ziele aufgeben, nach denen die Bevölkerung im Jahr 2000 bei 1,2 Milliarden stagnieren und bis 2050 auf 750 Millionen sinken sollte. Die Situation schien dem Staat zu entgleiten.

Ende der achtziger Jahre wurde der antinatalistische Propaganda-Apparat erneut auf volle Touren geschaltet – ein typisches Beispiel dafür, daß chinesische Politik in hektischen Wellenbewegungen verläuft. Die Zeitungen schrieben von einem „Geburten-Chaos". Die Kader verschärften die Ein-Kind-Kontrolle in den Städten und führten sie in manchen ländlichen Bezirken wieder ein. Sie zwangen mehr Frauen, sich nach dem ersten oder zweiten Kind sterilisieren zu lassen und konnten auf diese Weise sogar die enorm hohe Abtreibungsrate senken.

Auch diese Maßnahmen zeigten Erfolg. Die Geburtenrate fiel auf das tiefste Niveau in Chinas Geschichte. Peng Peiyun, die Ministerin für Familienplanung, konnte auf einer überraschend angesetzten Pressekonferenz im April 1993 einen Sieg an allen Fronten vermelden: Aus einer groß angelegten Untersuchung ging hervor, daß mehr als 83 Prozent aller chinesischen Paare irgendeine Art von Verhütung betreiben – das war Weltrekord. Erstmals ließ der chinesische Wirtschaftsaufschwung für manche Städter das Reichwerden wichtiger erscheinen als das Kinderkriegen. Durchschnittlich bekamen die Chinesinnen nicht einmal mehr zwei Kinder – eine Ziffer, bei der die Bevölkerung langfristig sogar schrumpfen würde.

Damit rechnet vorerst allerdings nicht einmal die Ministerin. Denn zum einen hat sich die Lebenserwartung in China dank besserer Versorgung seit dem Jahr 1949 mehr als verdoppelt, auf inzwischen 71 Jahre. Zum anderen wirkt sich Maos Wachstumswahn aus den fünfziger und sechziger Jahren derzeit zum zweiten Mal aus: 125 Millionen Frauen aus Maos „Babyboom"-Generation – so viele wie nie zuvor – waren 1993 im idealen Gebäralter zwischen 21 und 30 Jahren. Selbst wenn sie in ihrem Leben im Durchschnitt nur zwei Kinder bekommen, muß daraus eine zweite Bevölkerungsexplosion, eine Art Echo, resultieren.

Demographen gehen deshalb davon aus, daß Chinas Bevölkerungszahl bis Mitte des 21. Jahrhunderts auf jeden Fall die von He Bochuan befürchtete Schmerzgrenze von 1,5 Milliarden erreichen wird. Das würde bedeuten, daß bis 2050 eine zusätzliche Menschenzahl versorgt werden muß, die der heutigen Einwohnerschaft von Großbritannien, Frankreich, Spanien, Italien, Österreich und Deutschland zusammen entspricht. Aber auch, daß die Bevölkerung aus Mangel an Nachwuchs allmählich überaltert und dann in China 300 Millionen betagte Menschen leben werden – und zwar ohne den Rückhalt traditioneller Familienstrukuren.

Trotz dieser bedrohlichen Aussichten bewundern viele Bevölkerungswissenschaftler den Erfolg der chinesischen Familienplanung. Immerhin hat sie – wenn auch mit totalitären Mitteln – ein galoppierendes Wachstum gebremst, das verheerende Folgen gehabt hätte. „Aus demographischer Sicht ist mir der reaktionärste und orthodoxeste Maoist in Beijing der liebste", sagt deshalb der Kieler Bevölkerungsexperte Hans Jürgens, der eine mögliche Demokratisierung in China aus diesem Blickwinkel für „eine Katastrophe" hält. Denn nach allen Erfahrungen der vergangenen Jahrzehnte würde dann die Geburtenrate sofort wieder nach oben schnellen.

Was China erreicht hat, wird vor allem beim Vergleich mit dem Nachbarland Indien deutlich, dem zweiten Bevölkerungsriesen der Erde. Indien, ein halbwegs demokratisch organisierter Staat, erkannte schon 1952 die Notwendigkeit, das Wachstum zu drosseln. Dann aber folgte eine wankelmütige Bevölkerungspolitik, die mehr durch Rückschläge als durch Erfolge geprägt wurde.

Anfangs rief die Regierung in Neu-Delhi die Menschen auf, sich freiwillig zu beschränken – ohne Erfolg. Dann propagierte sie die Sterilisierung von Männern. Angelockt durch Prämien – etwa ein Transistorradio –, ließen 13 Millionen die „Vasektomie" über sich ergehen. Doch das war zu wenig, um einen Einfluß auf das Bevölkerungswachstum zu spüren.

Aus Freiwilligkeit wurde Druck: 1976 ordnete die Regierung der damaligen Ministerpräsidentin Indira Gandhi an, Staatsbeamte müß-

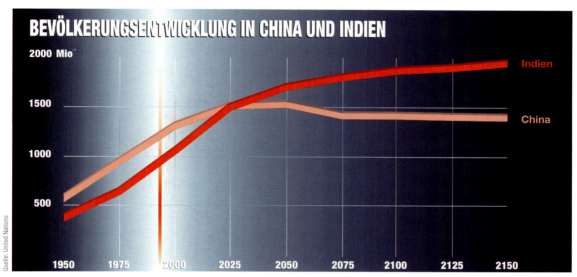

ten sich nach dem dritten Kind sterilisieren lassen. Ein Jahr später wurde Gandhi abgewählt – unter anderem wegen dieses unbeliebten Dekrets. 1984 deklarierte Indiras Sohn und Amtsnachfolger Rajiv die Zwei-Kind-Familie zum Wunschziel für das Jahr 2000. Aber es blieb bei vier bis fünf Kindern pro Familie und großem Mißtrauen der Inder gegen jede Art von staatlicher Bevölkerungspropaganda.

Mittlerweile sinkt die Geburtenrate in Indien tatsächlich – wenn auch längst nicht wie in China. „Aber es ist unklar", meint der amerikanische Demograph John Weeks, „ob das etwas mit der organisierten Familienplanung zu tun hat".

Der Boom bleibt schwindelerregend: Das 900-Millionen-Volk des indischen Subkontinents legt jährlich zwei Prozent zu und sorgt so für ein Fünftel des weltweiten Bevölkerungszuwachses. Um das Jahr 2000 werden die Inder aller Voraussicht nach die Ein-Milliarden-Grenze überschreiten und bald danach China überholen. Die amerikanische Organisation „Population Action International" hält es für möglich,

Nirgendwo auf Erden werden so viele Kinder geboren wie in Indien. Während sich in China die Bevölkerungszahl langfristig stabilisieren dürfte, ist dem Nachbarstaat die Situation längst entglitten. Indien wird in wenigen Jahrzehnten zum menschenreichsten Land erwachsen sein. Ein Ende des Booms ist nicht in Sicht

daß sich Indiens Bevölkerungszahl erst jenseits der Zwei-Milliarden-Schwelle stabilisiert.

Daneben kommt China fast wie ein demographischer Musterknabe daher. Doch dieser Eindruck täuscht, aus zwei Gründen: Erstens hängen die Erfolge bei der Familienplanung an einem seidenen Faden, denn ohne Druck würde das Wachstum mit Sicherheit erneut anziehen. Zweitens schlittert das Milliardenvolk bereits in ein neues Problem, das sich weit schwieriger lösen läßt: Nach der Bevölkerungsexplosion droht in China jetzt die Konsumexplosion.

Anfangs nahezu unbemerkt, aber mittlerweile unübersehbar haben die Chinesen ihre ideologisch verkrustete Kommandowirtschaft gegen einen stromlinienförmigen Kapitalismus eingetauscht. Frei nach dem Deng-Spruch: „Ganz egal, ob die Katze schwarz oder weiß ist – Hauptsache, sie fängt Mäuse", wird vor allem in den sogenannten Sonderwirtschaftszonen an der Küste produziert und Geld gescheffelt wie nie zuvor in China.

Nach Angaben der Weltbank hat China bereits Japan als zweitgrößte Volkswirtschaft der Welt abgehängt. Mehr produzieren nur noch die Vereinigten Staaten. Manche Ökonomen halten es für möglich, daß China in naher Zukunft das Pro-Kopf-Einkommen von Taiwan erreicht. Seine Wirtschaft wäre dann mächtiger als die aller anderen Industrienationen zusammen.

Zu dem unglaublichen Aufschwung kam es, weil der Pragmatiker Deng Xiaoping Ende der siebziger Jahre einsah, daß sein Land ökonomisch nur dann eine Chance hatte, wenn die Politik den privatwirtschaftlichen Fähigkeiten der Chinesen freien Lauf ließ. „Reich zu werden, ist ruhmreich", rief Deng seinen Landsleuten zu und gab dem Experiment den Tarnnamen „sozialistische Marktwirtschaft". Fortan konnte er die Menschen auf dem Weg nach oben kaum noch bremsen.

Einer unter Millionen Chinesen, die man nicht zweimal zum Reichwerden auffordern mußte, ist Yie Tseyei. In seinem Büro in einem Vorort von Guangzhou erzählt er mir freimütig von seiner Karriere: „Früher hatte ich einen langweiligen und schlecht bezahlten Job beim Zoll. Und viel Zeit, um in den Dokumentenbergen zu stöbern, die auf meinem Schreibtisch landeten." Manches sah sich der gelernte Chemie-Ingenieur genauer an. Die Einfuhrpapiere chinesischer Unternehmer etwa, die Preise von importierten Waren, Adressen von Herstellern und Abnehmern.

„Einfacher läßt sich nicht herausfinden, was wo im Land gebraucht wird", sagt der Mann mit dem Bürstenhaarschnitt grinsend und lehnt sich in seinem Bürostuhl aus Chromstahl zurück.

Heute besitzt Yie eine eigene Fabrik. 65 Angestellte schuften für ihn im Schichtbetrieb rund um die Uhr. Sie stellen Plastikteile her, aus

Was zählt, sind Superlative: Auf den Riesenbaustellen in Shanghais neuer Sonderwirtschaftszone Pudong schuften eine halbe Million Wanderarbeiter im Dauereinsatz für das Manhattan des Ostens. Schiffswerften, Bürotürme, Geschäftshäuser und Wohnblocks schießen im Fünfzigerpack aus dem Boden wie die Bambussprossen im Frühjahr

denen Fließbänder gefertigt werden. Der Jungunternehmer führt eine Art Monopolbetrieb für ganz China und kann sich vor Aufträgen kaum retten.

Über Umsatz und Gewinn mag er nicht reden, „sonst kommt die Kontrolle". Doch die Standard-Insignien chinesischer Aufsteiger – goldene Schweizer Uhr, Funktelefon in Reichweite, dunkle Limousine mit Fahrer vor der Tür – signalisieren, daß er längst zur neuen Elite gehört.

Nicht nur in Guangzhou, überall in den Küstenprovinzen ist ein wahrer Goldrausch ausgebrochen. Universitätsprofessoren arbeiten zu Hause in ihrer 15-Quadratmeter-Wohnung, damit sie ihr Büro vermieten können. Lehrer zweigen ein Stück Schulhof ab und ziehen dort ein lichtdurchflutetes Geschäft für Designermode hoch. Die KP-Frauenorganisation betrieb gar ein Bordell in Beijing – bis das Treiben auflog. „Schnell verdienen und schnell ausgeben, das ist doch ein tolles Leben", strahlt eine 22jährige Unternehmerin aus Guangzhou, die ihre erste Yuan-Million mit Devisenschiebereien, geschmuggelten Videogeräten, Laserdiscs und einer Firma für Billigspielzeug „erwirtschaftet" hat.

Im Zug von Guangzhou nach Hongkong treffe ich Herrn Wang, der den ausländischen Besucher ganz selbstverständlich als Handelsrei-

In Shenzen begann 1979 Chinas Flirt mit dem großen Geld. Aus dem Fischerdorf wurde eine glitzernde Kopie der Schwesterstadt Hongkong. Ein jährliches Wirtschaftswachstum von 50 Prozent gilt in dieser Keimzelle des chinesischen Kapitalismus als normal

senden einstuft. Draußen funkelt die Kulisse der neuen Wirtschaftsmetropole Shenzen im Abendlicht. „Vor 20 Jahren gab es hier nichts", sagt Mr. Wang, „nur Reis- und Gemüsefelder". Aus dem Dorf von einst ist heute ein brodelndes Zweit-Hongkong erwachsen, mit 2,5 Millionen Einwohnern; mit Lichtreklamen an Wolkenkratzern, die überdimensioniert sind wie die Bildschirme in den Karaoke-Bars; mit Golfplätzen, deren Betreiber den neuen Millionären sechsstellige Dollarsummen als Aufnahmegebühr aus der Tasche ziehen; vor allem aber mit atemberaubenden Wirtschaftsdaten.

Nirgendwo in China wird mehr verdient als in Shenzen. Ungeachtet weltweiter Rezession wächst die Wirtschaft in der ganzen Region des Perlflußdeltas seit mehr als einem Jahrzehnt um jährlich 15 Prozent.

Im Juli 1993 verbuchte Shenzen die Rekordzahl von einem Dutzend Firmenneugründungen – pro Tag.

Alles, was dort hergestellt wird, könnte mir Wang besorgen: „Was brauchen Sie? 60 000 Polohemden, 20 000 Bürostühle, 5000 Ledersofas?" Der Handel lasse sich jederzeit einfädeln. „Morgen können Sie die Ware aussuchen, und nächste Woche steht der vollgepackte Container im Hafen von Hongkong. Zum Festpreis." Und schon fuchtelt Wang mit dem Funktelefon herum.

Optimisten sehen in dem potentiellen Konsumrausch der 1,2 Milliarden Menschen das einzige Mittel, um das Land zu demokratisieren und in den Stand einer modernen Industrienation zu versetzen. Sie meinen, weil der Aufschwung in den Küstenprovinzen große Mengen an Arbeitskräften benötige und sich die Betriebe immer weiter in das Hinterland ausdehnten, profitiere schließlich ganz China von dem Wirtschaftswunder. Der wachsende Wohlstand lasse die Nachfrage steigen und kurbele die Industrialisierung weiter an. Der Traum vom Perpetuum mobile.

Bislang scheint dieses ökonomische Vabanquespiel aufzugehen. Noch ist der Boom aggressiv genug, um Beschäftigung für rund 100 Millionen Wanderarbeiter zu schaffen, die güterzugweise in die Zentren strömen.

Zum Beispiel Shanghai. Der Stadtrat der alten Industriemetropole deklarierte 1990 die gesamte Fläche zwischen Huangpu, Chuanyang und Jangtsekiang-Mündung zur Sonderwirtschaftszone – ein Gebiet, das größer ist als der Stadtstaat Bremen. Pudong, so heißt das zukünftige Manhattan des Ostens, soll zum „Drachenkopf" am Jangtsekiang-Delta werden, zum Primus unter den Boomregionen.

Mittlerweile haben eine halbe Million Arbeiter Pudong zur größten Baustelle der Welt aufgewühlt. Gegenüber dem „Bund", der Uferpromenade aus kolonialen Tagen, wächst ein dreibeiniges Monster aus Beton: Der Koloß von Pudong, ein gigantomanischer Fernsehturm, der bald schon das höchste Bauwerk Asiens sein soll.

Ein paar Ecken weiter sieht es aus, als habe ein Erdbeben gewütet. Bagger walzen ganze Straßenzüge platt, um für Bürotürme, Banken,

Geschäftshäuser, Konzerthallen Platz zu schaffen. Handgemalte Riesenplakate künden von neuem Glanz, während im Chaos des Abbruchs noch die alten Bewohner ihre Habseligkeiten retten. Auf Fahrrädern schieben sie Tisch und Bett durch die Trümmerwüste. Die meisten von ihnen wurden einfach vertrieben – ohne Aussicht auf eine neue Bleibe.

Yang Wenhu kann sich darüber nicht aufregen. Denn ihm sichert der Abbruch den Arbeitsplatz. Yang ist Tischler und hat bis vor einem Jahr in der Nachbarprovinz Jiangsu gelebt, 150 Kilometer westlich von Shanghai. Aus seinem Dorf war schon ein Drittel der Erwachsenen abgewandert, als er sich entschloß, ihnen zu folgen. Seither lebt der 24jährige auf Baustellen, die wie im Zeitraffer Brücken, Hochstraßen und Hochhäuser hervorbringen. Zehnstöckige Blöcke schießen im Fünfzigerpack aus dem Boden hervor wie Bambussprossen im Frühjahr. Pudong braucht zusätzlichen Wohnraum für mindestens 1,2 Millionen Menschen.

Auf dem neuen Industriegelände haben sich bis 1993 bereits mehr als dreißig multinationale Konzerne mit Joint-ventures niedergelassen. Sharp produziert Fernseher, JVC Videogeräte, McDonnell Douglas Düsenjets. Sony und Hitachi richten große Fertigungsanlagen ein. Daimler will Reisebusse bauen, Siemens Mobilfunkgeräte und Computertomographen.

Doch trotz solcher Kraftakte befürchten Wirtschaftsexperten eine nahe Massenarbeitslosigkeit in der Region. Denn auf den Arbeitsmarkt drängt nicht nur ein Teil der Landbevölkerung, die in den Dörfern nichts mehr zu tun hat, weil die Landwirtschaft modernisiert wird. Unterkommen wollen auch die geburtenstarken Jahrgänge aus Maos „Babyboom".

„Allein um diese jungen Leute zu beschäftigen", sagt der Direktor des Schweizerischen Bankvereins in Hongkong, Rolf Gerber, „braucht es 2,3 Millionen zusätzlicher Arbeitsplätze im Jahr. Die können nur entstehen, wenn die Wirtschaft jährlich um mindestens zehn Prozent wächst". Das aber kann sie nur, wenn die immer noch existierenden, unrentablen riesigen Staatskombinate dichtmachen und wenn die Landwirtschaft noch stärker rationalisiert. Die Wirtschaft müßte also weitere freigesetzte Millionenschaften schlucken. Ein Teufelskarussell, das auch westliche Länder kennen – nur rotiert es nirgendwo in diesem Tempo, mit so vielen Beteiligten. In China gibt es mehr Arbeitsuchende, als selbst ein Superwirtschaftswunder auf Dauer unterbringen kann.

Die Industrien, die dem Süden Chinas in den achtziger Jahren das schnelle Geld brachten, erleben bereits einen mörderischen Strukturwandel. Ein typischer Fall ist die Nam Kong Weaving Enterprise, eine Textilfabrik in der Provinz Guangdong. Bis vor sieben Jahren ließ die Firma ihre Spinn-, Web- und Nähmaschinen in Hongkong surren.

Dann wurde die gesamte Anlage zerlegt und in Huangpu, wenige Kilometer diesseits der Grenze, wieder aufgebaut: eine Art verlängerte Werkbank, an der nun Chinesinnen für ein Zehntel des Lohns ihrer Hongkong-Kolleginnen arbeiten. Für den Firmeneigner ist es ein lukratives Geschäft, zumal er sowohl Rohstoffe als auch die fertigen Produkte zollfrei ein- und ausführen darf – und so gut wie keine Steuern zahlt.

„Doch jetzt sind die guten Zeiten vorbei", sagt Betriebsleiter Huang Xiesong. „Bei der gegenwärtigen Inflation steigen die Löhne, und die Aufträge gehen zurück." Auf lange Sicht, glaubt er, wird man den Betrieb wohl stillegen oder nach Vietnam verpflanzen, denn dort sind die Arbeitskräfte derzeit noch billiger.

Die Näherin Li Wuxing aus den Bergen von Guangdong, eine der rund tausend Angestellten, macht sich deswegen keine Sorgen: „Es gibt so viele Textilfabriken hier. Wenn ich rausfliege, gehe ich in die nächste."

Diese Hoffnung könnte sich als trügerisch erweisen: 2000 Kilometer nordöstlich, in Shanghai, sorgt Professor Huang Guancong bereits dafür, daß Chinas Textilindustrie schneller revolutioniert wird, als Li es sich vorstellen kann. Huang ist Chef von China Textile Machinery, dem größten Webmaschinenhersteller des Landes. Als der dynamische Manager die Firma 1992 übernahm, wurde der fossile Staatsbetrieb gerade in eine Aktiengesellschaft umgewandelt.

Seither verschlankt und reformiert Huang das Unternehmen, hat einen Teil der Mitarbeiter bereits entlassen, den Umsatz erhöht und die Produktionspalette erweitert. An die Planwirtschaft erinnert nur noch der Hammer-und-Sichel-Orden am Revers der Sekretärin.

Neuerdings baut die Firma vollautomatische düsengetriebene Webstühle, die ohne Personal auskommen und 22mal schneller laufen als herkömmliche Maschinen – derzeit das Modernste auf der Welt. Die Automaten sollen bald schon einen Großteil jener alten Geräte ersetzen, von denen es im Land über eine Million gibt.

Was aber geschieht mit den Frauen und Männern, die dann von den Maschinen verdrängt werden? „Die", sagt Professor Huang mit Blick auf die Riesenbaustelle in Pudong, „saugt unser Wachstum auf".

Wie viele Manager, glaubt Huang, daß der eigentliche Aufschwung Chinas erst noch bevorsteht und dem Wachstum keine Grenzen gesetzt sind. Von dieser Euphorie haben sich viele internationale Unternehmen anstecken lassen. „Hier muß man jetzt investieren, sonst ist es zu spät", sagt Jack Halliday, Geschäftsführer der Shanghai Gao-qiao-BASF Dispersions Company. Für ihn ist der Boom „das letzte große Abenteuer der Welt". Ausländische Investoren wie Halliday kommen fast ins Stottern, wenn sie vom Zukunftsgeschäft in China reden. „Ganz egal, was man hier produziert, das Land braucht im Grunde alles. 1,2 Milliarden Chinesen, das macht 2,4 Milliarden Füße. Das bedeutet 2,4 Milliarden Schuhsohlen!"

Und die Chinesen erweisen sich als konsumfreudige Kunden: Zwischen 1981 und 1991 hat sich die Zahl der Waschmaschinen in den städtischen Haushalten verdreizehnfacht, die der Farbfernseher versiebzigfacht und die der Kühlschränke verhundertfacht.

Als nächstes stehen Autos auf der Wunschliste. Erst zwei Millionen fuhren Ende 1992 durchs Land. Die chinesische Produktion hatte sich in den drei Jahren davor jeweils verdoppelt, konnte die Nachfrage aber nicht annähernd decken. Würde man die Entwicklung linear fortschreiben, hätte schon im Jahr 2005 jeder einen eigenen Wagen. Würden die Chinesen dann auch noch soviel Benzin verfahren wie beispielsweise die Deutschen, dann flösse durch die Autos mehr als die Hälfte der Weltölförderung des Jahres 1992.

Natürlich wird es soweit nie kommen. Schon heute fragt sich mancher, wo die künftigen Autos überhaupt fahren sollen. In der Innenstadt von Shanghai zum Beispiel, die tagsüber für die stinkenden LKW gesperrt ist, wälzen sich Massen von Fußgängern, Radfahrern und Autos wie zähflüssige Partikelströme durch die engen Straßen, in denen das Dröhnen der Preßlufthämmer und Baumaschinen nie verhallt. Bereits die neuerdings aufkommenden Mountainbikes können zum Verkehrs-Zusammenbruch führen: Mit ihren überbreiten Lenkern verursachen sie ständig Kollisionen.

Allein schon die Lösung der Verkehrsprobleme erweist sich im Reich der Mitte als äußerst schwierig. Zwar ist die Verwaltung mancher Städte wie Guangzhou dazu übergegangen, zweistöckige Straßen bauen zu lassen und das Radfahren auf vielen Strecken zu verbieten. Doch bislang haben die Maßnahmen bestenfalls dazu geführt, die Staufläche für Autos zu vergrößern.

Im Land des aufgehenden Wirtschaftswunders stößt jeder einzelne Mensch täglich an die Grenzen des Wachstums. Die Städte sind zwar riesig, die Wohnungen aber so winzig, daß der Besucher sich unwillkürlich fragt, wo sich die Menschen überhaupt vermehren. 1990, schreibt der kanadische Chinaexperte Vaclav Smil, hatte ein Städter durchschnittlich 6,7 Quadratmeter Wohnfläche zur Verfügung – das würde einem Deutschen noch nicht einmal als Garage reichen. Bis 2000 visiert die Regierung das Ziel an, die Wohnfläche auf luxuriöse acht Quadratmeter pro Person zu vergrößern. Um auch die vom Land Zugewanderten unterzubringen, müßten also in nur einem Jahrzehnt fast 800 Quadratkilometer Netto-Wohnraum entstehen – das ist mehr, als etwa der Stadtstaat Hamburg an Gesamtfläche zu bieten hat, Hafen und Alster inklusive.

Es fehlt nicht nur an Platz zum Wohnen. Es fehlt auch an sauberem Wasser zum Trinken, an frischer Luft zum Atmen – und an Platz für den Müll. Nur ein paar Seitenstraßen neben der Nanjing Lu, der protzigen Einkaufsmeile Shanghais, stehen große Fäkalienbottiche vor Häusern, die nicht an die Kanalisation angeschlossen sind. Nachts werden die Kübel verladen und zusammen mit anderem Unrat in der Jangtsekiang-Mündung verklappt. Auf ähnliche Weise wandern jährlich rund 25 Milliarden Tonnen Industriemüll in Chinas Flüsse.

„Das Meer ist tief, und China ist groß", erklärt mir der Direktor eines Chemiekombinats, das Pestizide und Bleichmittel herstellt. Deshalb seien die Umweltgesetze nicht so streng wie etwa in Deutschland. „Wir können hier produzieren, was bei euch schon lange verboten ist", preist er seinen Wettbewerbsvorteil an.

„Kein Wunder", sagt John Mackinnon vom Asian Bureau for Conservation in Hongkong, „daß es im Gelben Meer so gut wie keine Fische mehr gibt und die Korallenbänke in der Chinesischen See fast verschwunden sind".

Dabei ist die Chemie noch lange nicht der größte Verschmutzer des Landes. Jeder Chinese verbraucht pro Jahr durchschnittlich eine Tonne Kohle. Verheizt wird sie in privaten Haushalten, Hochöfen, Kraftwerken und Kokerei-Kombinaten, die wie schwarze Saurier in der Landschaft stehen. Das Land verbraucht mehr von dem schwarzen Gold und schleudert beim Verbrennen mehr ätzendes, waldzerfressendes Schwefeldioxid in die Luft als jede andere Nation der Welt. Manche Industrieregionen Chinas verschwinden regelmäßig unter einer so dichten Smogschicht, daß sie auf Satellitenbildern nicht mehr zu erkennen sind.

Nach Ansicht von Klimaexperten wird China in naher Zukunft die USA als größten Produzenten des Treibhausgases Kohlendioxid überholen. Ein Rekord, den kein westlicher Umweltpolitiker den Chinesen zum Vorwurf machen kann. Denn pro Kopf stoßen sie auch dann nur einen Bruchteil jener Menge aus, die ein Deutscher, ein Schweizer oder ein US-Amerikaner verursacht.

China ist längst nicht mehr das Stammland von Billigtextilien und anderem Ramsch. Vor allem in Shanghai haben sich die Multis der Welt mit modernsten Anlagen niedergelassen. McDonnell Douglas montiert hier seinen Passagierjet MD-80, und Volkswagen läßt den Santana bauen – für Lohnkosten von 80 Mark pro Auto

»Die Lösung heißt Produktion«, postulierte Mao einst. Die Quittung seiner technokratischen Allmachtsphantasien bekommen die Chinesen heute in vielen der alten Industriezentren präsentiert, wie hier in der Provinz Guizhou. Die Luftverschmutzung durch die veralteten Industrieanlagen ist vielerorts so schlimm, daß manche Regionen oft tagelang von Satellitenbildern verschwinden

Was Chinas Aufschwung ökologisch zur Gefahr für die ganze Welt werden läßt, ist die Zahl der Menschen, die ihn ausgelöst haben. Jede noch so kleine Zunahme an Pro-Kopf-Umweltbelastung wächst zu einer riesigen Menge heran, wenn man sie mit 1,2 Milliarden multipliziert. „Wie heiß es letztlich auf diesem Planeten wird", schreibt denn auch Nicholas Lenssen vom Worldwatch Institute in Washington, „hängt zu einem guten Teil davon ab, was in China geschieht".

Die Klimakommission der Vereinten Nationen schätzt, daß China im Jahr 2025 mehr Kohlendioxid ausstoßen wird als die USA, Kanada und Japan zusammen und damit alle Einspar-Anstrengungen der heutigen Großverschmutzer zunichte macht. Solch fatale Aussichten könnten den bisherigen Hauptemittenten sogar den Vorwand liefern, bei sich selber überhaupt nichts gegen die drohende Klimaveränderung zu unternehmen.

Die Politiker im Reich der Mitte weisen zu Recht darauf hin, daß die Treibhausgase in der Atmosphäre bislang im wesentlichen aus den Industrienationen im Westen stammen. Und daß die Chinesen deshalb nicht daran dächten, ihren Wirtschaftsaufschwung zu bremsen. Der aber verlangt nach immer mehr umweltbelastender Energie. So soll – wie der Umweltforscher Vaclav Smil berichtet – die Kohleförderung bis zum Jahr 2000 verdoppelt werden, obwohl die Kapazität der Eisenbahn schon heute die Nachfrage an der Küste nicht bewältigen kann; obwohl allein der Abraum der geplanten Förderung 50 000 Hektar Ackerland vernichten würde – und obwohl in den kohlereichen Provinzen nicht einmal die Wasservorräte ausreichen, um die geplanten Kraftwerke zu kühlen.

Der Energiehunger ist so groß, daß China trotz seiner ungeheuren Kohlereserven auch alle anderen verfügbaren Quellen anzapfen muß. Riesige Stauseen für Wasserkraftwerke sollen weite Flächen des ohnehin knappen Ackerlandes überfluten. Der geplante „Drei-Schluchten-Damm" am Jangtsekiang wird nicht nur 1,2 Millionen Menschen vertreiben, sondern auch 44 000 Hektar fruchtbarste Scholle vernichten. Auf dem Ölfeld von Tarim in Chinas wildem Westen an der Grenze zu Kirgistan erhoffen sich die Planer ein „kleines Saudi-Arabien" mit einer Rohölförderung bis zu zehn Millionen Tonnen. Zusätzlich wollen Chinas Ingenieure verstärkt in die Kernenergie einsteigen und bis zum Jahr 2000 insgesamt neun Reaktoren betreiben. In der Provinz Guangdong nahmen die Techniker im Januar 1994 das zweite kommerzielle Atomkraftwerk in Betrieb – für Kritiker eine Zeitbombe. Immerhin leben im 50-Kilometer-Umkreis der Anlage zehn Millionen Menschen.

China steht vor einer schier unlösbaren Aufgabe: Einerseits marschiert es unbeirrt auf einem Wirtschaftskurs nach dem großen Vorbild seiner Nachbarn Japan, Südkorea und Taiwan. Andererseits habe China, im Gegensatz zu diesen Ländern, nicht die Option, seinen Wohlstand auf importierten Rohstoffen aufzubauen, meint Vaclav Smil: „Die Chinesen können nicht wie die Japaner ein Drittel des Reises oder fast das gesamte Holz importieren." Allein die Zahl der zu versorgenden Menschen mache das unmöglich. Jeder Wirtschaftsaufschwung müsse deshalb zwangsläufig aus den Rohstoffen des eigenen Landes schöpfen. Mit fatalen Folgen für die heimische Umwelt.

Der Traum vom blühenden Reich der Mitte sei deshalb eine Fiktion, resümiert der Umweltberater John Mackinnon in Hongkong, denn das Land sei ökologisch gesehen längst jenseits von Gut und Böse: „Für China gelten andere Gesetze und andere Grenzen als für den Rest der Welt. Dieses Riesenland kann sich niemals so entwickeln, wie andere Industrienationen es vorgemacht haben. 1,2 Milliarden Menschen sind einfach zu viel."

Dem Land der Dichter und Denker gehen die Köpfe aus. Angesichts von immer weniger Geburten könnte die Zahl der Deutschen schon im Jahr 2020 um 30 Millionen geschrumpft sein. Um die Vergreisung der Nation auszugleichen und den Zusammenbruch von Rentenversicherung und Wirtschaftssystem zu verhindern, hilft nach Expertenmeinung nur ein Mittel: Ausländer rein!

DEUTSCHLAND: RAUM

OHNE VOLK?

Ginge es nach der realitätsfernen Vorstellung romantisierender Nationalisten, sähe die Zukunft Deutschlands letztlich so aus: wenige Kinder, keine Fremden – ein Altersheim völkisch-ethnischer Homogenität

Christine Seifert ist 26 Jahre alt, verheiratet, und lebt im thüringischen Städtchen Altenburg. Zu DDR-Zeiten arbeitete sie als Verkäuferin im „Konsum" am Ort und verdiente knapp 700 Ostmark. Bald nach der Wende gab sie die Stelle auf, weil sie einen besserbezahlten Posten in der neuen Videothek fand. Ein Jahr später jedoch war dieser Laden pleite und Christine arbeitslos. Heute ist sie froh, wenn sie hin und wieder für ein paar Stunden in einem Café aushelfen kann.

Tom Seifert, der 24jährige Ehemann, brachte einst als Tischler ebenfalls 700 Mark mit nach Hause. Derzeit leistet er in Landsberg am Lech seinen verspäteten Wehrdienst ab, mit einem Monatssold von 400 Mark – jetzt westlicher Währung. Das Arbeitsamt hat dem jungen Paar zwar tausend Mark „Lohnausgleich" zugesagt, überwiesen ist davon aber bislang nichts. So nimmt es nicht wunder, daß von dem Geld, das bei den Seiferts an jedem Ersten auf dem Küchentisch liegt, das meiste schon am Zweiten ausgegeben ist – vor allem für die Miete ihrer winzigen, baufälligen Zwei-Zimmer-Wohnung. Überleben können die beiden nur, weil sie sich manche Anschaffung noch verkneifen und die Eltern ihnen regelmäßig etwas zustecken.

„Kinder waren bei denen eigentlich mal geplant", sagt Christines Mutter. „Aber im Moment? Das können die sich gar nicht leisten. Allein die Wohnung ist doch viel zu klein."

Würde die DDR noch existieren, dann hätte sich der Nachwuchs vermutlich längst eingestellt. Im sozialistischen Teil Deutschlands bekamen Frauen sehr früh Kinder, denn das war, auch für Ledige, der einfachste Weg, an eine brauchbare Wohnung zu kommen. Kaum eine junge Frau in der DDR blieb kinderlos. Heute müssen die Seiferts mindestens acht Jahre auf eine kindertaugliche Sozialwohnung warten.

Das Paar ist kein Einzelfall. Überall in den neuen Bundesländern bleiben seit dem Beitritt zur Bundesrepublik die Wiegen leer. Kamen 1988 – dem letzten Jahr des „Realsozialismus" – noch mehr als 220 000 Babys zur Welt, so wurden 1993 nur noch gut ein Drittel davon geboren. Die durchschnittliche Zahl der Kinder pro Frau sank von 1,6 auf 0,7. Weder in den schlimmsten Hungerperioden noch zu Kriegszeiten, weder während der Weltwirtschaftskrise in den frühen dreißiger Jahren noch als Folge des Pillenknicks zwischen 1965 und 1975 hat es irgendwo auf der Welt einen so tiefen Geburteneinbruch gegeben.

In Wirklichkeit läßt es sich nicht vermeiden: Die meisten Industrienationen müssen sich ihre demographische Zukunft von jenseits der Grenzen »erborgen« – und Fremde von klein auf integrieren. Andernfalls wären sie vom Aussterben bedroht

Das Menetekel der Statistik steht an der Wand: Sterben die Deutschen zwischen Rügen und Görlitz aus? Wird – zumal weiterhin vor allem junge Menschen aus den neuen Bundesländern nach Westen abwandern – der Osten ein Raum ohne Volk?

Nein, lautet die klare Antwort der Demographen. Vieles spreche dafür, meint Rainer Münz von der Humboldt-Universität zu Berlin, daß sich die Menschen in den neuen Ländern angesichts der ungewissen Zukunft lediglich in einer Art Unsicherheitsstarre befänden – ausgelöst durch Arbeitslosigkeit, sinkende Real-Einkommen, Wegfall von Krippen, Horten und Kindergärten. Sie warten erst einmal ab mit wichtigen Entscheidungen für das künftige Leben. Nicht nur, daß sie den Kinderwunsch aufgeschoben haben. Es heiraten auch weniger Menschen als früher. Sie lassen sich sogar seltener scheiden.

In zehn bis 15 Jahren, schreiben Rainer Münz und sein Kollege Ralf Ulrich in einer Studie, würden im Osten wieder mehr Kinder geboren werden – wenn auch wahrscheinlich nicht mehr so viele wie zu DDR-Zeiten. Auf jeden Fall aber werde der gegenwärtige Geburtenschwund einen „historischen Fingerabdruck" im Altersaufbau hinterlassen. Die Wissenschaftler gehen davon aus, daß die Bevölkerung der ehemaligen DDR bis 2000 um fast zwei Millionen Menschen abnimmt. Einige Regionen, so die strukturgeschwächten Industriegebiete Halle/Bitterfeld und Bautzen/Görlitz, könnten bis 2010 sogar ein Viertel ihrer Einwohner verlieren. In manchen Landstrichen, etwa im bäuerlichen Vorpommern, droht die Zahl der Schulkinder um 70 Prozent zurückzugehen. Dafür wird der Anteil der Alten an der Bevölkerung massiv steigen.

Die neuen Bundesländer machen damit beschleunigt eine Entwicklung durch, die alle Industrienationen trifft: Sie vergreisen. Seit Anfang der siebziger Jahre ist beispielsweise in den alten Ländern der Bundesrepublik jede Kindergeneration zahlenmäßig um ein Drittel kleiner als die der Eltern. Während also im unteren Teil der Bevölkerungspyramide immer weniger Junge nachwachsen, werden oben die Betagten immer zahlreicher und älter. Konnten Menschen an der Pensionsgrenze früher nur noch mit wenigen Lebensjahren rechnen, so kommt es heute häufig vor, daß sie beim Ausscheiden aus dem Erwerbsleben noch Eltern haben. Erstmals in der Geschichte stellt damit der ältere Teil der Gesellschaft die Mehrheit der Bevölkerung.

Die für Deutschland vor hundert Jahren typische, nach oben hin spitz zulaufende „Alterspyramide", auf der die jüngsten Jahrgänge am meisten und die ältesten am wenigsten Platz einnahmen, verändert sich immer mehr zu einem „Alterspilz", bei dem die jungen Jahrgänge den dünnen Stiel bilden und die alten den ausladenden Hut.

Die Alten kommen: Der Anteil der über Achtzigjährigen in Deutschland wächst rapide. Der Knick in der Kurve hat seine Ursache in der bewegten Vergangenheit: Hier fehlen die Opfer des Zweiten Weltkriegs

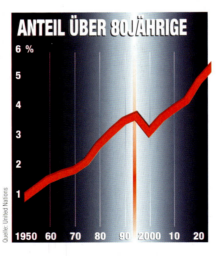

Ein Blick in die Zukunft macht diese Entwicklung deutlich: Im Jahr 2030 werden von 100 Deutschen nur noch 17 jünger als 20 Jahre sein, mehr als doppelt so viele – nämlich 35 – jedoch älter als 60 Jahre. Die Jahrgänge 1945 bis 1965 – die sogenannten Nachkriegs-Babyboomer – bilden dann die stärkste Gruppe im Altersaufbau. Die Rebellen von einst, aufgewachsen zwischen Apo, Woodstock und Jimi Hendrix, haben dann 65 bis 85 Jahre auf dem Buckel. Wenn sie im Altersheim einmal eine Platte aus vergangenen Zeiten hervorkramen, auf der die britische Rockgruppe The Who „Hope I die before I get old" singt, wundern sie sich womöglich, daß deren Sänger Roger Daltrey mit 85 Jahren immer noch unter den Lebenden weilt.

Der Hut des Alterspilzes wird mittlerweile so mächtig, daß die Mediziner und Soziologen längst dazu übergegangen sind, in der Klasse der mehr als 65jährigen zwischen „jungen Alten" (65 bis 75) und „alten Alten" (über 75) zu unterscheiden. Sie müssen die Skala bald wohl um eine weitere Rubrik ergänzen – um die „Super-Alten": In den heutigen Industrienationen werden gegen Ende des nächsten Jahrhunderts, statistisch hochgerechnet, zehn Prozent aller Menschen mehr als 80 Jahre alt sein. In den Vereinigten Staaten, wo derzeit 37 000 Methusalems von mehr als hundert Jahren leben, werden nach Schätzungen des „Census Bureau" im Jahr 2050 beachtliche 1,2 Millionen die magische Hundertergrenze überschritten haben.

Überalterung und Bevölkerungsrückgang lassen sich zuverlässig an einer demographischen Kennziffer ablesen, die Fachleute als „Net-

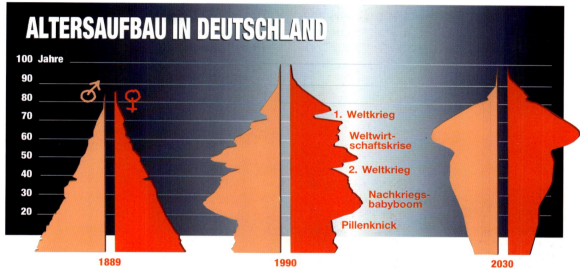

Die Alterspyramide steht kopf: 1889, als Bismarck die Sozialversicherung einführte, waren die Jungen eindeutig in der Mehrzahl. Heute fehlt im unteren Teil des Altersaufbaus der Nachwuchs, und der obere ist durch Kriege, Krisen sowie Pillenknick ausgefranst. 2030 werden im »Alterspilz« die Senioren dominieren. Die zahlenstärkste Gruppe bilden dann die über 60jährigen

to-Reproduktions-Rate" (NRR) bezeichnen. Sie beschreibt das Zahlenverhältnis zweier aufeinanderfolgender Generationen. Das bedeutet: Bringen 100 Erwachsene 100 Kinder hervor, die ihrerseits das vermehrungsfähige Alter erreichen, dann beträgt die NRR eins. Die Bevölkerung bleibt – gleiche Lebenserwartung beider Generationen vorausgesetzt – gleich groß. In einem rasch wachsenden Entwicklungsland wie etwa dem ostafrikanischen Ruanda, wo 100 Erwachsene im Durchschnitt etwa 300 Kinder bis in die nächste Generation bringen, liegt die NRR bei drei. In der alten Bundesrepublik können 100 Erwachsene gegenwärtig nur auf 66 Sprößlinge herabblicken, die NRR beträgt 0,66 – in den neuen Ländern liegt sie sogar noch tiefer. Entsprechend dieser Formel wird die Bevölkerung hierzulande binnen einer Generation um mindestens 34 Prozent abnehmen. Per Taschenrechner läßt sich einfach nachvollziehen, daß das deutsche Volk – Zuwanderer nicht einbezogen – von gegenwärtig 81 Millionen bis zum Jahr 2020 auf 51 Millionen schrumpft, bis 2050 gar auf 35 Millionen. Um das Jahr 2120 herum hätten die Deutschen jene Zahl von 13 Millionen erreicht, die bei ihrem heutigen Lebensstandard ökologisch vertretbar wäre (siehe Kapitel „Der maßlose Alltag").

An dem Schwund würde sich auch dann wenig ändern, wenn die Deutschen – entgegen allen Erwartungen – wieder vermehrungsfreudiger werden. Denn eine Implosion der Bevölkerung unterliegt derselben Dynamik wie eine Explosion: Sinkt erst einmal die Zahl der Menschen, dann fehlt es von Generation zu Generation an potentiellen Müttern, und es dauert selbst bei einem Geburtenboom Jahrzehnte, bis sich das Schrumpfen wieder zu einem Aufschwung umkehrt.

Ökologisch gesehen, ist das Volk der Deutschen also genau auf dem richtigen Weg. Denn je weniger Bürger in einer solchen Industrienation mit derart hohem Rohstoffverbrauch leben, desto günstiger ist es für die Umwelt. Doch zu glauben, mit dem Geburtenrückgang seien alle Probleme gelöst, ist ein Trugschluß.

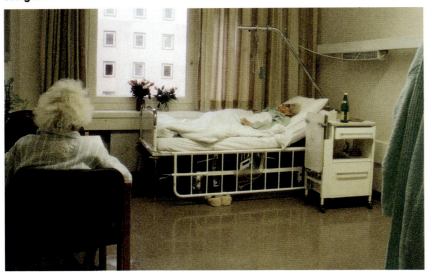

Die Überalterung der Gesellschaft bringt hohe Kosten mit sich. Betagte brauchen medizinische Versorgung öfter als Junge. Bereits heute nehmen die über 65jährigen knapp ein Drittel des gesamten Gesundheitsetats in Anspruch. Tendenz: steigend

Vorausgesetzt, es wäre möglich, das Land gegen Zuwanderungen abzuschotten, mit einer Art Mauer Asylsuchende und andere Migranten fernzuhalten – was wären die Folgen? In ein bis zwei Jahrhunderten würde Deutschland zu einer absolut bedeutungslosen Zwergnation schrumpfen. Lange vorher schon stünde die Wirtschaft vor erheblichen Absatzproblemen. Letztlich müßten Schulen und Universitäten schließen, Lehrer wie Professoren würden arbeitslos. Auch das Verkehrsnetz und die gesamte Verwaltungstruktur, ausgelegt auf 81 Millionen Nutzer, erwiesen sich mit einem Mal als überdimensioniert. Angesichts des Kopfstands der Alterspyramide müßten Spielzeughersteller ihre Produktion auf Rollstühle umstellen, Kindergärten innerhalb weniger Jahre zu Altersheimen umgebaut werden. Allerdings gingen selbst denen mittelfristig die Klienten aus.

Es kommt noch dicker. Die Überalterung bürdet der Gesellschaft gewaltige Kosten auf. Gegenwärtig ist davon noch wenig zu spüren, weil die relativ gutverdienende Babyboom-Generation problemlos für die Renten jener Jahrgänge aufkommt, die durch den Weltkrieg ausgedünnt sind. Viele Junge zahlen also für wenige Alte. So ist es seit Einführung der Arbeiterrentenversicherung im Jahr 1889 stets gewesen. Noch heute kommen auf einen Pensionär immerhin zweieinhalb Erwerbstätige.

Aber diese Relation wird sich dann massiv verschieben, wenn die „Babyboomer" selber alt geworden sind. Die müssen sich ihre Renten von den geburtenschwachen Jahrgängen nach 1970 finanzieren lassen. Bildlich gesprochen, muß der dicke Hut des Alterspilzes dann vom dünnen Stiel getragen werden. Für jeden Rentner kommt im Jahr 2030 nur noch ein einziger Beitragszahler auf. Zwangsläufig werden dann entweder die Alten vernachlässigt – oder die Jungen geschröpft. Von einer gesicherten Altersversicherung nach heutigem Vorbild jedenfalls kann in Zukunft keine Rede mehr sein.

Dies werden nicht die einzigen Kosten der Überalterung bleiben. So ist es eine Binsenweisheit, daß ältere Menschen mehr und öfter medizinische Versorgung brauchen als junge. Die über 65jährigen nehmen in einem Industrieland heute knapp ein Drittel des Gesundheitsetats in Anspruch. Im Jahr 2000 wird es die Hälfte sein. Tendenz: steigend.

Je älter Menschen in den Wohlstandsländern werden, desto länger richten sie – zwangsläufig – auch ökologischen Schaden an. Als Bismarck einst die Altersversicherung für Arbeiter einführte, erreichten nur wenige von ihnen überhaupt das gesetzliche Rentenalter von damals 70 Jahren. Und wer es tatsächlich schaffte, der konnte mit den üblichen 30 Prozent seines letzten Lohnes als Rente keine großen Sprünge mehr machen.

Heute fängt für viele deutsche Rentner und Pensionäre mit 60 oder 65 ein geruhsames Leben an. Vor sich haben sie, statistisch gesehen, noch etwa 20 Jahre – und im Rücken häufig eine gute finanzielle Absicherung. Nie zuvor verfügten so viele ältere Menschen über so viel Geld. Diese Situation wird sich für die kommenden Rentnerjahrgänge noch verbessern. Sie gehören nicht nur zur ersten Generation, in der die Frauen häufig selber Geld verdient haben; sie sind auch dabei, erstmals erhebliche Erbschaften einzustreichen, nachdem zuvor Kriege und Weltwirtschaftskrise ein Anhäufen von Kapital stets verhindert haben. So werden den Deutschen in den nächsten Jahren jährlich rund 100 Milliarden Mark zufallen, wobei sich – logische Folge des Alterspilzes – immer mehr Kapitalien auf immer weniger Erben konzentrieren werden.

Dadurch mehrt sich die Zahl der betuchten Rentner. Diese „Woopies" (well-off-old-people) erweisen sich als ungemein konsum- und reisefreudig. Sie jetten in die Karibik, überwintern in Florida, spielen Golf in Südafrika, pendeln zwischen ihrer Eigentumswohnung in Deutschland und dem Ferienhaus in der Toskana – kurz, sie genießen mit vollen Zügen die Früchte ihres Lebens. Allerdings erhöhen sie mit

Mit 86 Jahren war der Schweizer Ulrich Inderbinen der älteste Bergführer Europas, der noch Viertausender bestieg. Angesichts solcher rüstigen Alten und leerer Kassen der Rentenversicherung kommen Sozialpolitiker auf eine naheliegende Idee: Wenn die Menschen schon länger und gesünder leben – dann sollen sie auch länger arbeiten. Fragt sich nur – was?

jedem rohstoffzehrenden Jahr im Wohlstand auch das ökologische Schuldenkonto der Industrienationen.

Kein Wunder, daß Sozialpolitiker auf die Idee kommen, die jungen Alten sollten, wenn sie schon immer reicher werden und länger leben, auch länger arbeiten und für einen späteren Lebensabend selber vorsorgen. Würde etwa das Rentenalter auf 70 Jahre hochgesetzt – so die Überlegung –, dann verlängerte sich die Beitragszahlung um fünf Jahre, und die Dauer der Ausschüttung verkürzte sich entsprechend.

Doch damit wäre der Etat des Arbeits- und Sozialministers noch lange nicht gerettet. Zum einen bedeuten – zumindest nach heutiger Praxis – längere Beitragszahlungen auch höhere Anwartschaften. Wer mehr einzahlt, hat also Anspruch auf mehr Rente. Zum anderen führt eine Verlängerung der Lebensarbeitszeit fast zwangsläufig zu höherer Arbeitslosigkeit bei den Jungen. Die zahlen dann, weil sie später anfangen, weniger Geld in die Rentenkasse, und der Minister ist „so schlau als wie zuvor". Nur wenn die geburtenschwachen Jahrgänge künftig den Bedarf an Arbeitskräften nicht mehr decken könnten und die Wirtschaft lieber teure Menschen als billige Roboter einsetzte, wäre es sinnvoll, die Beschäftigungszeit über die jetzige Ruhestandsgrenze auszudehnen.

Ein Ausweg aus dem Dilemma von Geburtenschwund und Rentenkrise zeichnet sich nicht ab. Denn um die solide Basis der Alterspyramide wiederherzustellen, müßten die Deutschen sich erneut vermehren wie zuletzt vor dem Ersten Weltkrieg. Das aber sei „eine absurde Vorstellung", meint der Bielefelder Bevölkerungswissenschaftler Herwig Birg. Er geht – im Gegenteil – davon aus, daß die Geburtenraten in den Industrienationen noch weiter sinken werden.

Nach allen Erfahrungen der Geschichte würde nicht einmal eine erklärt geburtenfördernde Familienpolitik etwas an der Unlust zur Vermehrung ändern. Weder konnten solche Aufrufe der Regierung im antiken Griechenland verhindern, daß manche hellenischen Städte kurz vor der Zeitenwende mangels Nachwuchs einfach untergingen, noch vermochten die Herrscher des Römischen Reiches ihre Wohlstandsbürger durch Versprechungen und Strafen zur Fortpflanzung anzutreiben, um dem Niedergang des Staates entgegenzuwirken. Auch ähnliche Versuche in der Neuzeit blieben erfolglos: Das fast absolute Verbot

Rüstig genießen die »jungen Alten« der Industrienationen die Früchte ihres Arbeitslebens in Florida und anderswo. Freilich erhöhen sie mit der aufwendigen Mobilität auch das ökologische Schuldenkonto der Wohlstandsgesellschaft

der Abtreibung im kommunistischen Rumänien von 1966 erbrachte ebensowenig den erwünschten Babysegen wie die Kinderkampagne der frühen Regierung Kohl. Die engagierte Arbeit der CDU-nahen Stiftung „Mutter und Kind" führte keineswegs zu einem Geburtenanstieg. Nicht einmal die gesetzliche Einführung von Erziehungsurlaub, Erziehungsgeld und Kinderfreibeträgen schaffte dies.

Solche finanziellen Unterstützungen vom Staat hätten keinen nennenswerten Einfluß auf die Gebärfreudigkeit, sagt denn auch Herwig Birg, weil alle Vergünstigungen schon nach wenigen Jahren als selbstverständlich angesehen würden und so ihre Antriebskraft verlören. Birg hält eine Rückkehr zur Erhaltungsquote eines Volkes von 2,1 Kindern pro Frau in Deutschland für „demographische Utopie". Selbst bei „guter Propaganda" lasse sich die Geburtenziffer höchstens von 1,4 auf 1,6 erhöhen. Eine Gesellschaft, die der Bevölkerungsexplosion entronnen ist, läßt sich offensichtlich unter keinen Umständen auf eine neue ein.

Auch Zuwanderer aus dem Ausland können die Überalterung der Gesellschaft kaum wettmachen und die Renten langfristig nicht sichern. Denn zum einen passen sich Neuankömmlinge aus Ländern mit hoher Geburtenzahl rasch an das Vermehrungsverhalten der neuen Heimat an. „Die Türken in Kreuzberg, die in Hinteranatolien sechs Kinder bekommen hätten", erklärt der Berliner Demograph Rainer Münz, „kriegen in Deutschland nur drei und in der nächsten Generation im Mittel vielleicht noch ein bis zwei Kinder." Zum anderen leben diese Zuwanderer genau wie die Alteingesessenen länger und tragen nach 30 bis 40 Jahren noch zum Rentnerberg bei.

Diese Entwicklung ließe sich nur vermeiden, wenn in großem Umfang immer neue, möglichst junge Ausländer zuwandern würden, um den Unterbau der Alterspyramide zu stützen. Aber auch diese Vorstellung ist absurd: Dann nämlich würde die Bevölkerung Deutschlands wie in einem Dritte-Welt-Land wachsen, in wenigen Jahrzehnten die Marke von 100 Millionen Einwohnern überschreiten. Noch dazu: Dieser Boom müßte ewig anhalten – bis das Land vor lauter Autobahnen, Fabriken, Einkaufszentren, Wohnblocks und ihren Menschen aus den Nähten platzte.

Deutschland befindet sich somit, wie viele Industrienationen, in einer demographischen Sackgasse. Tatsache ist, daß die Bevölkerung schrumpft und überaltert. In Umfragen geben die Bürger allerdings mehrheitlich an, daß sie keine sinkenden Einwohnerzahlen wünschen. Das Dilemma: Damit dieser Wunsch in Erfüllung geht, müßten sie also mehr Kinder bekommen – was sie aber nicht tun. Oder sie müßten mehr Ausländer ins Land lassen. Doch das ist ihnen, denselben Umfragen zufolge, auch nicht recht. Wunsch und Wirklichkeit schließen sich somit gegenseitig aus – ein klarer Fall von Bewußtseinsspaltung. Nach

Meinung der Bevölkerungsmehrheit ist das vielzitierte Boot voll – und zugleich beklagen die Menschen einen Mangel an Passagieren.

Selbst wenn Zuwanderer die Überalterung und das Rentenproblem nicht lösen können – sie sind notwendig, wenn die Bevölkerungszahl wenigstens einigermaßen aufrechterhalten werden soll. Die hochentwickelten Nationen müßten sich deshalb „ihre demographische Zukunft von anderen Ländern erborgen", meint Herwig Birg. Deutschland tut dies ohnehin seit langem; es ist de facto ein Einwanderungsland – auch wenn die meisten Politiker dies nicht wahrhaben wollen.

Bereits 1969 überschritt zum ersten Mal die Zahl der Zugezogenen die der im Land Geborenen. Seit Ende der achtziger Jahre, schreibt der Osnabrücker Migrationsforscher Klaus Bade, habe Deutschland „mehr Zuwanderer aufgenommen als die zwei ‚klassischen' Einwanderungsländer Kanada und Australien zusammen". Heute leben in Deutschland fast sieben Millionen Menschen mit fremdem Paß. Sie machen etwa acht Prozent der Gesamtbevölkerung aus. Nach Berechnungen von Herwig Birg werden sie bis 2050 fast die Hälfte aller Einwohner stellen.

Asylsuchende im Hamburger Ausländeramt warten, daß sie gemäß der »Länderquoten« auf die Bundesrepublik verteilt werden. Migrationsforscher fordern statt langwieriger Aufnahmeverfahren ein unbürokratisches Asylrecht und eine klar umrissene Zuzugspolitik mit »Einwanderungsquoten«

Nach heute geltendem Recht, das auf dem „Reichs- und Staatsangehörigkeitsgesetz" von 1913 beruht, haben diese Menschen so gut wie keine Aussicht, jemals vollgültige Bundesbürger zu werden. Das *ius sanguinis* betrachtet nur Menschen deutschen Blutes als Staatsangehörige und verhindert mit seinem überkommenen völkischen Verständnis die volle Einbürgerung von Ausländern in die Bundesrepublik. Es ist den wenigsten bewußt, daß dieses Gesetz – wenn es bleibt – langfristig zu Verhältnissen führt, die an das einst rassengetrennte Südafrika erinnern. Wie dort, hätte 2050 in vielen Städten Deutschlands eine Minderheit das Sagen, denn die Ausländer besäßen – obwohl in der Mehrheit – kein Wahlrecht. Konflikte seien dann programmiert, sagt Herwig Birg, nicht nur durch potentielle Ausländerfeindlichkeit der Alteingesessenen und den Neid der Ausländer auf deren besseren Status, sondern auch durch möglichen Rassismus der Ausländer untereinander.

Weder an einem apartheidsähnlichen Zwei-Klassen-Staat noch an einem vergreisenden Geisterland kann die Bundesrepublik ernsthaft ein Interesse haben. Es gibt deshalb gute Gründe für eine „multikulturelle Gesellschaft" – auch wenn vielen Bürgern nicht wohl bei dem Ge-

Schmelztiegel mit Zukunft. Je eher und gründlicher die Menschen hierzulande auf die »multikulturelle Gesellschaft« vorbereitet werden, desto besser. Denn bald wird es in Deutschland Städte geben, in denen im Ausland Geborene die Mehrheit stellen

danken ist. Die Verantwortung für diesen Unmut trägt allerdings weniger die Bevölkerung als vielmehr die Politik. Denn sie verschließt sich seit Jahren der Notwendigkeit, den bestehenden Zustand anzuerkennen: Daß die Bundesrepublik schon lange ein Einwanderungsland ist. Die Herrschenden erschweren somit die soziale Eingliederung von Ausländern, bauen in der Gesellschaft künstliche Barrieren auf und wiegen die Bürger im Glauben, eine „deutsche" Republik lasse sich auf Dauer erhalten.

Notwendig wäre statt dessen eine gezielte Migrationspolitik, wie sie in allen klassischen Einwanderungsländern üblich ist und wie sie von führenden deutschen Sozialforschern in einem kürzlich veröffentlichten „Manifest der 60" gefordert wird.

Dazu gehört erstens, daß auf eigenen Wunsch jene einheimischen Ausländer zu Deutschen werden können, die zum Teil schon seit einer

Generation oder länger im Lande leben, die hier Steuern und Sozialversicherung zahlen, deren Kinder auf deutsche Schulen gehen und die deutsche Sprache besser beherrschen als die ihrer Vorfahren.

Zweitens braucht Deutschland, neben dem verbürgten Recht auf Asyl, ein Einwanderungsgesetz. Denn ein Staat, der sich der Einwanderung öffnet, hat auch das Recht, sie zu kontrollieren, um sozialen Unfrieden zu verhindern. Mit Hilfe eines solchen Gesetzes kann eine Regierung nach Bedarf festlegen, wie viele Menschen welcher Herkunft, welchen Alters und welcher Qualifikation wann ins Land gelassen werden, um die Geburten-, Renten- und womöglich auch Arbeitskraftlücke zu schließen. Solche Quoten müssen nicht starr sein, sondern können je nach Lage angepaßt werden; so war es bereits während der Gastarbeiteranwerbung in den fünfziger Jahren. Selbstverständlich müßte, nach einer bestimmten Frist, auch diesen Menschen die deutsche Staatsbürgerschaft zustehen.

Es ist kaum anzunehmen, daß die Einwanderer der Zukunft, von denen sich erfahrungsgemäß die meisten mit großem Elan in eine neue Existenz stürzen, schlechtere Mitbürger wären als jene polnischen Littbarskis, Kowalskis und Schimanskis aus dem preußischen Osten, die in der zweiten Hälfte des 19. Jahrhunderts angeworben worden waren, um in den Zechen des Ruhrgebiets – auch zum Wohle des aufblühenden Deutschen Reiches – zu malochen. Sie waren damals so nötig wie heute die Özcans, da Silvas und Papadopoulos. Sie haben sich integriert, ihre Kindeskinder sind längst zu Deutschen geworden und kämen heute im Traum nicht mehr auf die Idee, sich als Ausländer zu betrachten.

Den Maiers, Schmidts und Müllers deutschen Geblüts bleibt gar keine andere Wahl, als eine Einwanderungspolitik gutzuheißen – im eigenen Interesse. Sie ist eine Notwendigkeit nicht nur für Deutschland, sondern für alle Industrienationen. Der Freiburger Politikwissenschaftler Dieter Oberndörfer bringt das verdrängte Problem auf den Punkt: Die Idee der Deutschen, sich in einem „Altersheim völkisch-ethnischer Homogenität" zu verschanzen, sei aus wirtschaftlichen und politischen Gründen unrealistisch.

Infektionskrankheiten begleiten den Menschen, seit es ihn gibt. Wie bei allen anderen Lebewesen wirkten sie auch bei ihm lange als Bevölkerungsregulativ, das erst von der modernen Medizin ausgeschaltet wurde. Doch die Geißeln der Menschheit lassen sich nicht ausrotten. Seuchen – von Aids bis Tbc – sind wieder auf dem Vormarsch

KEIN LEBEN OHNE

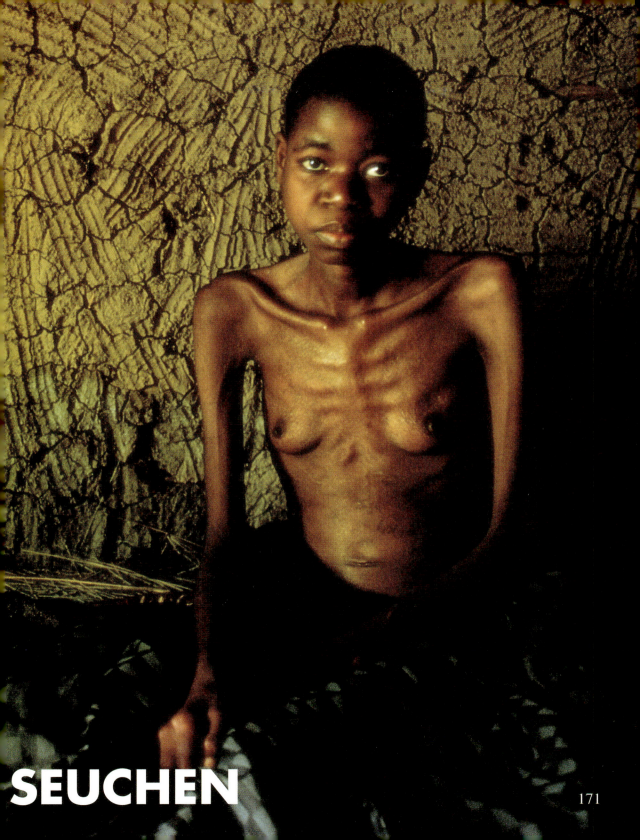

SEUCHEN

Ein klappriger Geländewagen rumpelt in das thailändische Bergdorf. Die Männer, die ihm entsteigen, kommen von weither. Sie suchen Nachschub für die Bordelle von Bangkok. Den Eltern bieten sie Geld für deren Töchter – viel Geld in den Augen der armen Landbewohner. Ein Mädchen, so rechnet einer der Zuhälter vor, könne eine Familie zehn Jahre lang über die Runden bringen, vorausgesetzt, es werde jung genug verkauft. Wenig später verläßt eine ganze Wagenladung mit Kindern das Dorf.

„Wir haben keine Wahl", klagt eine dreißigjährige Mutter schulterzuckend. „Es gibt hier keine Arbeit. Wovon sollen wir denn leben? Das ist unsere einzige Chance."

Diese „Chance" sieht gewöhnlich so aus: Die Mädchen werden ihre Familien keineswegs zehn Jahre lang aushalten, sondern unerwartet sehr viel früher zurückkommen. Auch nicht mit Taschen voller Geld, sondern mit HIV im Blut – dem Erreger von Aids. Im Dorf werden sie dann heiraten, mit der fatalen Folge, daß sich das Virus aus der Stadt auf dem Land weiterverbreitet.

Der britische Fernseh-Journalist Peter Godwin hat den Menschenhandel in Thailand einmal mit versteckter Kamera dokumentiert. Er berichtet, daß viele Zuhälter gar nicht erst lange mit den Eltern verhandeln, sondern Zehn- bis Zwölfjährige einfach aus den Bergdörfern im Norden des Landes und auch aus dem benachbarten Birma entführen. Die Nachfrage der Freier in den Städten nach immer jüngeren Opfern ist groß: Je unverbrauchter die Mädchen, desto größer die Chance auf ein HIV-freies Vergnügen, hoffen die Bordellbesucher.

Aids breitet sich in Thailand aus wie ein Steppenbrand. Vor 1988 war die Seuche so gut wie unbekannt. Fünf Jahre später hatten sich schätzungsweise 700 000 Menschen mit HIV infiziert. Heute ist jede siebente werdende Mutter im „Land der 700 Lächeln" HIV-positiv. Die Welt-Gesundheits-Organisation (WHO) geht davon aus, daß bis zum Jahr 2000 zwei bis vier von insgesamt 62 Millionen Thais das Virus in sich tragen werden.

Auch Thailands ehemaliger Gesundheitsminister, Mechai Viravaidya, kann nicht mit besseren Nachrichten aufwarten. Er schätzt, daß bis zur Jahrtausendwende 180 000 seiner Landsleute an Aids gestorben sein werden. „Das Land steht vor einer Katastrophe", sagt der Ex-Minister und erklärt, daß es keine Risikogruppen mehr gebe, sondern nur noch eine einzige Risikonation.

Mechai ist ein Mann von Kompetenz. In seinem Amt wurde er als Vater der erfolgreichen thailändischen Familienplanung über die Grenzen des Landes hinaus berühmt. Sein Name „Mechai" gilt als Synonym für das Kondom. Doch jetzt muß er als Chef des größten privaten Hilfswerks in Thailand einen Kampf führen, in dem es wenig zu gewinnen gibt. Verzweifelt hat er eine radikale Anti-Aids-Kampagne angekurbelt. Sie reicht bis in die Grundschulen und klärt die Kinder rigoros, ohne Tabus, über die Folgen von Prostitution und Drogensucht auf. Seine Propaganda prasselt auf Firmenmanager und ganze Belegschaften nieder. „Tote Arbeiter arbeiten nicht, tote Kunden kaufen nicht", lautet Mechais Botschaft.

Die Flucht nach vorn tut dringend not. Prostitution ist nicht nur Thailands bekannteste Touristenattraktion, sondern auch ein fester Bestandteil bürgerlichen Lebens. 95 Prozent der Thai-Männer besuchen vor ihrem 21. Lebensjahr ein Bordell – eine Art Mannbarkeitsritus. Jedes bessere Geschäftsessen endet in einem der zahllosen Massagesalons. Nach Schätzungen arbeiten in Thailand 500 000 bis 700 000 Frauen und Mädchen als Prostituierte.

Paradoxerweise hat der Anti-Drogen-Krieg der Regierung gegen die Opiumbauern das Problem noch verschärft. Viele Mohnpflanzer in den nördlichen Bergregionen sind nun um ihre Existenz gebracht. Sie sehen die Prostitution ihrer Kinder als einzigen Ausweg, um an Geld zu kommen. Obendrein steigen sie vom traditionellen Opiumrauchen auf das Fixen von Heroin um, was – durch den Gebrauch verunreinigter Spritzen – die HIV-Ausbreitung in den Dörfern weiter fördert.

Fast überall in Asien, dem bevölkerungsreichsten Kontinent der Erde, rast eine Aids-Welle durch die Lande. Sie begann später als in Afrika, Amerika und Europa. Dafür breitet sie sich schneller aus als anderswo. In Birma trägt das allgegenwärtige Militär die Seuche von

Wie eine Einflugschneise für Aids wirken die Bars und Bordelle in Thailand. Häufig schleppen Prostituierte das Virus dann mit in ihre Heimatdörfer, von wo aus es neue Kreise zieht. Experten befürchten, daß sich die Krankheit im dichtbesiedelten Asien schneller verbreiten wird als bisher in Afrika

Dorf zu Dorf. In der chinesischen Südwestprovinz Yunnan, an der Grenze zum Goldenen Dreieck, hat die Drogensucht die Zahl der Infizierten explodieren lassen. Auf den Philippinen leistet die katholische Amtskirche der Verbreitung Vorschub, indem sie Kondome als empfängnis- und aidsverhütendes Mittel ächtet. In Indien wandert das Virus entlang der großen Lkw-Routen, so daß die Nation inzwischen flächendeckend durchseucht ist.

Heute leben nach WHO-Schätzungen in Asien rund drei Millionen HIV-Infizierte. Bis zur Jahrhundertwende könnte ihre Zahl auf zehn Millionen steigen, womöglich gar über jene im bisherigen Schreckenskontinent Afrika.

Weltweit sind derzeit etwa 13 Millionen Menschen HIV-positiv. Das sind zwar wenige Opfer im Vergleich zur Malaria, die achtzehnmal so viele Menschen befällt. Doch die Zahl ist erdrückend hoch angesichts der Tatsachen,
- daß man gegen Aids weder Impfstoff noch Behandlung kennt;
- daß nahezu alle Infektionen tödlich enden;
- daß Aids eine sehr junge Seuche ist, mithin noch lange nicht ihren Höhepunkt erreicht hat.

Die Geschichte von Aids ist kurz, aber dramatisch. Noch im Sommer 1980, als in einem New Yorker Krankenhaus ein Patient an einer Kombination seltener, üblicherweise harmloser Infektionen stirbt, ahnt keiner der behandelnden Mediziner, daß er im Grunde eine unbekannte Krankheit vor sich hat, die sich längst in vielen Teilen der Welt ausbreitet. Zum Beispiel in ein paar kleinen ugandischen Fischerdörfern am Westufer des Viktoria-Sees. Dort erkranken und sterben im selben Jahr einige Männer an ähnlichen Symptomen wie der New Yorker Patient. Es sind Schmuggler, die zwischen Uganda und dem benachbarten Tansania schwunghaften Handel betreiben. Die lokale Bevölkerung hat rasch eine Erklärung für die ungewöhnlichen Todesfälle: Hinter der Krankheit stünden tansanische Hexen. Daß auch die Frauen der Schmuggler wenig später sterben, gilt nur als Bestätigung für den bösen Zauber.

Auch in der aufgeklärten westlichen Welt regieren vorerst Mißtrauen und Vorurteile: „Mysteriöses Leiden verfolgt Drogenabhängige und schwule Männer", titelt im Dezember 1981 das angesehene amerikanische Wirtschaftsblatt *Wall Street Journal*. Doch es dauert nicht lange, bis den Ärzten klar wird, daß Aids kein Minderheitenproblem ist. Nicht nur männliche Homosexuelle, Haitianer und Empfänger von Bluttransfusionen werden Opfer der „erworbenen Immunschwäche", sondern Männer und Frauen aller sozialen Gruppen, aller Rassen und Nationalitäten.

Sechs Jahre später – aus 162 Ländern werden fast 400 000 Aids-Fälle gemeldet – ruft die WHO den globalen Notstand aus. Die vermeintliche „Schwulenpest" ist zu einer Pandemie herangewachsen, zu einer erdumspannenden Epidemie. Eine ähnlich rasche Ausbreitung einer tödlichen Seuche hat die Menschheit nie zuvor erlebt. „Gestern noch war HIV auf Groß- und Kleinstädte konzentriert", sagt Michael Merson, Leiter des Aids-Programms der Welt-Gesundheits-Organisation. „Heute folgt das Virus den Straßen und Schiffahrtswegen weiter und weiter ins Land hinein."

Aus der subjektiven Sicht des Menschen leuchtet es nicht unbedingt ein, daß Infektionskrankheiten durchaus einen biologischen Sinn haben. Im Tier- und Pflanzenreich treten sie als Regulativ auf, wenn sich die Individuen einer Art stark vermehren und die Population eine kritische Dichte überschreitet. Die größere Enge erleichtert es den Erregern ansteckender Krankheiten – Viren, Bakterien, Pilzen oder Parasiten –, sich von einem Opfer auf das nächste zu verbreiten. Auf diese Art wirken Infektionen als eines von vielen „natürlichen" Mitteln gegen Übervölkerung.

Solche Barrieren gegen ungebremstes Wachstum sind im Sinne der Evolution zwingend notwendig, denn sie verhindern die Dominanz einer Art. Ohne diese „positive checks", wie es Thomas Malthus einst genannt hat, könnten sich die Spezies endlos weitervermehren. Die stärkste unter ihnen würde alle anderen Arten überrennen, die biologische Vielfalt zerstören und letztlich ihre eigene Lebensgrundlage vernichten.

Malthus postulierte angesichts schrecklicher Verhältnisse in englischen Armutsquartieren sogar, daß – als letztes Mittel gegen die Überbevölkerung – den „positive checks" künstlich der Weg geebnet wer-

Noch ist es Afrika – vermutlich das Stammland des HI-Virus –, wo die meisten Aids-Fälle registriert werden. Doch die rasante Ausbreitung des Erregers hat längst alle Kontinente ergriffen. Am schlimmsten betroffen sind die ärmsten Nationen. Dort ist die medizinische Versorgung generell schlecht, und viele Menschen sehen in der Prostitution, die der Ansteckung Vorschub leistet, die einzige Einkommensquelle

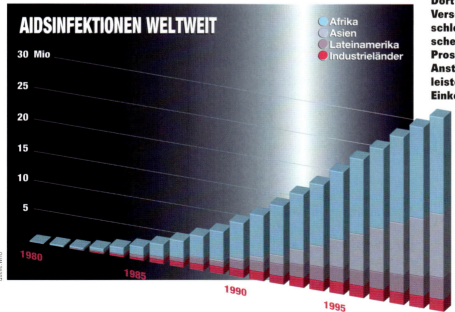

den müßte: „Wir sollten in unseren Städten die Straßen enger bauen, mehr Menschen in die Häuser pferchen und uns um die Rückkehr der Pest bemühen. Auf dem Land sollten wir die Dörfer neben stehenden Gewässern errichten und insbesondere Siedlungen in sumpfigen und ungesunden Lagen fördern. Vor allem sollten wir spezielle Heilmittel gegen verheerende Krankheiten verbieten." Der gestrenge Gottesmann war nicht gerade von frommen Idealen geprägt und handelte sich dafür – bis heute – rüde Kritik ein, vor allem von seinem Intimfeind Karl Marx.

Infektionskrankheiten plagen den Menschen, seit es ihn gibt. Viele Krankheitskeime, etwa der Malariaerreger *Plasmodium* oder die meisten Darmparasiten, sind älter als er selbst; sie haben schon seine tierischen Urahnen befallen. Regelrechte Seuchen bekamen jedoch erst eine Chance, nachdem sich die vereinzelt lebenden Jäger und Sammler in größeren Gruppen an festen Orten niederließen.

Je dichter die Menschen zusammenrückten, vor allem in Städten, um so größer wurde die Gefahr, daß eine Epidemie die Massen dahinraffte. Je mobiler sie wurden, durch Kriegszüge und neue Handelswege, desto schneller konnten die Krankheiten weiteres Gebiet erobern. So kontrollierten die Seuchen lange Zeit die Bevölkerungszahlen – mit mehr Opfern als alle Kriege der Weltgeschichte zusammen.

Der Medizinhistoriker Mirko Grmek nennt vier Entwicklungen, die den Generalangriff von Infektionskrankheiten begünstigt haben:
- das Seßhaftwerden im Neolithikum;
- die Wanderungen asiatischer Völker nach Europa im Mittelalter;
- die Entdeckung Amerikas durch die Europäer;
- das weltweite Zusammentreffen aller Krankheitserreger in der Neu-

zeit, als die Menschen begannen, binnen Stunden von Kontinent zu Kontinent zu reisen.

Die Massenmörderin des Mittelalters war die Pest, ausgelöst durch den bakteriellen Erreger *Yersinia pestis*. Sie fraß sich in verheerenden Wellen durch Asien und Europa. Im 14. Jahrhundert ritt der „Schwarze Tod" mit den Flöhen mongolischer Soldaten aus Birma durch die Steppen Kasachstans und Südrußlands und gelangte dann bis nach Europa. Kaum war er auf der Krim angekommen, machten die dort ansässigen Tataren die zugereisten italienischen Kaufleute für die neue Krankheit verantwortlich. Als sich die Händler daraufhin mit christlichen Einwohnern in der Hafenstadt Feodosia verschanzten, belagerten die Tataren die Festung drei Jahre lang. Mit Wurfmaschinen schleuderten sie

Wo ein Gewässer – wie hier in den Elendsvierteln Bangkoks – zugleich als Waschküche, Kloake und zur Trinkwasserversorgung dient und die Menschen dicht an dicht leben, haben Cholera, Typhus und Hepatitis freien Lauf

ihre stinkenden Pestleichen in die Stadt. Dort brach prompt die Epidemie aus, und als die bedrängten Verteidiger dann per Schiff nach Italien flohen, nahmen sie die Pesterreger mit.

Genua, Venedig und Florenz verloren in der Folge schnell große Anteile ihrer Bürgerschaft. Über den Brennerpaß breitete sich der Schwarze Tod nach Deutschland aus, wütete in Frankreich und England. Auf dem Höhepunkt der Seuche von 1348 bis 1352 wurden weite Regionen entvölkert; in ganz Europa fielen rund 25 Millionen Menschen dieser schwersten Pandemie der Geschichte zum Opfer. Die schreckliche Seuche ebbte erst ab, nachdem die Bevölkerungsdichte zurückgegangen war.

Ende des 15. Jahrhunderts tauchte in Europa eine neue Seuche auf, die je nach Blickwinkel „Krankheit von Neapel", „englische" oder „Franzosenkrankheit" genannt wurde. In Wirklichkeit hatten sie die Matrosen des Kolumbus aus Amerika eingeschleppt: die Syphilis. Die dort lebenden Indianer waren offenbar weitgehend resistent gegen den Erreger, denn bei ihnen zeigte die Krankheit nur schwache Wirkung. Den Europäern blieben indes wenig Möglichkeiten, eine Infektion abzuwehren. Weder hatten sie eine Ahnung von der Ursache der Krankheit, noch wußten sie um brauchbare Medikamente. Extrakt aus Guajakholz war als Gegenmittel zwar sehr populär, aber wirkungslos. Quecksilberpräparate hatten zwar einen heilenden Effekt, aber oft auch heftige Nebenwirkungen. Weil sich die „Lustseuche" recht deutlich als Geschlechtskrankheit zu erkennen gab, konnten sich die Menschen wenigstens durch entsprechendes Verhalten schützen. Viele taten es, so daß die bis dahin sehr beliebten „Badehäuser", die oft zu Bordellen verkommen waren, bald verödeten.

Die Menschen konnten sich seit Urzeiten an Infektionskrankheiten nur passiv anpassen, mangels moderner Medizin jedoch kaum aktiv gegen die Erreger vorgehen. Genau wie der Mensch bei dem verlustreichen Spiel von Versuch und Irrtum gelernt hat, giftige von ungiftigen Pflanzen zu unterscheiden, kann er Erfahrungen darin sammeln, welches Verhalten gegenüber ansteckenden Krankheiten gefährlich oder hilfreich ist. Eher instinktiv als durch das Wissen um biologische Zusammenhänge geleitet, mied er in vergangenen Generationen bestimmte Sumpfgebiete, um der Malaria zu entgehen. Leprakranke, „Aussätzige", wurden isoliert – fern der Siedlungen oder in geschlossenen „Leprosorien" untergebracht. Die Bürger schotteten ihre Städte durch rigorose Zugangskontrollen gegen Epidemien ab, oder sie flohen vor Pest und Typhus – freilich meist mit dem Effekt, daß sich die Krankheiten dadurch erst recht verbreiteten. Zudem übten sich die Menschen möglichst in Hygiene und tranken abgekochtes Wasser – noch 1892 das einzig probate Mittel gegen die große Cholera-Epidemie, die in Hamburg Tausende dahinraffte.

Neben solchen sozialen Anpassungen gibt es noch die biologische Adaption gegen Infektionen. Sie kennt zwei Formen. Entweder ist es eine individuell erworbene Immunität. Ein typisches Beispiel dafür bieten die sogenannten Kinderkrankheiten. Wer die Masern oder die Windpocken einmal überstanden hat, dessen Immunsystem ist gegen die Erreger von Natur aus und im allgemeinen lebenslang wirksam „geimpft". Oder – die zweite Form der biologischen Adaption – es findet eine Auslese innerhalb einer großen Masse von Menschen statt. So erweisen sich manche Individuen unempfindlich gegen bestimmte Krankheitserreger. Ursache dafür sind zufällige Mutationen der Erbmasse. Nur sehr wenige dieser oft schwerwiegenden Genfehler können sich unter bestimmten Bedingungen als Vorteil erweisen. Ihre Träger werden im Fachjargon „hopeful monsters" genannt, denn sie überleben Infektionen, die für die meisten tödlich enden. Ihren genetischen Vorteil können sie an ihre Nachkommen vererben. So entsteht dann über viele Generationen eine resistente Population.

In den Tropen, wo es von gefährlichen Krankheiten und Parasiten wimmelt, der evolutionäre Druck auf den Menschen also besonders hoch ist, gibt es zahlreiche Beispiele für diese genetische Adaption. So kennt die Medizin mindestens fünf Gendefekte, die vor Malaria schützen. Dieser Vorteil ist allerdings teuer erkauft. Einer dieser Defekte verursacht beispielsweise zugleich die Sichelzellanämie, einen Baufehler in den roten Blutkörperchen. Menschen, die das abnorme Gen auf beiden elterlichen Chromosomen tragen – sogenannte Homozygote –, sterben meist in jungen Jahren an akuter Blutarmut. Heterozygote, also Träger je eines gesunden und eines kranken Gens, haben kaum irgendwelche Beschwerden. Bei ihnen schlägt allein der Vorteil durch, daß in ihrem Blut die Erreger des Sumpffiebers nur schlecht überleben können.

Die Ohnmacht des Menschen gegen gefährliche Mikroben nahm gegen Ende des 18. Jahrhunderts eine dramatische Wende. Der englische Arzt Edward Jenner erfand den ersten wirksamen und ungefährlichen Impfstoff. Seiner Pocken-Vakzine folgten später weitere gegen Masern, Tetanus, Keuchhusten und Kinderlähmung. In den dreißiger Jahren des 20. Jahrhunderts gelang der nächste epochale Durchbruch: Die ersten Sulfonamide und Antibiotika wurden entdeckt. Diese bakterientötenden Mittel eignen sich hervorragend zur Bekämpfung von Krankheiten wie Syphilis, Tuberkulose, Typhus und Lungenentzündung.

Mit diesen Segnungen der modernen Medizin wurde indes ein wirkungsvolles biologisches Instrument zur natürlichen Bevölkerungskontrolle teilweise ausgeschaltet. Die Menschen konnten noch dichter zusammenrücken, ohne sich gleich schutzlos mit gefährlichen Krankheiten anzustecken. Vielen schien der Sieg über die alten Geißeln der

Menschheit nah. 1969 verkündete der Leiter der US-Gesundheitsbehörde, William Stewart, vor dem amerikanischen Kongreß vollmundig, daß es an der Zeit sei, „das Buch der Infektionskrankheiten zu schließen".

Doch die Hoffnung, den Prinzipien der Evolution nicht mehr unterworfen zu sein, wurde bitter enttäuscht. Noch zur Zeit der großen Sprüche im amerikanischen Kongreß hatten die winzigen Erreger, die der Minister erledigt wähnte, längst zurückgeschlagen. Auch sie waren mutiert, hatten Formen der Resistenz entwickelt und neue Infektionswege gefunden.

Die größte Enttäuschung erlebten die Seuchenbekämpfer bei der Malaria. Voraussetzung für eine Infektion mit dem berüchtigten Wechselfieber sind Mücken der Gattung *Anopheles*, welche die Krankheit von einer bereits infizierten Person auf eine andere übertragen. Die weiblichen Moskitos – nur sie stechen – zapfen ihren Opfern Blut ab. Enthält es Malariaerreger – Parasiten der Gattung *Plasmodium* –, so gelangen diese in den Magen der Mücke. Dort paaren sie sich und vermehren sich zu sogenannten Sporozoiten. Beim nächsten Stich der Mücke geschieht es: Die Parasiten dringen in die Blutbahn ein. Von dort gelangen sie in die Leber und machen weitere Entwicklungsstadien durch. Eine bis vier Wochen später wirft heftiges Fieber den Befallenen nieder. Schlimmstenfalls stirbt er wenige Tage später.

In den fünfziger Jahren erklärte die WHO den Krieg gegen die Malaria an zwei Fronten: Chemische Pestizide, insbesondere das billige und wirksame DDT, sollten die Anopheles-Mücke ausrotten; hinzu kamen Medikamente, die Plasmodien im Körper infizierter Menschen vernichten. Dabei bewährte sich vor allem die im Zweiten Weltkrieg entwickelte Wunderdroge Chloroquin. In Kambodscha beispielsweise mischten die Behörden in der Region Pailin das Mittel gleich prophylaktisch unter das Speisesalz.

Die Erfolge der Anti-Malaria-Kampagne waren zunächst eindrucksvoll. In Indien sank die Zahl der Erkrankungen binnen weniger Jahre von mehr als hundert Millionen auf 50 000, in Sri Lanka gar von fast drei Millionen 1946 auf lediglich 17 registrierte Fälle im Jahr 1963. Die Folge war, daß sich zu Beginn der flächendeckenden DDT-Spritzaktion die durchschnittliche Lebenserwartung in Sri Lanka binnen zwölf Monaten schlagartig um ganze neun Jahre erhöhte. Es schien nur eine Frage von wenigen Jahren, bis die Malaria der Geschichte angehörte.

Doch schon in den sechziger Jahren wendete sich das Blatt. Unversehens trafen aus Südostasien die ersten Hiobsbotschaften ein. Chloroquin hatte seine Wirkung verloren. Es dauerte nicht lange, bis die Plasmodien in vielen Regionen der Welt auch gegen andere, nunmehr neu entwickelte Mittel unempfindlich geworden waren. In Kambodscha, wo die Prophylaxe über das Speisesalz betrieben worden war, hatte sich derweil eine besonders resistente Plasmodien-Linie gebildet.

Auch die Anopheles-Mücke hatte Fähigkeiten entwickelt, sich dem DDT-Nebel zu widersetzen. Heute kennen Entomologen weltweit mindestens 70 „chemiefeste" Anopheles-Arten. Die Folge der Anpassung von Erreger und Überträgerin: Die Malaria kam zurück. Heute infizieren sich rund um den Globus wieder jährlich 270 Millionen Menschen in 103 verseuchten Ländern mit Malaria. Ein bis zwei Millionen Menschen sterben daran – kaum weniger als zu Beginn der WHO-Kampagne.

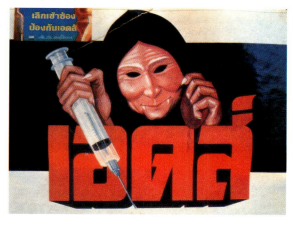

Diese Rückkehr ist nicht einmal verwunderlich: Mücke und *Plasmodium* waren lediglich den Gesetzen der Evolution gefolgt. Auch in ihren Populationen gab es einige „hopeful monsters" mit einer zufälligen Genveränderung, die sie vor den Giften schützte. Bei dieser biologischen Adaption haben Insekten und Sporentierchen gegenüber dem Menschen einen unschätzbaren Vorteil: Sie vermehren sich extrem viel schneller als ihr potentielles Opfer. Binnen Monaten oder wenigen Jahre erzeugen sie viele hundert Generationen, und entsprechend schnell wächst aus einigen wenigen, die das Gift überlebt haben, ein besonders widerstandsfähiger Stamm heran.

Plakate warnen an der Grenze zwischen Thailand und Kambodscha vor Aids. In derselben Region ziehen Pestizidkommandos mit der chemischen Keule gegen die Malariamücke zu Felde. Sie ist allerdings vielerorts schon resistent gegen die Gifte

Wo der Reisanbau mit seinen gefluteten Feldern der Anopheles-Mücke ideale Brutplätze beschert und die Grüne Revolution mit ihrem enormen Pestizid-Einsatz die Erträge explodieren läßt, entwickelt die Anopheles-Mücke sogar Multi-Resistenzen. Dort ist sie inzwischen gegen ganze Klassen von chemischen Verbindungen immun – also auch gegen Mittel, die noch gar nicht erfunden sind.

Ähnliche Rückschläge erlebten die Mediziner mit den Antibiotika und Sulfonamiden – ursprünglich Wundermittel gegen Bakterien, die primitivsten Lebewesen überhaupt. In der jüngsten Vergangenheit haben sich vor allem in Krankenhäusern Keime breitgemacht, die allen diesen Medikamenten trotzen. „Wenn sich diese resistenten Linien in den Spitälern verbreiten, wird es sicherer sein, zu Hause zu bleiben, als ins Krankenhaus zu gehen, falls man nicht gerade ein ganz schreckliches Leiden hat", zitiert das amerikanische Fachblatt *Science* einen Experten. Schuld an dieser Entwicklung haben die Ärzte selbst, die mit häufig überdosierter antibakterieller Therapie die Selektion unter den Mikroben überhaupt erst antreiben. Schuld tragen aber auch jene Patienten, die ihre Behandlung abbrechen, bevor die Mittel die Erreger restlos abgetötet haben.

Von jedem krankmachenden Bakterium existiert mittlerweile wenigstens eine Variante, die gegen mindestens eines aller erhältlichen Antibiotika resistent ist. Der Gebrauch dieser Mittel, schreibt der Amerikaner Stuart Levy, „hat die Evolution angekurbelt, wie es zuvor in der Geschichte der Biologie unbekannt war". Die Folge der Überdosierung: Bestimmte Arten von Tuberkulose und Lungenentzündung gelten mittlerweile als unbehandelbar. Vor allem die Tbc, klassisch als Schwindsucht bezeichnet, befindet sich wieder auf dem Vormarsch. Nach Meldungen der WHO ist fast ein Drittel aller Afrikaner damit infiziert, und sie gilt mit heute weltweit 2,9 Millionen Opfern pro Jahr als Todesursache Nummer eins unter den Infektionskrankheiten.

GEFAHR AUS DEN TROPEN

Malaria	270 Mio. Fälle in 103 Ländern
Bilharziose	200 Mio. Fälle in 76 Ländern
Filarieninfektion	110 Mio. Fälle in ca. 80 Ländern
Chagas-Krankheit	18 Mio. Fälle in Süd- und Mittelamerika
dagegen: Aids	13 Mio. Fälle weltweit

Quellen: *New Scientist* 1993; WHO

Verschärft wird das Problem noch durch jene Landwirte, die ihren Rindern, Schweinen und Hühnern Unmengen von Antibiotika unters Futter mischen, um Infektionen vorzubeugen und das Wachstum der Tiere zu beschleunigen. So nimmt der Mensch beim Verzehr des Fleisches nicht nur zusätzlich versteckte Medikamente auf, sondern auch resistente Erreger – beispielsweise Salmonellen in Geflügelfleisch und Hühnereiern.

Das nächste Unheil steht womöglich schon vor der Tür. So haben Gentechniker Tomaten derart manipuliert, daß die Früchte länger frisch bleiben, und den Pflanzen aus züchterischen Gründen auch ein Gen für die Resistenz gegen das Antibiotikum Kanamycin übertragen. Kritiker befürchten jetzt, das implantierte Erbgut könne im Magen des Menschen auf dort lebende Bakterien übergehen und aus diesen neue, unverwundbare Stämme entstehen lassen.

Auch bei der Entwicklung von Impfstoffen ist der Euphorie die Ernüchterung gefolgt. Die spektakulären Anfangserfolge gegen die Pocken oder Masern waren nur zustande gekommen, weil beide von ziemlich primitiven Mikroorganismen übertragen werden. Die Erreger von Aids, Malaria und selbst der Grippe hingegen verfügen über raffinierte Mechanismen, mit denen sie sich womöglich auf ewig einer Vakzine entziehen werden. Influenza-Viren beispielsweise mutieren so schnell, daß ein Impfstoff bestenfalls für eine Saison wirksam bleibt.

Experten rechnen inzwischen damit, daß die Menschheit es in Zukunft sogar mit weiteren neuen Erregern und unbekannten Epidemien zu tun haben wird. Vor allem in den Tropen schlummert ein großes Reservoir an potentiell gefährlichen Viren, Bakterien und Parasiten. Bevölkerungswachstum, unsägliche sanitäre Bedingungen in den Slums der wuchernden Megastädte sowie die wachsende Mobilität gelten als ideale Voraussetzung für die ausufernde Verbreitung und weitere Evolution von Infektionskeimen. Es sei deshalb notwendig, meint der amerikanische Epidemiologe Richard Krause, sich sowohl auf neue Epidemien mit veränderten alten als auch auf solche mit unbekannten neuen Erregern einzustellen.

Erfahrene Tropenmediziner waren deshalb auch kaum überrascht von dem „plötzlichen" Erscheinen des Aids-Erregers HIV. Schließlich waren zuvor schon öfter bislang unbekannte Krankheiten aufgetaucht, etwa das Lassafieber oder die Legionärskrankheit. Ihnen fehlte nur ein geeigneter Ausbreitungsmechanismus, der sie weltweit zum Schrecken hätte machen können.

Nach allem, was Epidemiologen heute wissen, stammt HIV aus Afrika. Dort kommen HIV-verwandte Viren bei Primaten vor. Afrikanischer Herkunft sind auch zu Forschungszwecken aufbewahrte HIV-verseuchte Blutproben, die bis ins Jahr 1959 zurückdatieren. Vermutlich hat das Virus bereits lange zuvor irgendwo in kleinen isolierten Bevölkerungsgruppen überdauert, die womöglich gar schon eine Resistenz dagegen entwickelt hatten. Im ziemlich dünn besiedelten Zentralafrika, wo der Kontakt der einzelnen Stämme untereinander einst durch kulturelle und topographische Barrieren erschwert war, konnte sich das HIV nur sehr langsam ausbreiten. Erst die moderne Mobilität durch Lkw auf Dschungelpisten und kontinentverbindende Jumbojets holte das Virus aus dem Busch nach Europa und Amerika. „Das war dann ein Schock für die Menschen", sagt der Kieler Mediziner und Bevölkerungsforscher Hans Jürgens, „denn in den Industrienationen haben die Leute geglaubt, man sterbe nicht mehr an Infektionen."

Die Erschütterung war besonders groß, weil die neue Krankheit alles mitbrachte, was es für ein menschliches Drama braucht. Sie wird – im Gegensatz zu Malaria oder Gelbfieber – durch die intimste Art zwischenmenschlicher Beziehungen übertragen. Aids ist gegenwärtig unheilbar, verläuft nahezu immer tödlich und verbreitet sich epidemisch. Das Virus schlummert lange im Körper seiner Opfer, ohne daß sie etwas davon spüren; während dieser Inkubationszeit können sie aber fatalerweise bereits andere Menschen anstecken. Vor allem aber beschränkt sich die Krankheit nicht wie Malaria oder Gelbfieber auf die armen tropischen Länder, sondern macht auch vor den reichen im Norden nicht halt. Kein Wunder, daß die WHO gemeinsam mit allen großen nationalen Wissenschafts-Organisationen der Industrienationen ein Forschungs-Programm ankurbelte, das es auf der Welt noch nicht gegeben hat.

Die Ergebnisse des Kraftaktes sind vielversprechend – und enttäuschend zugleich. Noch nie in der Geschichte der Medizin haben die Wissenschaftler in so kurzer Zeit so viele Einzelheiten über einen Erreger herausgefunden wie im Fall des HIV. Doch diese Details sagen ihnen lediglich, daß sie es mit dem raffiniertesten Virus zu tun haben, das ihnen je untergekommen ist. Viele Forscher halten es prinzipiell für unmöglich, daß je ein Impfstoff gegen HIV gefunden wird. Der Erreger unterläuft das menschliche Immunsystem nach allen Regeln viraler Kunst und hat scheinbar gegen jeden sonst wirksamen Abwehrmechanismus seiner Opfer schon im voraus ein Mittel parat. „HIV geht wie ein Brandstifter ans Werk, der in ein fremdes Haus einbricht", bemerkte der schwedische Epidemiologe Michael Koch. „Er frißt die Wachhunde auf, vernichtet die Feuerlöscher, schaltet die Rauchwarner ab, dreht den Hauptwasserhahn zu und kappt schließlich noch die Telefonleitungen."

Aids, so könnte es dem fatalistischen Zeitgenossen erscheinen, ist die High-Tech-Antwort der Natur auf die Überbevölkerung. Oder – für gläubige Menschen – die finale Strafe Gottes für den Hochmut seines Ebenbildes, die Natur beherrschen zu wollen. Wenigstens – so mögen Pragmatiker denken – sei es ein probates, ein „naturgewolltes" Mittel gegen die Bevölkerungsexplosion in der Dritten Welt.

Doch selbst derart zynische Hoffnungen werden nicht in Erfüllung gehen. Zwar sind viele Infektionskrankheiten, darunter auch Aids, von Natur aus potentiell geeignet, die Zahl der Menschen auf der Erde zu regulieren. Doch kommt diese Spezies, welche die Pest, Tuberkulose und Cholera unbeschadet überlebt hat, wegen HIV noch lange nicht auf die Rote Liste. Aids wird, allen Prognosen der Demographen zufolge, das Wachstum der Menschheit nicht stoppen.

In den meisten Industrienationen beginnt sich Aids als endemische Krankheit zu etablieren, meint der britische Epidemiologe Roy Anderson – als beständiges Leiden also, das sich nicht weiter ausbreitet, aber auch nicht auszurotten ist.

Aids wird in den hochentwickelten Ländern deshalb keinesfalls zu einem der großen tödlichen Schrecken werden, wie noch vor Jahren befürchtet. In Deutschland starben 1992 fast 440 000 Menschen an Herz- und Kreislauferkrankungen, mehr als 210 000 an Krebs, rund

28 000 durch Unfälle, aber „nur" 1780 an Aids. Ähnlich werden die Verhältnisse nach Meinung der Experten auch in Zukunft bleiben.

In den Entwicklungsländern indes wütet Aids weiterhin epidemisch. Das heißt, jeder infizierte Mensch steckt dort mehr als einmal im Leben einen weiteren an und beschleunigt so die Kettenreaktion. Bereits heute ist Aids in jenen Regionen vielerorts die Todesursache Nummer eins unter den 20- bis 40jährigen. Doch wo Infektionen ohnehin Hunderttausende dahinraffen, ist es für die Statistik unerheblich, ob zu Malaria, Cholera und Tbc noch eine neue Krankheit hinzukommt, die letztlich nur den anderen Erregern die Opfer „wegschnappt". Angesichts von jährlich drei Millionen Toten durch Tuberkulose und zwei Millionen durch Malaria spielte Aids mit einigen Hunderttausend Opfern 1993 sogar noch eine untergeordnete Rolle.

Es gibt allerdings einen wesentlichen Unterschied. Die herkömmlichen Infektionskrankheiten bedrohen hauptsächlich die schwächsten Mitglieder der Gesellschaft – die Gebrechlichen, die Jüngsten und die Alten. Das HI-Virus indes reißt Lücken in die gesunde Altersstruktur wie sonst nur Unfälle oder Gewaltakte. Weil HIV vor allem durch Geschlechtsverkehr übertragen wird, trifft es Menschen in den besten Jahren – die sexuell Aktiven, also die biologisch wie auch ökonomisch Stärksten. Wo diese Seuche grassiert, raubt sie der Gesellschaft also das wirtschaftliche Rückgrat und führt damit zu sozialem Chaos.

Diese Perspektive bietet sich inzwischen vielen Ländern südlich der Sahara. Insgesamt stellt Afrika mit zehn Millionen HIV-Infizierten heute zwei Drittel aller Fälle auf der Welt. Zwischen Burkina Faso und Kenia, Kongo und Simbabwe waren bereits 1990 durchschnittlich 4,5 Prozent aller Erwachsenen HIV-positiv, in Ballungsgebieten oder bestimmten sozialen Gruppen – etwa Prostituierten, Soldaten oder Lkw-Fahrern – sogar wesentlich mehr.

Die britischen Entwicklungshilfe-Experten Tony Barnett und Piers Blaikie haben in Uganda den Einfluß von Aids auf das Sozialgefüge studiert. Sie beschreiben die Geschichte einer typischen ländlichen Familie im Rakai-Distrikt am Viktoria-See, wo die Seuche grassiert wie kaum sonst auf der Welt. Die Fallstudie beginnt 1980, zu jener Zeit also, als ganz in der Nähe die ersten Schmuggler an Aids erkrankten.

Die Familie besteht aus Vater und Mutter, zwei Töchtern, zwölf und zehn Jahre alt, drei Söhnen im Alter von fünf, drei und eins sowie zwei älteren Söhnen, die außer Haus leben und den Eltern ab und zu etwas Geld schicken. Mit Hilfe von zwei Gelegenheitsarbeitern bewirtschaftet die Familie knapp einen Hektar Land mit Feldfrüchten zur Selbstversorgung und Kaffee zum Verkauf. Davon kann sie gut existieren.

Dieses ganz normale Leben gerät plötzlich aus der Bahn. Der zweitälteste Sohn, der sich als Fischer auf dem Viktoria-See verdingt hat, stirbt 1983 an Aids. Seinen Bruder, der Handel betreibt, befällt die

Krankheit ebenfalls und macht ihn arbeitsunfähig. Da die Zuwendungen der beiden ausfallen, kann sich die Familie für ihre Plantage bald keine Landarbeiter und Pestizide mehr leisten. Die Arbeit ist kaum noch zu schaffen. Die Erträge auf dem Acker gehen zurück.

Zwei Jahre später erliegt der älteste Sohn seiner Abwehrschwäche. Auch der Vater wird aidskrank. Um Geld zu sparen, muß die jüngste Tochter, jetzt 15, von der Schule genommen werden. Sie soll nun den kranken Vater pflegen und auf dem Feld aushelfen. Dennoch verwahrlost der Acker langsam, die Ernte wird mager.

1987 stirbt das Familienoberhaupt, und längst ist auch seine Frau angesteckt. Sie siecht im Krankenbett dahin. Nun müssen auch die anderen Kinder vorzeitig die Schule verlassen und der Jüngste wird notgedrungen zu den Großeltern in Pflege gegeben, weil das Begräbnis des Vaters umgerechnet über 200 Mark verschlingt. Die Kaffeepflanzung ist von Unkraut überwuchert und trägt keine Früchte mehr. Im Bananenhain fallen die Käfer ein. Die Ernährungssituation der Restfamilie verschärft sich.

Für die Mutter, die zwei Jahre später an Aids stirbt, ist nur noch ein Begräbnis zweiter Klasse möglich. Die Nachbarn und Großeltern bezahlen es. Die vier im Hause lebenden Waisen, die von der neunköpfigen Familie übriggeblieben sind, können sich mit etwas Ackerbau und Gelegenheitsarbeiten gerade über Wasser halten. Sie sind nicht die einzigen Kinder mit diesem Schicksal in den Dörfern am Viktoria-See. Deshalb wachsen sie in einer Gesellschaft auf, die wirtschaftlich verödet und in der kaum noch Menschen leben, die über 25 Jahre alt sind.

Die steigende Todesrate durch Aids hat auf die Bevölkerungszahl zwar den gleichen Effekt wie eine geringere Geburtenrate durch Familienplanung. Aber die Folgen sind ganz andere: Die Seuche zieht verheerende soziale Erosionen nach sich. In Uganda leben heute Hunderttausende Aidswaisen – Kinder, die für ihre Rumpffamilien mit noch kleineren Geschwistern sorgen müssen. In Sambia droht Aids die Produktion in den Kupferminen lahmzulegen – die gut ausgebildeten Männer fehlen. Senegal und Kenia, wo der Tourismus ein bedeutender Devisenbringer ist, könnten ihr Image als Traumreiseziele verlieren. In Tansania gleicht das ehemalige Kaffee-Anbaugebiet von Kagera am Viktoria-See einer Geisterlandschaft.

Die Perspektiven sind dennoch fast unglaublich: Diese furchterregenden Zustände werden lediglich beschränkte Regionen, nicht aber ganze Länder entvölkern. Zwar lassen Hochrechnungen befürchten, daß bis 2010 südlich der Sahara zehnmal so viele Menschen HIV-infiziert sein werden wie heute. Aber selbst unter diesen Umständen wären von der dann auf rund 900 Millionen angewachsenen Bevölkerung insgesamt „nur" zehn Prozent HIV-positiv. Für ein Nullwachstum müßte fast die Hälfte aller Menschen mit dem Virus angesteckt sein, meint

Nafis Sadik, die Direktorin des UN-Bevölkerungsfonds. Das sei jedoch unwahrscheinlich.

Sogar in Uganda, das unter extremer Aids-Verseuchung leidet, wird deshalb die Bevölkerung weiter wachsen – wenngleich nicht ganz so schnell wie ursprünglich angenommen. Die Einwohnerzahl wird nach Schätzungen der Vereinten Nationen bis 2005 von heute 20 Millionen auf lediglich 27 statt auf 29 Millionen steigen – trotz jährlich einer halben Million Toten durch Aids.

Das demographische Fazit: Aids ist keineswegs eine „Lösung" für das Problem der Übervölkerung in der Dritten Welt. Eher im Gegenteil: Die Verelendung ganzer Landstriche wie in Uganda ruiniert die Wirtschaft. Sie macht jede vernünftige Familienplanung unmöglich. So haben Länder, in denen schreckliche Bürgerkriege herrschen, wo

In Uganda werden bereits die Kleinen über die Gefahren von Aids aufgeklärt. Manche von ihnen haben beide Eltern durch die Krankheit verloren. Nun tragen sie die Verantwortung für eine ganze Familie aus Geschwistern und Großeltern

das politische System im Chaos zerfällt und die Infrastruktur lahmgelegt ist, mit die höchsten Geburtenziffern der Welt. Im geschundenen Afghanistan beträgt die durchschnittliche Kinderzahl pro Frau 6,9; in den Hungerländern Somalia und Äthiopien liegt sie bei 7,0, im Sudan bei 6,0; in der kriegsgeplagten ostafrikanischen Aids-Hochburg Ruanda bekommt jede Frau durchschnittlich sogar 8,5 Kinder.

Die jüngste Epidemie der Menschheitsgeschichte hat lediglich einen einzigen „positiven" Nebeneffekt – und der fällt um so stärker aus, je schlimmer die Seuche zuschlägt. Denn unter allen Menschen auf der

Welt befindet sich dem Anschein nach ein kleiner Anteil, der durch genetischen Zufall resistent gegen das HI-Virus ist.

Der kanadische Mediziner Frank Plummer, der in Kenia seit Jahren die Ausbreitung der Epidemie verfolgt, fand unter Prostituierten mit professionell sehr hohem Infektionsrisiko einige, die trotzdem gesund blieben. In ihrem Immunsystem wiesen die Forscher besondere Moleküle nach, die offenbar ein Eindringen des Virus in jene Blutzellen verhindern, in denen sie sonst ihr tödliches Werk entfalten.

Mangels Aussicht auf einen Impfstoff gegen Aids hätten die Nachkommen dieser Frauen auf lange Sicht einen Überlebensvorteil, ähnlich wie die Träger des defekten Gens für Sichelzellanämie. Diese darwinistische Auslese wäre der ernüchternde Beweis dafür, daß der Mensch bei aller Technik und hochentwickelten Medizin ein Teil der Natur geblieben ist. Er muß die Garküche der Evolution passieren – genau wie seine Vorfahren vor vielen hunderttausend Jahren.

Auf dem Leopard-Hill-Friedhof in der sambischen Hauptstadt Lusaka herrscht Hochbetrieb. Seit Aids in der südafrikanischen Metropole grassiert, droht ein Teil der wirtschaftlichen Elite des Landes einfach wegzusterben

Niemand weiß, wann die Bevölkerungslawine zum Stillstand kommen wird. Die Experten wagen kaum konkrete Prognosen, denn zu oft haben sie sich in der Vergangenheit schon geirrt. Gewiß ist nur, daß ungebremstes Wachstum verheerende Folgen heraufbeschwört. Verteilungskriege und Flüchtlingsströme wie jüngst in Ruanda sind womöglich nur die ersten Anzeichen

DIE ERDE WIRD ZUM

PFERCH

Zum ersten Mal wagten sich die Vereinten Nationen 1951 an eine Prognose über das Wachstum der Weltbevölkerung. Die Zahl aller Menschen betrug damals 2,5 Milliarden – weniger als halb soviel wie heute. Bis 1980, so hieß es in dem Report, werde sie auf drei, höchstens aber auf 3,6 Milliarden anwachsen.

Die Wirklichkeit sah anders aus. Binnen 30 Jahren vermehrte sich die Menschheit wider Erwarten auf 4,4 Milliarden Häupter. In die Berechnungen der Wissenschaftler hatte sich mithin ein Fehler von mindestens 80 Prozent eingeschlichen. Die Ursache: In vielen Dritte-Welt-Ländern war die Kindersterblichkeit weit schneller zurückgegangen und die Lebenserwartung viel höher gestiegen, als die Statistiker es sich hatten vorstellen können.

Theoretisch sind nach den drei Prognosen der Vereinten Nationen alle Entwicklungen möglich. So wird sich die Weltbevölkerung bis 2150 irgendwo zwischen 4,3 und 28 Milliarden einpendeln. Eindeutig ist, daß die Menschheit die Sechs-Milliarden-Grenze in naher Zukunft überschreitet

Die massive Fehlprognose brauchte den UN-Demographen nicht einmal peinlich zu sein. Bevölkerungsvorhersagen werden von so vielen unwägbaren Faktoren beeinflußt, daß Überraschungen zur Tagesordnung gehören. So war der Babyboom der Industrienationen nach dem Zweiten Weltkrieg in seinem Ausmaß ebensowenig abzusehen wie der Geburteneinbruch, der wenig später, in den siebziger und achtziger Jahren, folgte. Zudem konnte kein Experte mit der rigorosen chinesischen Bevölkerungspolitik oder den explodierenden afrikanischen Wachstumsraten rechnen. Fast alle in der Vergangenheit angestellten Hochrechnungen haben sich deshalb als fehlerhaft erwiesen. Daran wird sich auch in Zukunft wenig ändern: Der Einfluß von Seuchen, möglichen Kriegen mit Massenvernichtungswaffen, verheerenden Naturkatastrophen oder Mißernten auf die Bevölkerungskurven läßt sich einfach nicht vorhersehen.

„Die meisten Hochrechnungen werden gnädigerweise vergessen, bevor man sie überprüfen kann", meinte denn auch selbstironisch Nathan Keyfitz, einer der profiliertesten Demographen der Welt und ehemaliger Leiter der Bevölkerungsabteilung am Internationalen Institut für Systemanalysen in Laxenburg bei Wien.

„Relativ zuverlässig sind nur kurzfristige Vorhersagen, das heißt, höchstens bis zur nächsten Generation", erklärt Paul Demeny vom Population Council in New York: Sie lassen sich aus der gegenwärtigen Lebenserwartung und Geburtenrate ermitteln – zwei Größen, die sich relativ langsam verändern. Weiter vorauszurechnen ist kritisch. Zum einen, weil sich jeder noch so kleine Prognosefehler im Laufe der Zeit potenziert. Zum anderen, weil sich das Verhalten der Menschen über längere Zeiträume unwägbar verändert. Manche Demographen halten langfristige Bevölkerungsprognosen deshalb auch für reine Kaffeesatzleserei.

Aufgrund von kurzfristigen Vorhersagen gilt unter Experten heute immerhin als „sicher":
- Noch vor der Jahrtausendwende wird die Menschheit die Sechs-Milliarden-Grenze übersteigen;
- der *Homo sapiens* wird die nächsten beiden Milliarden-Schritte in jeweils nur zehn bis elf Jahren absolvieren – schneller als je zuvor;
- 95 Prozent des Zuwachses werden in Afrika, Asien und Lateinamerika stattfinden.

Doch auch langfristige Prognosen sind – mit Vorsicht betrachtet – äußerst hilfreich. Es handelt sich dabei keineswegs um verbindliche Aussagen, sondern um mögliche Entwicklungen, die jeweils von verschiedenen Voraussetzungen ausgehen. Aus einer solchen Palette von Szenarien können Politiker und Planer ablesen, welchen Handlungsspielraum sie überhaupt haben. Zum Beispiel: Wie wächst die Bevölkerung eines bestimmten Landes, wenn die Kinderzahl konstant bleibt – oder sinkt? Wenn sich das Heiratsalter verändert? Wenn die Kindersterblichkeit zurückgeht? Oder wenn die Todesrate durch die Ausbreitung von Aids steigt?

Oft vermögen erst solche Szenarien den Verantwortlichen die Augen zu öffnen. So erschütterte 1984 ein Computermodell für Nigeria den zuständigen Minister derart, daß er seinem Staatschef Mohammed Buhari empfahl, „irgend etwas in Sachen Bevölkerungswachstum" zu unternehmen. Nigeria, das volkreichste Land Afrikas, war damals im Begriff, binnen der folgenden 40 Jahre von 95 Millionen Menschen auf weit über 300 Millionen anzuwachsen. Buhari, ebenso erschrocken, erkannte die damit anstehenden Probleme und rang sich zur Empfehlung durch, die Kinderzahl je Paar auf vier zu begrenzen. Mittlerweile sinkt die Geburtenrate Nigerias tatsächlich – allerdings so verspätet, daß sich lediglich der Zeitpunkt verschieben wird, an dem die 300-Millionen-Schwelle erreicht ist.

Manchmal haben solche Kampagnen sogar einen gegenteiligen Effekt. So erarbeiteten in Kenia bereits in den sechziger Jahren Entwicklungshilfe-Organisationen gemeinsam mit der Regierung ein Familienplanungs-Programm, um die extrem hohe Wachstumsrate der ostafrikanischen Nation zu senken. Mit den eigens geschaffenen Geburtenkontrollzentren kam indes auch eine bessere medizinische Versorgung ins Land, die die Säuglingssterblichkeit rapide zurückgehen ließ. Die traditionell kinderfreundliche Gesellschaft Kenias nahm die ungewohnt hohe Anzahl lebensfähiger Nachkommen freudig auf, machte aber von den angebotenen Mitteln zur Geburtenbeschränkung wenig Gebrauch. „Es war wie eine Verhöhnung", erinnert sich der Kieler Demograph und Afrikaexperte Hans Jürgens, „je größer der Aufwand für Geburtenkontrolle, desto höher stieg die Wachstumsrate der Bevölkerung." Nach zwei Jahrzehnten öffentlicher Familienplanung verzeichnete Kenia den schnellsten Bevölkerungszuwachs der Welt – und der war unmöglich vorherzusagen. Was dann folgte, war ebenso unerwartet: Während Mitte der siebziger Jahre eine Kenianerin noch durchschnittlich acht Kinder bekam, stellte sich 1989 durch eine Volkszählung heraus, daß die Zahl auf unter sieben gesunken war. Und sie ging weiter zurück – auf mittlerweile unter sechs.

Doch wird sie noch weiter sinken? Und wenn ja, wie rasch und wie tief? Die Bevölkerungsforscher können solche spezifisch auf eine Region bezogenen Fragen nicht eindeutig beantworten. Erst recht müssen somit die globalen Bevölkerungsmodelle vage bleiben, die regelmäßig von UN und Weltbank entwickelt werden. Denn in ihnen vereinigen sich die unterschiedlichsten Prognoseprobleme aller Länder. Die neueste Langzeit-Hochrechnung der Vereinten Nationen basiert deshalb vorsichtshalber auf fünf Varianten. Sie reichen von einem „Niedrig-Szenario", nach welchem sich bis 2150 die durchschnittliche Kinderzahl pro Frau – heute weltweit 3,3 – bei 1,7 einpegelt, bis zu einem „Hoch-Szenario", das einen Rückgang auf lediglich 2,5 Kinder voraussieht. Der Unterschied, auf den ersten Blick nicht sonderlich groß, hätte in Wirklichkeit einen enormen Effekt: Während im ersten Fall bis 2150 die Weltbevölkerung von heute 5,7 auf 4,3 Milliarden schrumpfen würde, erreichte sie im zweiten Fall in derselben Zeit 28 Milliarden. Zwischen diesen beiden Extremen bietet die UN drei weitere Varianten an, darunter das häufig zitierte „Mittlere Szenario": Un-

ter der Annahme, daß bis 2150 die Kinderzahl pro Frau 2,2 beträgt, wüchse die Menschheit immerhin noch auf 11,5 Milliarden an.

Auf jeden Fall gehen die Demographen also davon aus, daß die Geburtenrate, wie in den vergangenen Jahrzehnten, global weiter sinkt. Würde sie sich nicht verändern, sondern in aller Welt auf dem heutigen Niveau verharren – eine eher theoretische Annahme –, dann stünden der Erde wahrhaft apokalyptische Zeiten bevor: Bis 2150 stiege die Zahl der Menschen auf sage und schreibe 694 Milliarden – das Hundertzwanzigfache der gegenwärtigen Erdbevölkerung. Davon würden 692 Milliarden in den heutigen Ländern der Dritten Welt leben, nur zwei Milliarden in den derzeitigen Industrienationen.

Angesichts dieser Horrorvorstellung wirkt die mittlere Variante von 11,5 Milliarden fast schon beruhigend, denn sie entspricht „nur"

Ausgerechnet in Afrika, dem Kontinent der leeren Töpfe, wächst die Menschheit am schnellsten. Bereits heute sind dort Millionen auf der Flucht vor dem Elend und auf der Suche nach einer besseren Zukunft

einer Verdoppelung der Weltbevölkerung. Doch ist diese Prognose auch die wahrscheinlichste? Viele Demographen bezweifeln dies. Der Bielefelder Bevölkerungsforscher Herwig Birg beispielsweise glaubt nicht, daß sich die Menschen in armen Ländern „erlauben" könnten, so wenige Nachkommen zu haben, wie es für diese Entwicklung notwendig wäre. Solange Kinder „als Arbeitskraft und lebende Arbeitslosen-, Kranken- und Altersversicherung gebraucht werden", sei dies ausgeschlossen. Eine funktionierende Sozialversicherung ließe sich in diesen Staaten „selbst bei massiver finanzieller Hilfe der Industrienationen" nicht aus dem Boden stampfen. Birg vermutet deshalb, daß die Menschheit bis 2150 eher auf 14 denn auf 11,5 Milliarden Häupter zumarschiert. Allein die Differenz entspricht der heutigen Bevölkerung der vier menschenreichsten Länder China, Indien, USA und Indonesien zusammen.

Noch 1970 registrierten die UN weltweit zweieinhalb Millionen Flüchtlinge. Heute sind es achtmal so viele. Die meisten werden durch Krieg und ethnische Verfolgung heimatlos. Fast alle stammen sie aus Ländern mit extrem hohem Bevölkerungswachstum

Vor allem Afrika widersetzt sich hartnäckig dem Trend zur Kleinfamilie. Überall auf der Welt ist die Nachkommenzahl in den vergangenen zwanzig Jahren gesunken – in Europa von 2,2 auf nunmehr 1,7, also unter das „Ersatzniveau"; in Südamerika von 4,6 auf 2,9; in Asien von 5,1 auf 3,2. All das sind Anzeichen dafür, daß der Boom irgendwann zum Stillstand kommen könnte. Doch in Afrika ging die Kinderzahl lediglich von 6,6 auf 6,0 zurück. Noch 1989 beklagten fünf afrikanische Staaten – die Elfenbeinküste, Kongo, Gabun, Guinea und Äquatorialguinea – offiziell einen Geburtenmangel. Zehn weitere Länder zeigten sich hochzufrieden mit ihrer Bevölkerungsexplosion. Afrikanische Frauen wünschen sich doppelt so große Familien wie ihre Geschlechtsgenossinnen selbst in den ärmsten asiatischen und lateinamerikanischen Ländern. Afrikanische Männer streben sogar noch größere Familien an. Bei den Yoruba im Westen von Nigeria etwa gilt es als Unglück, weniger als vier Kinder zu haben, und Völkerkundler berichten, daß Lärm und Kindergewusel – anders als in westlichen Kulturen – dort als überaus angenehm empfunden werden.

Das Afrika südlich der Sahara sei deshalb aber nicht „traditioneller, primitiver oder rückständiger" als andere Weltregionen, meinen die australischen Bevölkerungsforscher Pat und John Caldwell, sondern „einfach sehr anders". Die Gründe dafür reichen zum Teil bis weit in die Geschichte des Kontinents zurück. Einer von ihnen liegt in der Art, das Land zu verteilen und zu bewirtschaften. In Afrika bestellen die

Bauern häufig gemeinsam das Land der gesamten Sippe oder des Klans. Eine große Kinderzahl bedeutete in der Vergangenheit, daß viele helfende Hände aus dem Gemeinschaftsbesitz auch einen hohen Ertrag für die einzelne Familie erwirtschafteten. Solange es an Maschinen fehlte, bestand die beste Möglichkeit zur Steigerung der Produktivität darin, zusätzliche Arbeitskräfte zu zeugen. Zudem herrschte lange Zeit im vergleichsweise dünn besiedelten Afrika nicht einmal Landmangel. Unter dieser Voraussetzung war es für eine Frau durchaus „sinnvoll", früh zu heiraten und gleich mit dem Kinderkriegen anzufangen. In Europa und Asien, wo vielfach das Prinzip der Erbteilung galt, hat sich indes der Grundbesitz der Bauern in der Vergangenheit häufig verkleinert. Wer viele Kinder hatte, konnte davon ausgehen, daß zumindest einige von ihnen wenig oder nichts erbten und sich dann als Knechte oder Mägde verdingen mußten – ein gesellschaftlicher Abstieg. In Europa wurde im Mittelalter obendrein – auch unter dem Druck der Kirche – über besitzlose Bürger ein Heiratsverbot verhängt, so daß diese oft kinderlos blieben.

Dieser Unterschied erklärt den hohen gesellschaftlichen Status afrikanischer Frauen, die viele Kinder gebären, wie auch die weitverbreitete Polygynie – die Ehe eines Mannes mit mehreren Frauen. Schließlich gelte als wohlhabender Patriarch derjenige, der viele Frauen und Kinder aufs Feld zum Arbeiten schicken könne, schreiben Pat und John Caldwell. So ist es kein Wunder, daß afrikanische Regierungen ihre Skepsis gegenüber jeder Form von Familienplanung nur langsam ablegen. Demographen gehen deshalb davon aus, daß selbst Länder wie Nigeria, Simbabwe, Botswana und Kenia, in denen bereits ein Geburtenrückgang begonnen hat, ihren eigentlichen Wachstumsschub noch vor sich haben. Denn zur Bevölkerungslawine tragen beispielsweise zwei Familien mit je sechs Kindern mehr bei, als es eine Familie mit acht Nachkommen tut. Insgesamt soll sich nach der mittleren Projektion der Vereinten Nationen die Bevölkerung Afrikas erst jenseits von 2150 bei 3,2 Milliarden Menschen stabilisieren – dem Fünffachen der heutigen Zahl.

Das sind schlechte Aussichten für den wirtschaftlich rückständigsten aller Kontinente, der insgesamt auf ein Bruttosozialprodukt kommt, das nicht größer als das von Belgien und Österreich zusammen ist. Denn wie sollen die ärmsten unter allen Ländern ökonomisch genesen, wenn der Bevölkerungszuwachs jede Entwicklung sofort wieder zunichte macht?

Afrikas notorische Probleme könnten sich somit noch verschärfen. Die vielerorts bereits heute übernutzten Ressourcen Trinkwasser, Ackerland und Brennholz werden weiterhin knapper, und dieser Mangel wird neue Verteilungskämpfe nach sich ziehen. Zwar haben Anarchie und Bürgerkrieg wie in Somalia, Liberia, Ruanda und dem Süd-

Die Grafiken zeigen deutlich, was Wachstum der Bevölkerung bewirkt: Das Beispiel Irland – Mutter und Vater haben im Durchschnitt zwei Kinder – steht für alle Länder mit mittelfristig konstanten Zahlen. Auf den Philippinen, wo die Geburtenrate bereits zurückging, hinterläßt ein Elternpaar innerhalb von vier Generationen immerhin 16 Nachkommen. Nach aktuellen Prognosen verdoppelt sich die Zahl der Menschen dort binnen 28 Jahren

sudan viele Ursachen, doch die vielleicht wichtigste liegt in der Übervölkerung dieser Regionen. Und wo erst einmal Chaos regiert, beginnt ein Teufelskreis: Die nachhaltige Landwirtschaft bricht zusammen, weil die Menschen ihre Felder nicht mehr ordentlich bestellen können. Viele verlassen in der Not ihre angestammten Gebiete. Schon heute zählt Afrika etwa sechs Millionen Flüchtlinge durch Bürgerkrieg und Umweltzerstörung. Wo immer sich die Vertriebenen drängen, werden die Weiden übernutzt, Wälder brandgerodet oder für Brennholz kahlgeschlagen. Erosion und Verwüstung sind die Folge – und dann automatisch verschärfte Konflikte, zumal die Bevölkerung ununterbrochen weiterwächst.

Wie es in Zukunft in jenen Regionen aussehen könnte, zeigt das Beispiel Ruanda. Einst galt das kleine ostafrikanische Land wegen seiner beschaulichen Berglandschaft, der baumbestandenen Hügel und des angenehmem Klimas als die Schweiz Afrikas. Unsummen an Entwicklungshilfe flossen in den siebziger und achtziger Jahren nach Ruanda, in Straßenbau-, Landwirtschafts- und Aufforstungsprojekte, in Krankenhäuser und Schulen. Die ausländischen Experten traten sich schier auf die Füße, und das Land diente als Muster für Zusammenarbeit zwischen Nord und Süd, für den Aufschwung Afrikas. Doch die Hilfe hatte einen fatalen Nebeneffekt. Die selbst für afrikanische Verhältnisse hohe Kinderzahl stieg sogar noch – auf mittlerweile 8,5 pro Frau. Seit 1950 bis heute hat sich die Bevölkerung Ruandas nahezu vervierfacht. Auf einer Fläche von der Größe Mecklenburg-Vorpommerns drängen sich mehr als acht Millionen Menschen – kein Land des Kontinents ist so dicht besiedelt. Und ein Ende dieses Wachstums ist nicht in Sicht: In dreißig Jahren könnte es schon 20 Millionen Ruander geben. Längst ist, bis auf die Naturparks, jeder nutzbare Quadratmeter, selbst an erosionsgefährdeten Steilhängen, mit Bananen, Mais, Maniok und Süßkartoffeln bepflanzt. Die Böden sind ausgelaugt, und in der Regenzeit wälzen sich lehmige Fluten zu Tal. Das ganze Land wirkt wie ein einziges, endloses Dorf. Und es vermag sich längst nicht mehr selbst zu ernähren. Es ist auf Importe angewiesen, die es freilich nicht bezahlen kann.

Es gibt in Ruanda, wie auch im benachbarten Burundi, einen uralten Konflikt zwischen den beiden großen Stämmen der Region, den ackerbauenden Hutu und den viehzüchtenden Tutsi, die zahlenmäßig zwar in der Minderheit sind, ihren Nachbarn aber lange politisch überlegen waren. Der Kampf um Ackerland und Weideflächen, um Vorherrschaft und Unterdrückung entlädt sich seit Jahrhunderten immer wieder in

blutigen Fehden. Seit der Unabhängigkeit beider Staaten 1962 kam es regelmäßig zu gewaltsamen Auseinandersetzungen. Je mehr Menschen sich in den kleinen Ländern drängen, desto brutaler und häufiger werden die Massaker. Im Oktober 1993 metzelten sich in Burundi 50 000 Hutu und Tutsi gegenseitig nieder. Im April 1994 entbrannte dann in Ruanda das schlimmste Morden, das der afrikanische Kontinent je erlebt hat. Es war ein Blutrausch, bei dem es längst nicht mehr nur um Stammeszugehörigkeit ging. Jeder kämpfte gegen jeden. Augenzeugen berichteten von marodierenden Banden beider Stämme, die mit Speeren, Messern und Macheten jeden umbrachten, den sie finden konnten. Sie suchten ihre Opfer in Kirchen, Krankenhäusern und Missionsstationen, während die ruandische Armee, die Hutu-Präsidentengarde und Tutsi-Guerillas sich gegenseitig und auch die Zivilbevölkerung mit Granaten, Bomben und Maschinengewehren beschossen. Überall entlang den Straßen stapelten sich geköpfte und zerstückelte Leichen, und über der Hauptstadt Kigali lag wochenlang ein süßlicher Verwesungs-

Ein Fiasko verheißt das kleine Ruanda: Seit 1950 hat sich die Bevölkerung nahezu vervierfacht. Trotz Hunderttausenden von Toten im jüngsten Bürgerkrieg scheint diese Entwicklung bei einer durchschnittlichen Kinderzahl von mehr als acht pro Frau unaufhaltsam fortzuschreiten

Der Konflikt zwischen den beiden großen Stämmen Ruandas, den Hutu und den Tutsi, ist Generationen alt. Doch im Frühjahr 1994 erlebte das einst als so lieblich gerühmte Land in den Bergen Ostafrikas das schlimmste Gemetzel, das der Kontinent je sah. Ihm fielen vor allem Angehörige der Tutsi-Minderheit zum Opfer

geruch, weil die Menschen sich nicht aus den Hütten wagten, um die Toten zu bestatten. Binnen weniger Wochen starben mehrere hunderttausend, überwiegend Tutsi. Sie wurden in Massengräbern verscharrt oder trieben in den Flüssen davon, so daß die genaue Zahl der Opfer nie bekannt werden wird. Weit mehr noch flohen in die Nachbarstaaten Burundi, Tansania und Uganda – Länder, die mit ihrer eigenen Übervölkerung zu kämpfen haben. Jenseits der Grenze von Ruanda nach Tansania beispielsweise, an der Brücke über den Kagera, erwuchs binnen 24 Stunden wie aus dem Nichts ein Flüchtlingslager von einer Viertelmillion Menschen – die zweitgrößte „Stadt" des Landes.

Es zeugt von einem gewissen Maß an Weltfremdheit, daß das Oberhaupt der römisch-katholischen Kirche, Papst Johannes Paul II., selbst angesichts solcher Zustände nicht von seinem altbekannten fundamentalistischen Standpunkt zur Empfängnisverhütung abweicht. Ausgerechnet auf einer Reise, die ihn 1990 nach Tansania sowie in die überwiegend katholischen Staaten Burundi und Ruanda führte, ermahnte er auf Großveranstaltungen die Zuhörer, das alttestamentarische Gebot „Seid fruchtbar und mehret Euch und füllet die Erde und machet sie Euch untertan", sei noch heute zu erfüllen. Zugleich geißelte er die Abtreibung und jede Form der künstlichen Geburtenregelung abermals als Sünde. In anderem Zusammenhang sprach das Kirchenoberhaupt einmal von einer „Panik, die von demographischen Studien der Ökologen und Futurologen ausgelöst wird, die manchmal die Gefährdung der Lebensqualität durch das Bevölkerungswachstum übertreiben". Auch auf den vorbereitenden Sitzungen zur UN-Weltbevölkerungskonferenz, 1994 in Kairo, übten die Vertreter des Heiligen Stuhls massiven Einfluß aus – nachdem sich der Vatikan bei den Vereinten Nationen eigens zu diesem Anlaß die Vollmitgliedschaft bei der Weltorganisation erstritten hatte. Die Kirchenleute bearbeiteten die Delegationen vor allem der katholischen südamerikanischen Länder so lange, bis diese gegen jeden Hinweis auf Geburtenkontrolle, ja sogar gegen die Erwähnung von Kondomen im Zusammenhang mit Aids protestierten.

Hinter der Einstellung des über siebzigjährigen Zölibatärs in Rom verbirgt sich eine reichlich konfuse Auffassung der Amtskirche von Sexualmoral und biologischen Zusammenhängen. Einerseits erlegt das vatikanische Konzilsdokument „Gaudium et spes" („Freude und Hoffnung") aus dem Jahr 1965 den Katholiken eine „verantwortliche Elternschaft" auf, nach der „die Entscheidung über die Zahl der Kinder vom rechten Urteil der Eltern" abhänge. Andererseits verbietet die Enzyklika „Humanae vitae" („Über die rechte Ordnung der Weitergabe des menschlichen Lebens") aus dem Jahr 1968 den Gläubigen, mit Hilfe von Pille und Kondom Verantwortung zu zeigen, weil dies eine „Verfälschung der Natur" sei. Der sogenannte Pillenerlaß geht dabei von der Annahme aus, daß bereits in den Spermien schützenswertes menschliches Leben stecke. Biologisch ist das unhaltbar. Leben nämlich entsteht erst durch die Verschmelzung weiblicher und männlicher Chromosomensätze, also nach der Vereinigung von Samen- und Eizelle. Weder Pille noch Kondom lassen es überhaupt soweit kommen. Sie greifen demnach in keiner Weise in den Schöpfungsakt ein.

Mit seinen Äußerungen zur Bevölkerungspolitik provoziert Papst Johannes Paul II. die Weltöffentlichkeit. Selbst bei Besuchen des afrikanischen Kontinents – hier in Simbabwe –, der gepeinigt wird von Aids und Bevölkerungsdruck, wich er nicht von seinem kategorischen Nein zu Pille und Kondom

Noch seltsamer wirkt vatikanisches Naturverständnis in dem Dokument „Donum vitae" („Geschenk des Lebens") von 1987. Es erlaubt sogar „technische Mittel" wie die künstliche Befruchtung, wenn es gilt, eine auf natürlichem Wege ausgeschlossene Zeugung herbeizuführen. Generell räumt die katholische Lehre dem ungeborenen Leben einen höheren Status ein als dem bereits existierenden. Während die Abtreibung als letztes Mittel gegen eine ungewollte Schwangerschaft verboten ist, bleiben Kondome auch dann untersagt, wenn sie vor Aids schützen sollen. In der Quintessenz wird damit eine ungebremste Bevölkerungsexplosion propagiert, die nur noch durch Seuchen, Kriege und Hungerkatastrophen reguliert werden kann – ein darwinistischer Überlebenskampf also, der wenig mit christlichen Glaubensgrundsätzen gemein hat. Diesen Zynismus teilte auch der einflußreiche amerikanische Priester Peter Stravinskas von der St. John's-Universität in einem Gespräch mit dem Fernsehsender CNN. Auf die Frage „Ist es Ihnen lieber, wenn ein junger Teenager an Aids stirbt, als wenn er ein Kondom benützt?" antwortete der Priester: „Es gibt schlimmere Dinge, als an Aids zu sterben, zum Beispiel, eingedenk einer Todsünde aus dem Leben zu scheiden."

Was sich heute vielen Gläubigen als Dogma darstellt, war in der katholischen Kirche allerdings stets höchst umstritten. Die Enzyklika „Humanae vitae" fand noch nicht einmal in einer eigens vom Papst einberufenen Kommission eine Mehrheit – dennoch setzte Paul VI. sie durch. Sie hat freilich nie den Rang eines kirchlichen Dogmas erlangt, also keinen Anspruch auf Unfehlbarkeit.

Deutsche Geistliche und sogar eine Kommission des Vatikans haben sich in jüngster Zeit deutlich von der Lehre aus Rom distanziert. So bemängelte Kardinal Ratzinger, daß vom kirchlichen Lehramt zum Weltbevölkerungsproblem „noch nicht viel Hilfreiches" gesagt worden sei. Und der Limburger Bischof Franz Kamphaus schrieb: „Bedenkt man, daß die Zahl der Menschen seit Christus um das Siebzehnfache angestiegen ist, dann ist klar, daß diese Entwicklung auch die kirchliche Lehre und Verkündung vor eine neue, nie dagewesene Herausforderung stellt."

In einer Stellungnahme der deutschen Bischöfe zum Thema „Bevölkerungswachstum und Entwicklungsförderung" von 1993 heißt es zwar, die beste Möglichkeit zur Geburtenregelung sei es, die Armut zu bekämpfen und den Status der Frauen zu verbessern. Aber die Theologen räumen auch ein, daß die Welt von heute Verhütungsmittel brauche. Bischof Kamphaus zieht sogar, angesichts von weltweit 50 Millionen Schwangerschaftsabbrüchen und 250 000 Todesopfern unsachgemäßer Abtreibungen pro Jahr, den naheliegenden Schluß: „Verhütung ist besser als Abtreibung."

Dieser Pragmatismus war überfällig und wurde von der Wirklichkeit längst eingeholt. Fast überall auf der Welt ist heute Familienplanung staatlich erlaubt oder wird sogar gefördert. In 173 jener 184 Länder, die sich für die Weltbevölkerungskonferenz in Kairo im September 1994 angemeldet hatten, ist Abtreibung legalisiert – auch in den meisten katholischen Nationen. Es scheint sogar, als habe der Katholizismus einen empfängnisverhütenden Effekt. In Italien halbierte sich die Geburtenrate seit der Veröffentlichung der Enzyklika „Humanae vitae" im Jahr 1968. Das vorwiegend katholische Lateinamerika verzeichnet die niedrigste Kinderzahl unter den wirtschaftlich weniger entwickelten Kontinenten. Und im streng katholischen Polen, dem

Herkunftsland Johannes Paul II., lag die Zahl der Abtreibungen 1990 sogar höher als die der Geburten.

Trotz sinkenden Einflusses der römischen Kirche auf die Sexualmoral der Gläubigen bleibt ein Ärgernis: Als einzige große Weltreligion weigert sich Rom, das Bevölkerungswachstum mit wirkungsvollen Mitteln zu begrenzen. Sowohl die Lehren des Islam als auch die des Hinduismus und Buddhismus dulden die modernen Formen der Geburtenregelung und verbieten auch nicht die Abtreibung. Nach islamischer Auffassung gilt ein Embryo bis zu einem Alter von 120 Tagen als „unbeseelt", folglich nicht als Mensch und Abtreibung nicht als „Mord". Auch wenn einzelne islamische Fundamentalisten fanatisch einer Wachstumsideologie anhängen, setzt der Koran grundsätzlich das Wohlergehen des einzelnen Nachkommen höher an als die schiere Anzahl. In vielen Ländern rufen islamische Führer regelrecht zur Familienplanung auf und unterstützen auch die Programme der Regierungen zur Geburtenkontrolle. Der Gebrauch von medizinischen Mitteln zur Verhütung sei von der Religion nicht untersagt, konstatierte der Gelehrte Mohammed Abdul Fattah von der Ashar-Universität in Kairo, vor allem, wenn die Gesundheit der Frau unter der Schwangerschaft leiden könnte.

Wie wichtig es ist, den Menschen die Freiheit der Familienplanung zu gewähren, zeigen Umfragen in Entwicklungsländern, nach denen mehr als 120 Millionen Frauen Schwangerschaften verhindern wollen, dies aber nicht können, weil sie keinen Zugang zu modernen Verhütungsmitteln haben. Hätten sie ihn, dann sänke das Be-

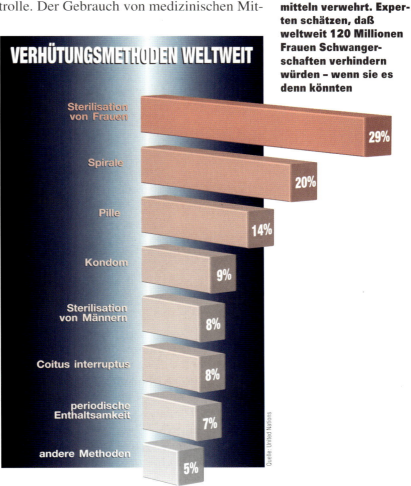

Männer sind schlechte Planer, wenn es um den Nachwuchs geht. Geburtenkontrolle bleibt meist den Frauen überlassen. Allerdings ist ihnen vielfach der Zugang zu sicheren Verhütungsmitteln verwehrt. Experten schätzen, daß weltweit 120 Millionen Frauen Schwangerschaften verhindern würden – wenn sie es denn könnten

Wo immer der reiselustige Papst seine Botschaft verkündet, strömen Tausende von gläubigen Menschen zusammen – wie hier 1992 bei einem Besuch der Dominikanischen Republik. Ob sie seinen Worten zur Geburtenkontrolle auch wirklich folgen, ist allerdings fraglich. Jedenfalls zeichnen sich katholische Länder nicht durch überdurchschnittlich hohe Kinderzahlen aus

völkerungswachstum in der Dritten Welt – ohne China – um etwa 30 Prozent. Die Zahl der Menschen in diesen Ländern würde bis zum Jahr 2025 nicht, wie befürchtet, auf 6,5 Milliarden, sondern nur auf 5,1 Milliarden steigen. Die Welt hätte 1,4 Milliarden Bäuche weniger zu füllen, und die Frauen wären von einer großen Last befreit.

Amerikanische Wissenschaftler schätzen die Kosten für die dafür notwendigen Verhütungsmittel, den sogenannten „ungedeckten Bedarf", auf 2,4 Milliarden Dollar pro Jahr. Das heißt, mit nicht mehr als

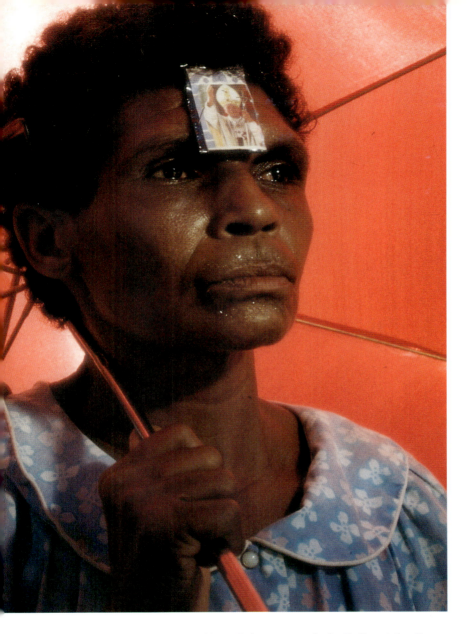

hundert Mark pro ungewollter Schwangerschaft ließe sich dieses hochgesteckte Ziel bis 2025 erreichen.

Auch ein Papst kann keine menschenwürdigere Alternative zur Geburtenkontrolle aus dem Himmel zaubern. Carl Haub, Direktor am Population Reference Bureau in Washington, bringt das Dilemma auf den Punkt: „Es gibt nur zwei Möglichkeiten, das Bevölkerungswachstum auf Null zu bringen. Entweder die Geburtenquote sinkt. Oder die Todesrate steigt."

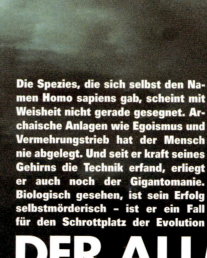

Die Spezies, die sich selbst den Namen Homo sapiens gab, scheint mit Weisheit nicht gerade gesegnet. Archaische Anlagen wie Egoismus und Vermehrungstrieb hat der Mensch nie abgelegt. Und seit er kraft seines Gehirns die Technik erfand, erliegt er auch noch der Gigantomanie. Biologisch gesehen, ist sein Erfolg selbstmörderisch – ist er ein Fall für den Schrottplatz der Evolution

VON DER ALLMACHT

ZUR OHNMACHT

Es war ein verwegener Versuch: Der amerikanische Anthropologe Warren Hern hatte es unternommen, den Menschen einmal ganz nüchtern mit den analytischen Vorgaben der Taxonomen zu definieren. Wie die es mit gerade entdeckten Käfern und allen anderen Spezies tun, hat Hern Eigenschaften und Verhalten seines Untersuchungsobjekts aufgeschlüsselt, um daraus eine wissenschaftliche Artenbeschreibung zu formulieren.

Sie lautet: „Der Mensch ist eine habgierige, räuberische, omniökophage Art, die auf dem ganzen Globus alle pflanzliche, tierische, organische und anorganische Materie in menschliche Biomasse oder in für sie nutzbare Güter verwandelt". Die unkontrollierte Vermehrung dieser Spezies komme einem „bösartigen Ökotumor" gleich, der sich über den Planeten ausbreite und überall Tochtergeschwüre hervorrufe. Warren Hern gab der beschriebenen Art folgerichtig den Namen *Homo oecophagus* – der „ökosystemfressende Mensch".

Müßten Taxonomen unsere Art bewerten, wäre ihr Urteil klar: Mit lachendem Gesicht bemächtigt sich der Homo oecophagus, der ökosystemfressende Mensch, aller verfügbaren Ressourcen der Erde und formt sie...

Es ist wirklich so: Die Verbreitung des Menschen gleicht bis ins Detail dem Wachstum eines Tumors. Während gesunde Körperzellen charakteristische, hochdifferenzierte Eigenschaften besitzen, etwa Nieren- oder Muskelzellen verschiedene Aufgaben haben und sich deshalb leicht unterscheiden lassen, sind Krebszellen „entdifferenziert" – das heißt: Sie haben ihre spezifischen Funktionen verloren und können prinzipiell in allen Geweben wachsen.

Die meiste Zeit ihrer Existenz war auch die Menschheit hochdifferenziert, ähnlich den unterschiedlichen Zellen des Körpers. Ein Buschmann aus der Kalahari-Steppe Südafrikas war einzig an seine Umgebung angepaßt und hätte nie in die Umwelt eines Eskimos vordringen, geschweige denn dort überleben können. Heute ist der Buschmann – dank aller technischen Möglichkeiten – dazu ohne weiteres in der Lage: Er kann von Afrika nach Alaska fliegen und in dicke Kunstfaser-Kleidung gehüllt dem Eskimo auf seinem Motorschlitten folgen. In geheizten Gebäuden und mit importierter Nahrung hätte er auch im hohen Norden keinerlei Existenzprobleme.

Das Beispiel macht deutlich: Aufgrund seiner kulturellen Errungenschaften konnte der Mensch sich auf sämtlichen Kontinenten und in nahezu allen Biotopen der Erde metastasenartig ausbreiten, ja sogar den lebensfeindlichen Weltraum erobern. Er hat seine ursprünglichen

Nischen verlassen, hat sich entdifferenziert. Binnen kurzer Zeit gelang es ihm, das Antlitz der Erde gründlich zu verändern und alle ursprünglichen Ökosysteme nachhaltig zu stören.

Den drastischen Vergleich zwischen dem Aufstieg des Menschengeschlechts mit dem Wuchern einer Krebsgeschwulst wird mancher als unzulässig empfinden. Schließlich ist der Mensch ein Mensch und kein unkontrollierter Zellhaufen – ein intelligentes Wesen mit Händen, die wahre Wunder vollbringen, und einem Gehirn, das ihn von allem abhebt, was da kreucht und fleugt.

Das Gehirn des Menschen ist leistungsfähiger als das aller anderen Tiere. Und es ist so groß, daß der Nachwuchs verfrüht und unreif zur Welt kommen muß, um noch durch den Geburtskanal der Mutter zu passen. Einen wesentlichen Teil seiner eigentlich embryonalen Entwicklung und drei Viertel seines Hirnwachstums macht ein Kind deshalb postnatal außerhalb des Mutterleibes durch. In dieser kritischen Phase sei der Mensch „komplexeren und unterschiedlicheren Reizen

... zu seinem eigenen Nutzen um. Er vermehrt sich wie bösartige Tumorzellen und nimmt metastasenartig vom ganzen Planeten Besitz. Dabei entstellt er das Antlitz der Erde und verändert das System der Natur – letztlich zu seinem eigenen Nachteil

ausgesetzt als alle anderen Tiere, deren Gehirnentwicklung im Mutterleib stattfindet", schreibt der amerikanische Evolutionsforscher Christopher Wills.

Dieses komplex aufgebaute und in der Natur einzigartige Gehirn hat den Menschen befähigt, Sprache zu entwickeln, Feuer zu entzünden sowie Hilfsmittel zu erfinden, vom Faustkeil bis zum Supercomputer, vom Rad bis zum Jumbo-Jet. Es verleiht ihm die Möglichkeit, verschiedene Dinge gleichzeitig zu tun, aber auch, sich auf den Punkt zu konzentrieren. Das Gehirn kann wie ein Schwamm Informationen aufsaugen und sie an kommende Generationen weitergeben.

Allein der Mensch vermag Gedankengebäude zu konstruieren. Keine andere Art ist in der Lage, eine Oper zu komponieren, Schach zu spielen oder die Relativitätstheorie zu erklären. Keine zweite Spezies erfindet Atombomben, steuert 600 Millionen Autos und verheizt jährlich sechs Milliarden Tonnen Kohlenstoff.

Das Gehirn hat den *Homo sapiens* nicht nur zum versierten Techniker gemacht, sondern auch zum Philosophen und Humanisten, der über sich selbst nachzudenken vermag. Die Selbsterkenntnis befähigt ihn zu Verantwortung, Vernunft, Mitgefühl und ethischem Gemeinsinn. Charles Darwin sah in Moral und Gewissen den bei weitem wichtigsten Unterschied zwischen Mensch und Tier.

Umgangsnormen wie etwa die Zehn Gebote können deshalb nur dem Menschen einfallen. Im Tierreich, wo Raub, Täuschung, Totschlag und Partnerwechsel vielfach zu den Prinzipien des Überlebens gehören, wären sie undenkbar. Tiere handeln instinktiv, wenn sie töten – Menschen haben die freie Entscheidung. Deshalb sind sie auch verantwortlich für ihr Tun.

Kraft seines Gehirns kann der Mensch sogar in die Zukunft schauen. Er vermag vorherzusagen, welche Auswirkungen es auch global hat, wenn er sich immer weiter vermehrt; wenn er die Atmosphäre mit Treibhausgasen überlastet, die Flüsse vergiftet oder den Regenwald vernichtet. „Er kann den Wert dessen empfinden, was er im Begriffe ist, zu zerstören", sagte der Philosoph Hans Jonas.

Bei dieser Erkenntnis jedoch endet die intellektuelle Fähigkeit des Menschen vorerst. Was ihm bislang mangelt, ist jenes Maß an Vernunft, das notwendig wäre, um der Erkenntnis Taten folgen zu lassen.

Es stellt sich deshalb auch angesichts der Überbevölkerung der Welt die entscheidende Frage, ob das Gehirn des Menschen überhaupt in der Lage ist, zu kontrollieren, was es bewirkt. Ob der Verstand einzig auf Wachstum programmiert ist – oder auch flexibel genug zur Selbstbeschränkung. Anders gefragt: Verhilft das Gehirn dem Menschen zum Überleben, oder führt es in den Untergang?

Für die zweite Version spricht, daß der Erfolg der Ausbeutung, wie ihn der Mensch erzielt hat, nach den Gesetzen der Natur höchst unangebracht ist. Die Dominanz einer Art steht in krassem Widerspruch zum Grundsatz der wimmelnden Vielfalt miteinander konkurrierender Arten. Zuviel Erfolg wird in der Natur mit Aussterben geahndet – der Höchststrafe der Evolution.

Wie dieses Prinzip funktioniert, hat der österreichische Naturforscher Rupert Riedl am Beispiel des Ameisenbären deutlich gemacht. Dieser Bewohner der Savannen Mittel- und Südamerikas gräbt Termitenbauten auf, um an die Insekten – seine Hauptnahrung – heranzukommen. Erstaunlicherweise hat der Räuber jedoch eine ziemlich dünne Haut und wird häufig von den Kerbtieren gebissen. Warum, so stellt sich hier die Frage, hat die Evolution den Ameisenbären nicht widerstandsfähiger gemacht und ihn mit einer dicken Lederhaut ausgerüstet? „Aus dem einfachen Grund", antwortet Riedl mit Hinblick auf dickhäutige Arten, die es durchaus gegeben haben kann, „weil die so gerüsteten Ameisenbären die Termiten ihrer Gegend ausgerottet haben". Solche Varietäten waren also eine evolutionäre Fehlentwicklung. Sie sind ausgestorben, weil sie ihre Ressourcen übernutzt haben. Die vermeintlich schlecht ausgerüsteten Dünnhäuter indes haben bis heute überlebt. Sie können nur einen Bruchteil des Nahrungsbestandes vernichten, ehe sie, von den Beißzangen der Termiten gepeinigt, die Flucht ergreifen. „Überausbeuter" haben in der biologischen Entwicklung langfristig keine Chance.

Der Vergleich legt nahe, daß der moderne Mensch ein solcher Überausbeuter ist. Zwar geht es ihm weithin außerordentlich gut dabei, aber das könnte sich als gefährlicher Trugschluß erweisen. Womöglich befindet er sich in der gleichen Situation wie einst die dickhäutige Abart des Ameisenbären kurz vor ihrem Ende, das unausweichlich war, nachdem der Großteil aller vorhandenen Termitenbauten geplündert war. So gesehen, ist das potente Gehirn des Menschen genau wie die Dickhäutigkeit des Ameisenbären eine von unzähligen Sackgassen der natürlichen Entwicklung – und der *Homo sapiens* ein Fall für den Schrottplatz der Evolution.

Doch der Vergleich hinkt. Dem Ameisenbären von einst war seine dicke Haut nicht bewußt. Er konnte diesen letztlich entscheidenden Nachteil nicht erkennen und folglich auch nicht korrigieren, etwa indem er aus freier Entscheidung einen Teil der Termiten am Leben ließ. Der Mensch jedoch bemerkt die Fehler, die seinem Gehirn entspringen, mitunter rechtzeitig und kann daraus lernen. Irren – so sagt das Sprichwort in seltener Selbsterkenntnis – ist menschlich. Manchmal könnte es auch lehrreich sein.

Allerdings hat sich die Art der Fehler, die der Mensch begeht, im Laufe der Geschichte grundlegend verändert. Wenn beispielsweise die jagenden und sammelnden Indianer Nordamerikas alle Bisons in ihrer Gegend auf einmal abschossen, drohte ihnen in der nächsten Saison eine Hungersnot. Ursache und Wirkung des Problems – so die Erkenntnis – standen linear und schmerzhaft im Zusammenhang. Und der Schmerz ist allemal ein äußerst wirkungsvoller Lehrmeister.

In der vernetzten Welt von heute funktioniert dieses direkte Warnsystem nicht mehr. Ein Beispiel ist das Waldsterben. Ausgelöst wird es durch die verschiedensten Umwelteinwirkungen, die sich gegenseitig beeinflussen, abschwächen oder verstärken – ein kausales Dickicht, in dem weder ein einzelner Schadstoff noch ein bestimmter Schuldiger auszumachen ist. Der Zusammenhang zwischen Ursache und Wirkung des Waldsterbens ist hochkomplex, der Lerneffekt für den Menschen folglich äußerst gering.

Das gleiche gilt in noch stärkerem Maße für die weltweite Klimaveränderung, die der moderne Mensch ausgelöst hat. Wer für seine Wohnung Heizöl verfeuert oder mit dem Auto in den Urlaub braust, nimmt nie direkt einen Nachteil durch das von ihm produzierte Treibhausgas Kohlendioxid wahr. Nicht die Einzelperson heizt dem Klima ein, sondern erst die konzertierte Aktion von Millionen anonymer Mittäter. Der Treibhauseffekt führt dann womöglich Jahre später im fernen Bangladesch zu einer Sturmflut, macht somit aus bengalischen Reisbauern Ökoflüchtlinge und läßt sie bei den Einheizern der Industrienationen an die Asyltür klopfen. Ursache und Wirkung dieses Dilemmas liegen zeitlich und räumlich so weit auseinander, daß kaum ein Autofahrer seine Mitschuld an dem Flüchtlingsdrama erkennen wird.

Das alte Prinzip von Versuch und Irrtum – Ursprung aller Neuerungen –, das die Vorfahren des Menschen so erfolgreich gemacht hat, ist in der hochtechnisierten komplexen Welt zu einem bedrohlichen Hasardspiel geworden. Die wachsende Menschheit hat sich auf dermaßen große „Experimente" eingelassen – von der Vernichtung der Regenwälder über Massenmotorisierung und Gentechnologie bis zur Kernspaltung –, daß sich im Fall eines schweren Unglücks die Rahmenbedingungen extrem verändern und ein zweiter Versuch unter denselben Umständen nicht mehr möglich ist. Damit ist es grundsätzlich ausgeschlossen, aus solchen Irrtümern noch zu lernen.

Der Mensch könnte dieser Herausforderung allein mit dem Vorsorgeprinzip begegnen. Er müßte globale Entwicklungen vorausahnen

Der Mensch als großer Verdränger: Langfristige Probleme schiebt er am liebsten beiseite. Atommüll – hier im niedersächsischen Salzbergwerk Asse – überläßt er sorglos kommenden Generationen. Derart kurzfristiges Denken war zu Zeiten der Urmenschen noch vertretbar, oft sogar überlebensnotwendig. Um die heutigen Probleme zu lösen...

und lange vor der Schmerzgrenze Maßnahmen zur Abwehr einleiten. Er müßte öfter bewußt auf vordergründiges Wohlergehen verzichten und vieles unterlassen, um langfristig Sicherheit zu erlangen. Erfahrungsgemäß tut er sich mit solcher Vorsicht jedoch ungemein schwer.

Das ist nicht einmal verwunderlich. Denn das Gehirn, das den Menschen so mächtig machte und ihm nun aus dem Dilemma heraushelfen sollte, stammt entwicklungsgeschichtlich aus der Steinzeit, jener zwei Millionen Jahre währenden Epoche, da seine Vorfahren als Jäger und Sammler durch die Lande zogen. Binnen dieses Zeitraums vergrößerte sich das Volumen des Gehirns von 600 auf etwa 1400 Kubikzentimeter – eine gewaltige Veränderung, die sich nur als Antwort auf die äußeren Bedingungen von damals erklären läßt. Die aber haben so gut wie nichts mit den heutigen zu tun.

Die meiste Zeit der Entwicklung war beispielsweise der Egoismus eine überlebensnotwendige Eigenschaft des Menschen. Jeder mußte sich in erster Linie um sich selbst kümmern, dann um seine Familie und zuletzt um die Sippe. Außerhalb dieser Kreise lebten nur Konkurrenten, und mit denen zu kooperieren, wäre absurd gewesen.

Mit der Entstehung größerer Lebensverbände – Stämme, Städte und Staaten – bekamen Tugenden wie Solidarität und ethische Verantwortung mehr Bedeutung. Doch genau betrachtet steckt auch hinter diesen Merkmalen immer ein (Gruppen)-Egoismus. Wertesysteme entstehen nicht aus purem Idealismus, sondern nur, wenn daraus ein Vorteil für die Gemeinschaft resultiert. Sie dienen dazu, die Ordnung aufrechtzuerhalten und die Sippe, den Stamm oder die Nation stark zu machen. Sie grenzen aber Andersartige, Fremde und Minderheiten aus. Während beispielsweise das Töten eines Menschen innerhalb aller Gesellschaften tabuisiert ist, werden in Kriegen Millionen außenstehender Nachbarn dahingemetzelt. Gegenüber Sklaven galt überall auf der Welt eine andere Moral als gegenüber den Herren. In der Kolonialzeit wurden eingeborene Farbige anderen Gesetzen unterworfen als zugewanderte Weiße. Und noch heute genießen in allen Staaten Ausländer weniger Rechte als Einheimische.

Zwar ist der Mensch zweifellos ein soziales Wesen, aber keineswegs ordnet er sich der Gemeinschaft so selbstlos unter, wie es etwa

…wäre allerdings globale Verantwortung angebracht. Diese Tugend hat es schwer in der modernen Gesellschaft, wo persönliches Gewinnstreben als Höchstes gilt und Menschen wie der Multimillionär Donald Trump als erfolgreiche Vertreter der Art gefeiert werden

soziale Insekten – Bienen oder Ameisen – tun. Er führt bis heute ein Leben, das eher unsozial, unsolidarisch und selbstsüchtig ist. So wertet die moderne Industriegesellschaft persönliches Gewinnstreben ausdrücklich als positives Attribut, denn es gilt als Motor der Marktwirtschaft – und die wiederum gilt als Erfolgsmodell unter allen Wirtschaftsformen.

Der amerikanische Biologe Garrett Hardin hat das gesellschaftliche Prinzip des Egoismus in der Parabel von der „Tragödie des Gemeinguts" beschrieben: Mehrere Rinderbesitzer halten ihre Herden auf Weideland, das allen gemeinsam gehört. Jeder einzelne Hirte hat naturgemäß ein Interesse, zusätzliche Rinder anzuschaffen, denn das bedeutet mehr Reichtum. Demgegenüber halten sich die Kosten, die aus einer möglichen Überweidung resultieren, für ihn gering, denn sie verteilen sich auf alle. Die Tragödie liegt darin, daß jeder Hirte zu derselben Einstellung kommen muß. Hardins Fazit: „Freiheit für jeden bedeutet Ruin für alle".

Auch im Bereich der Umwelt ist Egoismus die Norm. Kein Mensch leitet die Abgase seines Autos in die eigene Wohnung oder kippt seinen Müll in den Vorgarten. Doch ohne Skrupel überläßt er jede Form von Abfall den für die größere Gemeinschaft lebensnotwendigen Elementen Luft, Boden und Wasser. Ordnung und Sauberkeit in der Privatsphäre stehen eindeutig höher als der Schutz des Gemeinguts Umwelt. Marktwirtschaft bedeutet auch, daß der Gewinn privatisiert, der Abfall aber sozialisiert wird.

Nach diesem Prinzip handeln nicht nur Privatpersonen und Industriebetriebe, sondern auch ganze Staaten. Österreich zum Beispiel hat der Kernenergie abgeschworen – importiert aber Atomstrom aus der Ukraine. Deutschland erläßt schärfste Abfallgesetze – und exportiert Plastik- wie Giftmüll in die Dritte Welt. Die Schweiz will ausländischen Lkw den Alpentransit auf der Straße verwehren – läßt aber die eigenen Lastwagen kreuz und quer durch Europa rollen.

Sinnvolle Umweltpolitik hieße, diese Praxis auf den Kopf zu stellen. Das globale Gemeingut Umwelt müßte einen höheren Rang erhalten als private Interessen. Alle Menschen und Nationen müßten ihren

Auch wenn es auf Jugendtreffen in der DDR so aussah: Menschen ordnen sich der Gemeinschaft nicht selbstlos unter wie Ameisen in ihrem Staat. Sie bestehen vielmehr auf persönlicher Freiheit und muten der Allgemeinheit lieber mehr zu als sich selbst

Egoismus hintan stellen und in gemeinsamer Verantwortung die ramponierte Erde reparieren. Die Industrienationen müßten ihre moderne Genußkultur einschränken, die Entwicklungsländer ihre Vermehrung begrenzen. Das aber sind fromme Wünsche, die eher an eine Weihnachtspredigt denn an politische Wirklichkeit erinnern. Denn zu Solidarität in solch hohem Ausmaß ist der Mensch allem Anschein nach nicht fähig. Dies beweist nicht zuletzt das fehlgeschlagene Experiment des Kommunismus – einer Ideologie, die genau auf jenem Prinzip von Verantwortung und Gemeinsinn beruht.

Zu Zeiten des Urmenschen, als sich das Gehirn zu heutiger Form und Größe entwickelte, galt es zudem, lediglich kurzfristige Probleme zu lösen: Nahrung beschaffen, Feinde vertreiben, sich vermehren –

und schon war das Leben vorbei. Die Zukunft spielte sich zwischen morgen und dem nächsten Sommer ab. Propheten, die das Unglück von übermorgen beschworen, hatten damals gewiß einen noch schwereren Stand als heute.

Unsere Vorfahren standen zudem selten vor Problemen, die aus exponentiellem, also sich selbst beschleunigendem Wachstum resultieren. Von solchen Herausforderungen aber wird der moderne Mensch geradezu erdrückt. Sie zu lösen, ist ihm bislang kaum gelungen. Denn exponentielles Wachstum bereitet, wie schon im Kapitel „Der Aufstieg zum Homo technicus" ausgeführt, große Verständnisprobleme. Zunächst kommt dieses Wachstum nur so träge in Gang, daß es kaum bemerkenswert erscheint. Von einem gewissen Punkt an jedoch explodiert es förmlich, und jede Gegenmaßnahme kommt dann zu spät.

Ein wohlbekanntes Beispiel bietet der berühmte Teich mit Seerosen: Die Pflanzen vermehren sich mit gleichbleibender Geschwindigkeit und verdoppeln ihre Anzahl jeden Tag. Viele Wochen vergehen, bis das Gewässer halb zugewachsen ist. Dann aber dauert es nur noch einen einzigen Tag, bis auch die zweite Hälfte und damit die ganze Oberfläche unter Seerosen verschwindet.

Weniger bekannt ist ein viel folgenreicheres Beispiel: Daß sich nämlich die Menschen auf diesem Planeten weit schneller vermehren als die Seerosen im Teich. Die Weltbevölkerung hat sich in der Vergangenheit nicht in jeweils gleichen, sondern in immer kürzeren Abständen verdoppelt: Von 350 auf 700 Millionen Häupter hat es noch 1500 Jahre gedauert; der Schritt auf 1,4 Milliarden war in 130 Jahren getan; auf 2,8 Milliarden wuchs die Menschheit in 76 Jahren heran, und den vorerst letzten Verdoppelungsschritt auf 5,6 Milliarden hat sie in nur 37 Jahren bewältigt.

Wie leicht derartige Phänomene falsch eingeschätzt werden, zeigt ein weiterer Fall. Ein Wirtschaftswachstum von zwei Prozent gilt als recht bescheiden; unterhalb dieser Grenze dräut fast schon Rezession, und dem Finanzminister wachsen graue Haare. Die Exponentialfunktion „zwei Prozent Wachstum" bedeutet allerdings, daß sich Menge und Wert der umgeschlagenen Güter binnen 35 Jahren verdoppeln. Also: doppelt soviele Fernseher, die verkauft – und später weggeworfen – werden müssen; doppelt soviele Autos, die unters Volk gebracht werden wollen; doppelt soviele Zeitungen, die einen Leser suchen – und so weiter. Gleichwohl ist das nur die halbe Geschichte. Wenn im selben Zeitraum neben der Zahl der Menschen auch der Rohstoffverbrauch pro Kopf global um zwei Prozent wächst – was gegenwärtig etwa der Fall ist –, vervierfacht sich der dabei entstehende Abfall. Wirtschaftlich mag diese Rechnung noch aufgehen – ökologisch muß sie in der Katastrophe enden. Dennoch putschen Ökonomen die Weltwirtschaft zu immer neuen Rekordleistungen auf, erreichen die Börsenindizes immer neue Höchststände. Wer glaube, exponentielles Wachstum könne für immer anhalten, bemerkte einmal ein Wissenschaftler, sei entweder verrückt – oder ein Ökonom.

Erschwerend kommt hinzu, daß sich die Folgen exponentiellen Wachstums oft erst verzögert bemerkbar machen. Beim Treibhauseffekt zum Beispiel überlagern natürliche Schwankungen den anfänglich kaum spürbaren Anstieg der Temperaturen. Der immer wieder eingeklagte „wissenschaftliche Beweis" für die Klimaänderung kann somit erst geführt werden, wenn sie selbst für Laien offenkundig ist. Bis dahin aber währt die trügerische Hoffnung, alles sei nur halb so schlimm – und das Klimasystem erreicht fast unmerklich jenen Punkt, an dem es kein Zurück mehr gibt.

Demselben Mißverständnis unterliegt die Menschheit beim Einschätzen der Aids-Epidemie. Sichtbar ist auch hier nur die Spitze des Eisberges: die Zahl der gegenwärtigen Kranken und Toten. Diese Menschen haben sich jedoch bereits vor etwa zehn Jahren angesteckt, so daß sich heute hinter den weltweit 600 000 gemeldeten Aids-Fällen in Wirklichkeit eine Zahl von schätzungsweise 13 Millionen Infizier-

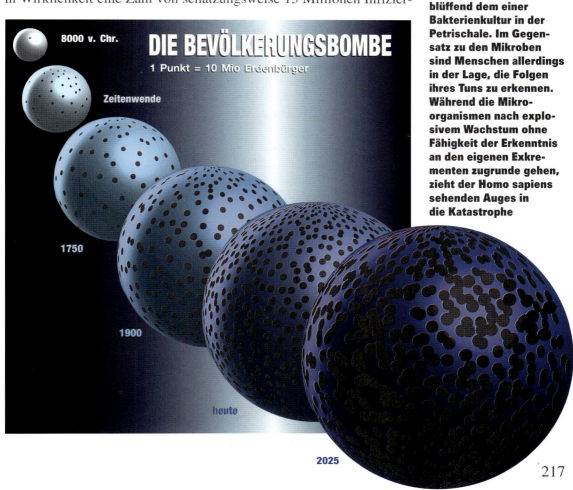

Das Wachstum der Menschheit gleicht verblüffend dem einer Bakterienkultur in der Petrischale. Im Gegensatz zu den Mikroben sind Menschen allerdings in der Lage, die Folgen ihres Tuns zu erkennen. Während die Mikroorganismen nach explosivem Wachstum ohne Fähigkeit der Erkenntnis an den eigenen Exkrementen zugrunde gehen, zieht der Homo sapiens sehenden Auges in die Katastrophe

ten verbirgt, die ihrerseits ein Jahrzehnt später als 13 Millionen Erkrankte auftauchen.

Wäre der Mensch intellektuell in der Lage, auf exponentielles Wachstum angemessen zu reagieren, hätte es nie zum verheerenden Ausbruch der Epidemie kommen können. Denn schon Mitte der achtziger Jahre war bekannt, wie das Aids-Virus übertragen wird. Seither hätten weitere Infektionen theoretisch mit einfachen Mitteln vermieden werden können: durch saubere Spritzen beim Fixen und durch Kondome beim Geschlechtsverkehr. Zwar hätten sich dann immer noch einige angesteckt, denn kein Schutz ist hundertprozentig. Doch insgesamt wäre die Zahl der Infektionen stetig gesunken und die Seuche zum Erliegen gekommen.

All dies zeigt, daß der Mensch ein großer Verdränger und ein hemmungsloser Optimist ist. Und daß sein Verstand möglicherweise von den Problemen der heutigen Zeit überfordert ist. Es hat den Anschein, als paßten die enormen technischen Fähigkeiten des *Homo sapiens* und seine archaischen Anlagen – die Selbstsucht, die Aggressivität, der Vermehrungstrieb – nicht zusammen. Der „weise Mensch" wäre damit nichts anderes als ein Primat, dem ein Übermaß an geistiger Begabung viele Vorteile, aber noch mehr Nachteile beschert hat – eine Art „Umwelt-Abnormität", wie es der amerikanische Evolutionsbiologe Edward Wilson nennt.

Doch muß das bedeuten, daß die menschliche Art unaufhaltsam in den Untergang steuert? Die Frage läßt sich nicht beantworten, weil niemand sicher weiß, was die Zukunft bringt. Niemand kann vorhersagen, ob der Mensch – wie der dickhäutige Ameisenbär – an seiner Allmacht zugrundegehen muß, oder ob er doch noch in der Lage ist, eben diese Fähigkeit zu zügeln. Allerdings kann ein Blick auf die Evolutionsgeschichte Anhaltspunkte liefern, wie es weitergehen könnte, und wie der Mensch sich auf die Zukunft einstellen sollte.

Auch wenn die Evolution an sich kein „Ziel" hat, führt das Prinzip der Selbstorganisation dennoch zu einer Art unaufhaltsamen „Fortschritts". Aus einfachen Organismen wie Bakterien, Algen oder Amöben entwickelten sich in Jahrmillionen immer komplexere Wesen mit einer immer größeren Vielfalt. Trotz vorübergehender Unterbrechungen durch massive Aussterbewellen stieg diese biologische Diversität stetig an und hatte, bis der Mensch in das globale Ökosystem eingriff, ihren einstweiligen Höchststand erreicht.

Ein katastrophales Massensterben wie jenes vor 65 Millionen Jahren, als die Saurier das Zeitliche segneten, bedeutet für die Evolution nämlich einen großen Anschub. Weil es viele Arten aus der Welt schafft, macht es zugleich Platz für neue. Die wiederum spalten sich – vorausgesetzt, einzelne Untergruppen von ihnen leben geographisch oder sozial getrennt – zu Varietäten auf, aus denen nach geraumer Zeit eigene, nicht mehr vermischungsfähige Arten entstehen. Biologen nennen diesen Vorgang Speziation. Dadurch fächert sich das System oft mannigfach auf, wie es beispielsweise an der Schwelle von der Kreidezeit ins Tertiär geschah: Nach dem Fortgang der Saurier und vieler anderer Familien, Gruppen und Arten entfaltete sich das ganze Spektrum der Säugetiere.

Dominante Arten, die sich in großer Zahl in den verschiedensten Ökonischen niederlassen, stören den evolutionären „Fortschritt". Aus dem üblichen Verlauf der Evolution läßt sich schließen, daß sie deshalb alles daran setzt, die erfolgreichsten und „klügsten" unter den Arten möglichst schnell zu beseitigen. Tatsächlich beobachten Biologen, daß Spezies mit komplexeren Gehirnen – vorwiegend Säugetiere – im allgemeinen weniger lange existieren als kleinhirnige Arten wie Schildkröten, Haie, Küchenschaben oder Eidechsen.

Wenn der Mensch ein von der Evolution getriebenes Wesen ist – und daran läßt sich nicht ernsthaft zweifeln –, dann verhält er sich heute aus menschlicher Sicht wohl verheerend, im Sinne des evolutionären Fortgangs aber optimal. Er wandert nicht nur mit Riesenschritten auf den Abgrund der eigenen Existenz zu, sondern reißt dabei auch noch ein ganzes Artenspektrum mit sich. Er verantwortet ein weltweites Massensterben, wie es bislang nur Naturkatastrophen kosmischen oder geologischen Ursprungs verursacht haben. Mit erdgeschichtlichem Abstand betrachtet, wird das Walten des *Homo sapiens* auf Erden einmal so elementar ausgehen wie der mörderische Einschlag jenes Meteoriten, der das Schicksal der Saurier besiegelte.

Vor diesem Hintergrund wird so manches menschliche Verhalten, das auf den ersten Blick absurd und sinnlos erscheint, evolutionär erklärbar:

● Die gesamte technische Zivilisation mit ihren Folgen – Ressourcenschwund, Umweltverschmutzung und Bevölkerungsexplosion – stellt sich als beschleunigendes Element einer evolutionären Aufräumaktion dar.

● Der amtierende Heilige Vater und manche seiner gläubigen Anhänger wie auch fundamentalistische Mullahs, die sogar in übervölkerten Weltregionen die Vermehrung predigen, mögen damit Armut und

Als einzige Spezies vermag der Mensch seine Umwelt nach eigener Vorstellung zu gestalten. Mit dem größten Hallenbad der Erde – im kanadischen Edmonton – hat er sogar eine künstliche Welt geschaffen. Nach Auffassung von Evolutionstheoretikern bescheren ihm seine geistigen und technischen Fähigkeiten freilich mehr Nach- als Vorteile

Vermutlich nach einem Meteoriteneinschlag vor 65 Millionen Jahren starben neben zahllosen Tier- und Pflanzenarten auch die Saurier aus. Dieser natürliche Kahlschlag schuf Platz für die explosive Evolution neuer Spezies. Ein ähnliches Massensterben provoziert heute der Mensch

Elend schüren und moralisch gegen die Menschenwürde verstoßen. Sie handeln dennoch ganz im Auftrag der Evolution oder – um es mit einem religiösen Begriff zu fassen – im Auftrag der Schöpfung. Denn das ungezügelte Wachstum, das sie mitverantworten, muß in der evolutionsbeschleunigenden Katastrophe enden.

● Denselben Effekt hat der Trieb der Menschheit zur Gleichmacherei. Sie strebt derzeit eine „Weltkultur" an, die auf fünf Getreidesorten, zwei Softdrink-Marken und einem einzigen Wirtschaftssystem basiert. Solche Vereinheitlichung macht extrem anfällig gegen jede natürliche Störung. So bedeutet es etwas ganz wesentlich anderes, ob eine von Hunderten von Getreidesorten durch einen Schädling ausgerottet wird – oder eine von fünf. Ähnlich gefährdet wäre eine Menschheit, die durch endlose genetische Vermischung aller Ethnien irgendwann über dasselbe Erbmaterial verfügt. Eine derartige Welteinheitsbevölkerung, wie sie die Vereinten Nationen noch in den sechziger Jahren als denkbar bezeichneten, hätte zum Beispiel keine Chance mehr, Abwehrmechanismen gegen ein neues, tödliches Virus zu entwickeln, bevor dieses die ganze Population dahinrafft.

So gesehen, entpuppt sich das Gehirn des Menschen als genialer Einfall der Evolution. Es dient dem *Homo sapiens* weniger dazu, sich selbst zu verwirklichen – auch wenn er genau das glaubt –, als sich selber zu eliminieren. Das Gehirn, von der Evolution geschaffen, versorgt den Menschen sogar mit einer neuen, künstlichen Umwelt, die ihrerseits die Evolution noch beschleunigt: „Große und schlaue Gehirne führen zu komplexeren Kulturen, die noch größere und schlauere Gehirne hervorbringen", so der amerikanische Biologe Christopher Wills.

Dennoch bedeutet diese offensichtliche Einbahnstraße keinen Anlaß zum Verzweifeln. Denn sobald der Mensch begreift, daß die Evolution mit ihm macht, was sie will – und nicht umgekehrt –, erfährt er nicht nur seine eigenen Grenzen, sondern auch seine Handlungsmöglichkeiten.

Die ernüchternde Perspektive, daß es mit der Menschheit in der heutigen Form irgendwann ein Ende hat, läßt sich nicht aus der Welt räumen. Sie rechtfertigt aber weder Fatalismus und Zynismus, noch stellt sie einen Freibrief aus, dem Untergang tatenlos zuzusehen oder ihn gar bewußt zu beschleunigen. Im Gegenteil: Gerade das Wissen um die Endlichkeit der eigenen Spezies bürdet dem Menschen die enorme Verantwortung auf, die Erde zum Nutzen kommender Generationen zu bewahren. Denn für die bedeutet es einen großen Unterschied, ob bis zum Jüngsten Tag zehn Jahre oder eine Million Jahre verstreichen. Dazwischen liegt ein gewaltiger Spielraum für den *Homo oecophagus* – den ökosystemfressenden Menschen –, in dem er beweisen kann, ob er die selbstgewählte Bezeichnung *Homo sapiens* – weiser Mensch – wirklich verdient.

Der Mensch beginnt seine eigene Position im gesamten Ökosystem erst in jüngster Zeit zu verstehen. Globale, menschengemachte Umweltprobleme sind erdgeschichtlich noch neu. Die heute lebende Generation ist somit auch die erste, die auf diese Probleme reagieren kann. Der moderne Mensch am Ende des 20. Jahrhunderts muß zum Beispiel, anders als seine Vorgänger, kein Sklave seines Vermehrungstriebes mehr sein. Er verfügt über alle Mittel, das Bevölkerungswachstum bewußt zu bremsen und zum Stillstand zu bringen. Er kann so eine der schärfsten Waffen der Evolution stumpf machen.

Zumindest theoretisch hat der Mensch eine Chance dazu. Denn im Gegensatz zur Krebszelle ist er nicht zur Vermehrung gezwungen, sondern kann selbst entscheiden, was er will. Auch die skeptischsten Kulturkritiker schließen nicht aus, daß der Mensch seine einzige Chance nutzt, nämlich die Vernunft über seine Fähigkeiten zu stellen. Schließlich ist er, so der Philosoph Hans Jonas, „das überraschendste aller Wesen".

Lange hat die Entwicklungshilfe vorwiegend die männliche Welt gefördert – mit oft fragwürdigen Ergebnissen. In Bangladesch erhalten jetzt Frauen die Chance und erzielen eindrucksvolle Erfolge. Überraschender Nebeneffekt für das übervölkerte Land: Sobald das »schwache« Geschlecht – auch durch mehr Rechte – erstarkt, sinkt die Geburtenrate

DER PLANET DER

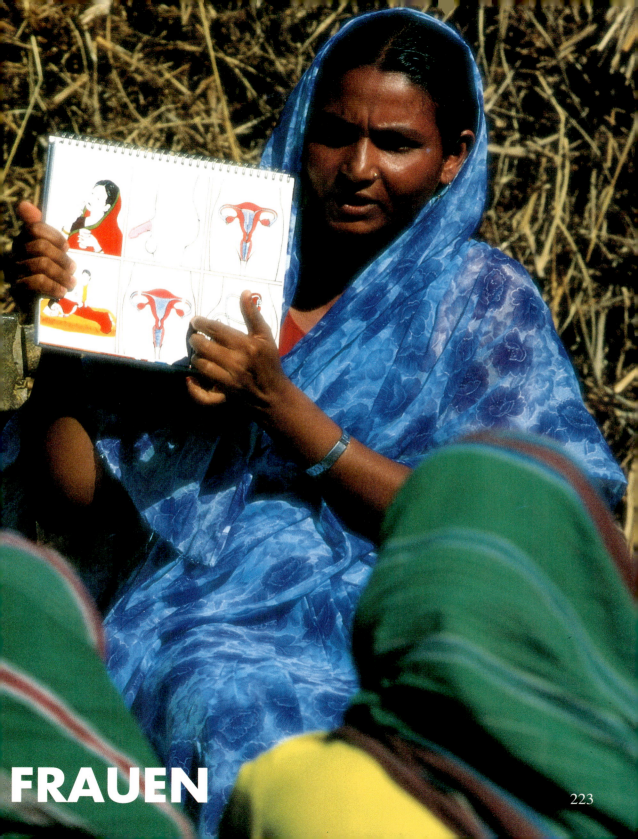

FRAUEN

Der Abend naht, die letzten Sonnenstrahlen brechen sich in den Bananenstauden. Jarina hockt in ihrem bunten Sari an der Chula, dem Lehmofen, der vor ihrer Hütte in den Boden eingelassen ist. Im Aluminiumtopf brodelt der Reis.

Abdullah, ihr Mann, kommt von der Arbeit auf dem Feld nach Hause und begrüßt sie mit einer ungewohnt guten Nachricht: „Ich habe einen halben Hektar Land gekauft, und ich will, daß du es bekommst, wenn ich einmal sterbe."

„Träume ich?" fragt Jarina ungläubig, „das ist unmöglich. Wir sind doch arme Leute".

„Aber sieh' doch, hier ist der Vertrag, der dich zur Besitzerin macht. Du mußt ihn nur unterschreiben."

Eine Weile betrachtet die Frau ratlos das Papier, schließlich nimmt sie mit dem Daumen etwas Ruß vom Kochtopf ab und signiert das Dokument mit ihrem Fingerabdruck.

Wochen später. Abdullah ist spurlos verschwunden. Jarina sitzt mit ihren Freundinnen Hajera und Safia vor der Hütte und weint. Sie macht sich große Sorgen.

Als der Mann tags darauf zurückkehrt, überhäuft sie ihn mit Vorwürfen. Genervt hält er sich die Ohren zu, zuckt höhnisch mit den Schultern und offenbart, daß er sich eine neue Frau genommen hat. „Aber was gibt es zu klagen, wir sind ja längst geschieden", sagt er und hält ihr den vermeintlichen Schenkungsvertrag unter die Nase, „sieh doch, du hast ihn selbst unterschrieben."

Die Geschichte ist nur Theater. Doch für die Zuschauerinnen in einem kleinen Dorf bei Faridpur in Bangladesch ist es ein Stück mitten aus ihrem Leben. Viele haben Ähnliches erlebt oder wissen, daß es ihnen jederzeit passieren kann.

Am Ende der Aufführung versuchen die Freundinnen, Jarina zu trösten: „Wir haben dich immer vor diesem Mann gewarnt. Du solltest auf uns hören und bei ‚Septagram' mitmachen. Dort lernst du Lesen und Schreiben, und so ein Unglück passiert dir nicht nochmal." Dann ist das Stück zu Ende.

Septagram heißt soviel wie „Sieben Dörfer" und ist eine Selbsthilfe-Organisation von Frauen für Frauen. Werbekampagnen wie das Theaterspiel hat das Projekt eigentlich kaum noch nötig, denn der Erfolg hat sich längst herumgesprochen. Septagram – teilweise finanziert von der Hilfsorganisation „Brot für die Welt" – hat das Leben von mehr als 40 000 Frauen in den Dörfern um Faridpur verändert und den Teufelskreis aus Armut, Abhängigkeit und Gebären radikal durchbrochen.

Hinter der Idee steht eine Frau, der es immer wieder große Lust bereitet, die verklemmt-konservative Männergesellschaft von Bangladesch vor den Kopf zu stoßen: Rokheya Kabir, eine fast 70jährige ehemalige Englisch-Professorin, die dicke Zigarren qualmt und sich hin und wieder mit einem Glas Whisky stärkt. In ihrem Büro in der Hauptstadt Dhaka nimmt sie demonstrativ Platz unter dem Plakat einer südamerikanischen Freiheitskämpferin mit Kalaschnikow im Arm.

Mehr als zwanzig Jahre ist es her, daß die Juristentochter aus besseren Kreisen, die in der Millionenstadt Kalkutta aufgewachsen ist und sieben Jahre in London studiert hat, zum ersten Mal erlebte, wie es in Bangladesch auf dem Land zuging. „Ich war schockiert", erinnert sie sich, „ich hatte nie zuvor ein Dorf gesehen. Dort lebten die Frauen wie Untermenschen." Der islamisch begründete Sittenkodex der „Purdah" zwang die Frauen, sich zu verschleiern. Ihr Alltag fand unter Ausschluß der Öffentlichkeit statt – angeblich, um sie vor der „bedrohlichen Umwelt" zu schützen. Sie blieben an die Umgebung ihrer Hütte gefesselt, und es war ihnen verboten, ohne männliche Begleitung auf die Straße oder den Markt zu gehen.

„Die Frauen waren nur dazu da, sich Ehemännern, Vätern, Brüdern oder Söhnen unterzuordnen. Und nach lebenslanger Gehirnwäsche glaubten sie sogar, das sei in Ordnung", sagt Rokheya Kabir. „Die meisten Männer sehen in den Frauen noch heute nichts als Sklaven. Wenn das so bleibt, kann man in dieses Land so viel Entwicklungshilfe pumpen, wie man will. Es wird alles nichts nützen, solange die Männer jeder Entwicklung im Weg stehen."

Nach diesem Kulturschock gab die Professorin ihren Job an der Universität auf, ging nach Faridpur, dem Ort ihrer Vorfahren, und beobachtete erst einmal ein Jahr lang das Leben der Ärmsten unter den Frauen. 1976 gründete sie in sieben Dörfern ihre Organisation. Als anfangs die Mullahs gegen die aufsässige Städterin meuterten, sagte sie ihnen: „Wer den Frauen im Namen des Koran ihre Rechte verweigert, der wird durch die tiefste Hölle gehen, denn er lügt mit dem heiligen Buch in der Hand." Seither hat sie keine größeren Probleme mehr mit den religiösen Führern, die sonst alles beherrschen.

Zu Beginn riet Rokheya Kabir den Frauen lediglich, sich zu Gruppen zusammenzuschließen, „das erhöht das Selbstbewußtsein gegenüber der Männergesellschaft". Und irgendwie an Geld zu kommen, „den Schlüssel zur Unabhängigkeit". Weil sich die meisten Frauen jedoch scheuten, etwas selbstgezogenes Gemüse oder ein paar Eier auf dem Markt anzubieten, schickte sie die Ältesten und Ärmsten vor, die

Das Wunder von Faridpur: Rabaya in der Hilfsorganisation Septagram ist die einzige Frau des Distrikts, die einen Motorpflug steuert – in der streng islamischen Männergesellschaft von Bangladesch vor Jahren noch undenkbar

ohnehin nichts mehr zu verlieren hatten. Als die tatsächlich Geld mit nach Hause brachten, war der Bann gebrochen.

Heute steuern die Frauen Traktoren, schütten Beton für Latrinen-Einfassungen, pflanzen Bäume und unterrichten Männer in der Seidenraupenzucht – das alles wäre noch vor 15 Jahren undenkbar gewesen. Nicht, daß die Männer diese Frauen deshalb schon als gleichberechtigt ansehen würden. Doch das kümmert die Septagram-Mitglieder kaum noch. Sie sind unabhängiger geworden, reden unverschleiert über ihre Probleme und berichten so offen über ihr Eheleben, daß der Dolmetscher sich voller Scham weigert, Einzelheiten zu übersetzen.

„Früher waren wir blind, obwohl wir Augen im Kopf hatten", sagt Fatima, eine der Frauen, „wir haben die niedrigsten Arbeiten gemacht, ohne zu klagen. Jetzt ziehen wir unsere eigenen Hühner, Enten und Ziegen groß und behalten den Gewinn".

„Geändert hat sich auch meine Ehe. Wenn ich Ärger mit meinem Mann habe, erzähle ich in der Gruppe davon. Zwanzig Frauen sind stärker als eine allein. Einmal, als er vor Wut eines meiner Hühner umgebracht hat, sind wir alle zu ihm gegangen und haben solange auf ihn eingeredet, bis er ein neues gekauft hat. Seither hört er mir zu und schlägt mich nicht mehr. Ich habe ihm gesagt, daß ich keine Kinder mehr will. Wir haben eine Tochter und einen Sohn, das genügt."

Obwohl Septagram ursprünglich gar kein Familienplanungs-Programm sein sollte, ist unter den Mitgliedern der Trend zu weniger Kindern unübersehbar. „Die wissen jetzt, daß ihr Leben schwerer wird mit einer großen Familie", sagt Mitarbeiterin Nassima, „und sie wissen, wie man sie kleinhalten kann". Die Folge: Nur wenige der Septagram-Frauen haben mehr als zwei Kinder – üblich ist in Bangladesch mindestens das Doppelte.

Generell tragen Frauen in Entwicklungsländern die größte Verantwortung für Haushalt, Gesundheit und Umwelt. Sie ziehen die Kinder groß, umsorgen die Alten und Kranken und ernähren oft die ganze Familie. In Schwarzafrika und Indien beispielsweise produzieren die Frauen 80 Prozent der Nahrungsmittel.

Demographen wissen aus Umfragen, daß Frauen in Entwicklungsländern mehr Kinder bekommen, als sie wirklich wollen. Könnten sie frei über ihre eigene Fruchtbarkeit bestimmen, dann gäbe es in den Nationen der heutigen Dritten Welt im Jahre 2025 vermutlich nicht sieben, sondern nur sechs Milliarden Menschen

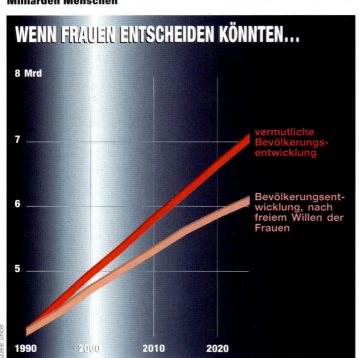

226

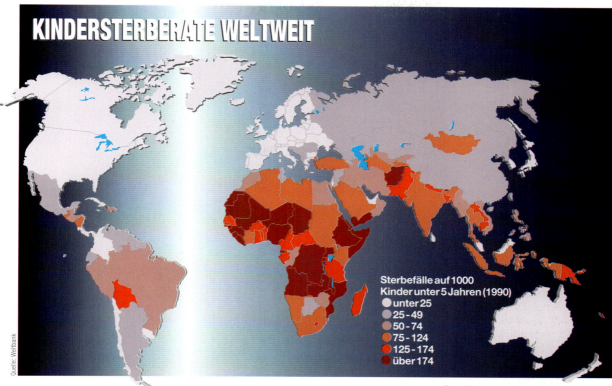

KINDERSTERBERATE WELTWEIT

Sterbefälle auf 1000 Kinder unter 5 Jahren (1990)
- unter 25
- 25 - 49
- 50 - 74
- 75 - 124
- 125 - 174
- über 174

Quelle: Weltbank

Nicht nur Septagram, auch andere der meist einheimischen Organisationen für Entwicklungshilfe versuchen jetzt, aus diesen Erfahrungen Lehren zu ziehen. Sie wollen Frauen auf vielfältige Weise unterstützen – mit dem Ziel, das Bevölkerungswachstum einzudämmen. Wenn sich zum Beispiel die Gesundheit von Mutter und Kind dank neuerdings sauberen Trinkwassers verbessert – so die Vorstellung – profitierte davon die ganze Familie, denn gesunde Menschen kosten weniger und leisten mehr. Vor allem Kinder, die bisher wegen verseuchten Wassers am ehesten an Infektionskrankheiten starben, haben nun eine größere Überlebenschance. Sobald Eltern sicher sein können, daß weniger ihrer Nachkommen sterben, werden erfahrungsgemäß auch weniger Kinder gezeugt. So entsteht überhaupt erst ein Bedarf an Familienplanung.

Auf diese Weise, das zeigen die Ergebnisse aus jenen Entwicklungsländern, die bereits einen wirtschaftlichen Aufschwung erleben, läßt sich die Kinderzahl pro Frau jedoch nur auf drei bis vier senken. Doch das bedeutet immer noch explosives Wachstum. Deshalb sollte dann die zweite, die entscheidende Phase der Förderung einsetzen: Frauen müssen, kurz gesagt, in ihrem fruchtbarsten Alter, zwischen 15 und 25 Jahren, die Chance erhalten, etwas anderes zu tun, als Kinder zu

Der Weg zum Erfolg: Überall auf der Welt ist in den vergangenen Jahrzehnten die Kindersterblichkeit gesunken. Sobald Eltern sicher sein können, daß ihr Nachwuchs eine gute Überlebenschance hat, schwindet erfahrungsgemäß auch der Wunsch nach vielen Kindern

In der Seidenfabrik von Septagram arbeiten vorwiegend alleinstehende Frauen. Einst waren sie sozial entwurzelt. Heute erlaubt ihnen das eigene Einkommen eine selbständige Existenz

kriegen – durch Schule, Ausbildung und Beruf. Nutzen sie dieses Angebot, dann bekommen sie selten mehr als drei Kinder. Theoretisch wäre dies jener sich selbst beschleunigende Prozeß von sozialem Fortschritt und Geburtenrückgang, den Entwicklungspolitiker immer herbeigesehnt haben.

Doch wie sieht die Praxis aus in einem Land, wo Kinder nicht als Last, sondern traditionell als Arbeitskräfte und Rentenversicherung gelten? In dem sich Frauen vor allem von Söhnen im Alter eine Hilfe versprechen? Söhne brauchen sie, weil sie als Mädchen oft an wesentlich ältere Männer verheiratet werden und dann früh verwitwen. Also wünschen sie sich gleich zwei, denn einer könnte ja früh sterben. Bis

sie die endlich bekommen haben, hängen ihnen freilich oft schon vier, fünf oder sechs Kinder am Sarizipfel.

Dies wäre eine typische Perspektive auch für Akhirons Zukunft gewesen. Vor neun Jahren wurde sie verheiratet und bald danach schwanger. Dann nahm sich ihr Mann nach islamischem Recht eine zweite Frau. Als sich Akhiron darüber beschwerte, bezog sie Prügel, und der Gemahl machte sich aus dem Staub. Sie hatte die Wahl, mit ihrem kleinen Sohn zu verhungern, oder demütig als verlassene Frau zu ihren Brüdern zu ziehen, oder wieder zu heiraten und weiter Kinder zu kriegen – oder gegen den Sittenkodex zu verstoßen und Geld zu verdienen.

Zu jener Zeit hörte Akhiron zum ersten Mal von Septagram. Sie schloß sich einer Gruppe an, wurde bald zur Leiterin gewählt und fand einen Job in der Septagram-Seidenfabrik in Rajbari. Dort arbeitet sie seit sechs Jahren.

Mit einem Dutzend Frauen hockt Akhiron in einer großen Halle auf dem Boden und kämmt Rohseide. Gegenüber sitzen 15jährige Mädchen, deren schmale Körper im Takt der hölzernen Spinnräder auf- und abwippen. Am Ende des Raumes verrichten sechzig andere Frauen Knochenarbeit an hektisch klackenden hand- und fußbetriebenen Webstühlen. Seidenfäden sind hauchdünn, und es dauert Stunden, bis auch nur ein paar Zentimeter des glänzenden Tuches zusammenkommen.

Auf den ersten Blick ist es eine typische Drittewelt-Fabrik des ausgehenden 20. Jahrhunderts, betrieben nach frühkapitalistischem Muster. Doch der Eindruck täuscht. Die gesamte Produktion, von der Seidenraupenzucht in den Dörfern bis zum Verkauf der fertigen Ballen, hat mehr als tausend relativ gut bezahlte und sichere Jobs geschaffen – für Frauen wie Akhiron, die vorher gar nichts hatten.

Sie verdient monatlich umgerechnet 30 Mark, das reicht leicht zum Leben, denn Akhiron hat ja nur für ihre Kleinstfamilie zu sorgen. Stolz trägt sie während der Arbeit ihren Schmuck und hüllt sich in einen roten Seidensari. Durch ihr Einkommen ist sie auf der sozialen Leiter so weit nach oben gestiegen, daß sie häufig Angebote erhält, wieder zu heiraten. „Aber wozu brauche ich einen Mann?" fragt sie. „Ich habe doch einen Sohn, das reicht mir. Alle meine fünf Geschwister müssen sich um vier bis sieben Kinder kümmern. Meine Schwestern und Schwägerinnen haben keine Arbeit und sind sehr arm. Mir geht es viel besser."

Vor Jahren hat Akhiron eine Freiluftschule für Erwachsene besucht. Sie zeigt uns eine solche Klasse, die es überall in der Nachbarschaft der Septagram-Gruppen gibt. Zwanzig Frauen zwischen 15 und 40 Jahren sitzen auf Bastmatten im Schatten einer mit Gurken berankten Pergola und lernen das Bengali-Alphabet. Der Septagram-Lehrer zeigt mit einem Bambusstab auf die verblichene Schiefertafel und buchstabiert das Wort „Baumstamm" vor. Die Schülerinnen, mit frisch geölten Haaren herausgeputzt für das Sozialereignis Schule, antworten im Chor. Sie lassen sich nicht stören, wenn Hühner und Enten durch die Reihen marschieren, nicht ablenken von den Babys, die manche mitgebracht haben. Der Lehrer muß nur einmal ein paar neugierige Jungen davonjagen, die auf einem Reisstrohhaufen herumkrakeelen. In der Klasse selbst herrscht eine Disziplin, von der ein deutscher Grundschullehrer nur träumen kann.

Sechs Tage in der Woche treffen sich hier die Frauen für je zwei Stunden. Nach zwanzig Monaten können sie lesen, schreiben, rechnen und wissen Bescheid über ihre Rechte im täglichen Leben. Anders als in staatlichen Schulen bricht kaum eine der Schülerinnen die Ausbildung ab.

„Das mag nur wie ein kleiner Fortschritt aussehen", sagt der Lehrer, „aber für die Frauen bedeutet es viel. Sie können jetzt lesen, wohin der Bus fährt, wenn sie allein unterwegs sind. Schon allein das macht sie unabhängiger und stärkt ihr Selbstbewußtsein. Sie wissen, wie man ein Bankkonto einrichtet und über Einnahmen und Ausgaben Buch führt. Sie verstehen, was auf den Düngemittelsäcken und Verhütungsmittelpackungen steht. Und natürlich wollen sie, daß ihre Kinder eines Tages auch zur Schule gehen."

Anfangserfolge wie dieser haben ausgerechnet das bislang hoffnungslose Bangladesch zu einem Vorzeigemodell für Entwicklungshilfe gemacht. Zwar kommen in dem Land jährlich immer noch fast fünf Millionen Babys zur Welt; bis heute leben 43 Prozent der Menschen unter der Armutsgrenze und haben nicht genug zu essen. Dennoch kann Bangladesch eine erstaunliche Bilanz vorweisen. Die Weltbank listet es unter den zwanzig ärmsten Nationen der Welt als einzige mit einem deutlichen Geburtenrückgang auf. Seit der Unabhängigkeit

Bildung ist der erste Schritt in die Freiheit. Wer in der Erwachsenen-Schule Schreiben und Rechnen lernt, kann das tägliche Leben unabhängiger und damit besser meistern

im Jahr 1971 ist die durchschnittliche Zahl der Kinder pro Frau von über sieben auf unter fünf, nach Angaben der Regierung gar auf fast vier gesunken.

Insbesondere hat sich die Vorstellung der Bangladeschi über die Größe der Familie geändert. Bis Ende der siebziger Jahre gab die Mehrheit der Bürger bei Umfragen noch an, die Zahl der Kinder hänge von Allahs Willen ab. Ein Jahrzehnt später glaubten sie, das selbst beeinflussen zu können. Als Ideal für eine Familie nannten sie zwei Söhne und eine Tochter.

Der Geburtenrückgang in Bangladesch ist deshalb so ungewöhnlich, weil er dem eines Schwellenlandes ähnelt, wo der Trend zu kleineren Familien üblicherweise unter gebildeten Frauen der sozialen Oberklassen in den Städten beginnt. Weil die als Vorbild gelten, breitet sich der Rückgang langsam auch in den anderen Gesellschaftsschichten und über das ganze Land aus, bis eine niedrige Kinderzahl überall zur Norm wird.

Ein typisches Beispiel dafür ist Thailand, wo die Geburtenrate zwischen 1965 und 1992 von 6,5 auf 2,2 Kinder fiel. Frauen mit höherer Schulbildung bekommen dort im Mittel weniger als zwei Babys. Selbst Frauen, die nie auf eine Schule gegangen sind, haben weniger als vier Sprößlinge.

Bangladesch erlebt allerdings keinen Wirtschaftsboom wie manches reiche Dritte-Welt-Land. Der Geburtenschwund muß also andere als ökonomische Gründe haben. Marceline Rozario von der einheimischen Entwicklungs-Organisation Rangpur Dinajpur Rural Service (RDRS) glaubt drei wesentliche Ursachen zu kennen:

Erstens hätten alle Regierungen von Bangladesch, so korrupt und unfähig sie auch sonst waren, das Bevölkerungswachstum als „Staatsproblem Nummer eins" erkannt und ihrem Volk diese Parole regelrecht eingehämmert.

Zweitens sei das Land so dicht besiedelt, daß die Leute die Enge und die Grenzen des Wachstums Tag für Tag physisch erlebten. „Das merkt jeder, der sein kleines Stück Land an zwei oder mehr Söhne vererben soll".

Drittens habe sich die Rolle der Frau gewandelt – eine Einschätzung, die sich mit Zahlen belegen läßt: Noch 1961 war ein Drittel aller Mädchen im Alter von zehn bis 14 Jahren bereits verheiratet. Heute ist der Anteil der Kinder im Ehestand wesentlich geringer, das durchschnittliche Heiratsalter von Frauen liegt bei etwa 18 Jahren.

Für Bangladesch bleibt die günstige Entwicklung ein Wettlauf mit der Zeit. Denn auch wenn sich der Bevölkerungszuwachs verlangsamt hat, ist er doch immer noch viel zu hoch. Selbst die stets zweckoptimistische Regierung, die noch 1976 annahm, die Zahl der Einwohner könne sich im Jahr 2000 bei 121 Millionen stabilisieren, geht heute davon aus, daß es 2005 schon 150 Millionen sein werden und auch dann noch kein Ende des Booms in Sicht ist.

Das ganze Dilemma wird an der Arbeit des RDRS deutlich, für den Rozario tätig ist. Die Entwicklungs-Organisation gehört zu den größten und erfolgreichsten in Bangladesch und operiert im besonders rückständigen Norden des Landes. Die mehr als 1700 fest angestellten Mitarbeiter betreuen 150 000 Menschen – mehrheitlich Frauen, die sich wie bei Septagram in Gruppen zusammengeschlossen haben.

Doch um ungefähr die gleiche Zahl von Menschen wächst jedes Jahr die Sechs-Millionen-Bevölkerung in jenen Distrikten, wo der RDRS aktiv ist. Da hilft es wenig, daß die RDRS-Mitglieder überdurchschnittliche Bildung und halbwegs sichere Einkommen haben; daß 83 Prozent von ihnen irgendeine Art von Geburtenkontrolle betreiben und ihre Kinderzahl unter dem nationalen Mittel liegt.

„Daran sieht man, wie lang der Weg noch ist, der vor uns liegt", stöhnt die Ärztin Salima Rahman, die für den RDRS ständig mit dem Motorrad von Dorfklinik zu Dorfklinik unterwegs ist. Heute hat sie Dienst im „Mutterschafts-Zentrum" von Aditmari. Drei Krankenschwestern arbeiten hier im Schichtbetrieb in einer Bambushütte mit Wellblechdach und Lehmziegelboden. Sprech- und Untersuchungsbereich sind durch einen Vorhang voneinander getrennt, dahinter schließt sich ein Raum für die Geburten an und einer zum Ausruhen danach.

Auf der Pritsche liegt Henna, neben sich ein winziges braunes Menschlein, gerade fünf Pfund schwer, in ein Wolltuch gehüllt und ein paar Stunden alt. Die Mutter mit ihren eingefallenen Augen sieht erschöpft aus. „Unterernährt und anämisch", stellt Dr. Rahman fest, „wie fast alle hier. Während der Schwangerschaft hat sie ganze drei Pfund zugenommen. In Deutschland wären wohl zwanzig Pfund normal."

Henna sagt, sie sei 24 Jahre alt, aber genau weiß sie das nicht. Die meisten Bangladeschi haben nur eine vage Vorstellung von ihrem Alter. Gewiß ist allein, daß sie in der Nacht ihren vierten Sohn zur Welt gebracht und daß sie eigentlich gar keine Kinder mehr gewollt hat. „Mein Mann hat mich gedrängt. Er wollte unbedingt noch eine Tochter. Was soll ich tun? Ich muß doch machen, was er sagt."

„Ein schwieriger Fall", meint die Ärztin, „aber typisch. Erst wollen sie Söhne, und wenn sie Söhne haben, wollen sie Töchter, von denen sie sich im Alter Hilfe versprechen. Keine Frau hier hat Interesse an mehr als zwei bis drei Kindern, doch oft bekommen sie fünf bis sechs. Die meisten wollen sich nach dem dritten sterilisieren lassen. Doch da müssen die Männer zustimmen. Und das machen die selten."

Am Nachmittag kommt auf dem Fahrrad Muntas, der Vater des Neugeborenen, um Frau und Kind abzuholen. Für die Mutter scheint allerdings die Freundin viel wichtiger zu sein, die sie in einer Rikscha nach Hause begleiten will.

Ob er noch mehr Kinder haben wolle, will Dr. Rahman von Muntas wissen.

„Nein, viele Kinder bedeuten viel Ärger. Uns fehlen Land und Geld. Zwei Kinder sind am besten", sagt er wie auf Bestellung.

„Das sagen die Kerle immer, wenn ich sie frage", grummelt die Ärztin, „erst recht, wenn ein Fremder dabei ist. Der könnte ja von der Regierung geschickt sein."

Wie er denn weiteren Kindersegen zu verhindern gedenke, hakt sie nach.

Aufklärung tut not. Im Sprechzimmer von Salima Rahman warnt ein Plakat vor den Nachteilen einer großen Familie. Die Frauenärztin rät ihren Patientinnen nach dem zweiten Kind meist zur Sterilisation

„Darüber muß ich später nachdenken", sagt er und rutscht verlegen auf dem Stuhl herum.

„Hast du schon mal was von einer Sterilisation gehört?"

„Ja, ich kenne einige Frauen, die sterilisiert sind."

„Nein, ich meine bei Männern", insistiert Dr. Rahman.

„Oh. Das ist eine sehr schwere Operation. Das kommt für mich nicht in Frage, ich muß doch jeden Tag aufs Feld zur Arbeit. Da darf nichts liegenbleiben."

„Unsinn, der Eingriff dauert zehn Minuten, und du kannst schon am selben Tag wieder nach Hause."

Muntas murmelt etwas von Pille und viel zu gefährlich, dann sagt er gar nichts mehr und starrt stumm auf den Boden. Die Diskussion ist beendet.

„Das alte Lied", sagt Dr. Rahman, die sich selbst nach ihrem zweiten Kind sterilisieren ließ. „Es tut sich gar nichts, solange die Frauen nichts zu melden haben."

Doch genau das will der RDRS ändern. Frauenförderung ist auch dort mittlerweile zum wichtigsten Teil des Programms geworden – sogar in der eigenen Verwaltung. Bei allen ausgeschriebenen Stellen werden Frauen bevorzugt; weniger aus Quotengründen, „sondern weil sie meist zuverlässiger, verantwortungsvoller und sorgfältiger sind", wie der RDRS-Manager Biresh Paul sagt. In seiner Abteilung arbeiten beispielsweise Ingenieurinnen, die Baustellen leiten. „Sie stehen mit den Plänen im Schatten, und die Männer schleppen in der Hitze die Steine, das ist ein noch ungewohntes Bild in unserem Land", meint Biresh. Es ist gewiß kein Zufall, daß zwei der drei Ingenieurinnen noch unverheiratet sind und die dritte lediglich ein Kind hat.

Noch wichtiger, meint Biresh, sei die Betreuung von Frauen aus den unteren sozialen Schichten. So beschäftigt ein Aufforstungsprojekt des RDRS ausschließlich verwitwete und verlassene Frauen.

Weil es in Bangladesch kaum noch Wald gibt und die Versorgung mit Brennholz prekär ist, hat die Regierung Unsummen in werbewirksame Baumpflanzungen entlang der Straßen gesteckt. Freilich mit mäßigem Erfolg. Denn meist kamen bald die Ziegen und fraßen alles kahl. Auch der RDRS hat mehr als eine Million Bäume pflanzen lassen. Allerdings wurden dafür Frauen angestellt, die anschließend gegen Bezahlung eine Art Sorgerecht für die Stecklinge erhielten. Der Erfolg war, daß fast alle Bäumchen überlebten, weil sie mit kleinen Bambuszäunen vor Verbiß geschützt sind, regelmäßig von Unkraut befreit und bei Trockenheit gewässert werden. Nach zwei bis drei Jahren kommen die Bäume ohne Hilfe klar – und die Frauen auch. Salma aus Burimari zum Beispiel, die zuvor nur durch Betteln existieren konnte, hat sich von ihrem Ersparten vier Kühe gekauft und ein kleines Gasthaus an der Hauptstraße gebaut.

In einem anderen Projekt können Frauen gegen Kredit Nähmaschinen kaufen und einen halbjährigen Kursus bei einem Schneider absolvieren. Als vier Frauen aus dem ersten Lehrgang ihren eigenen Laden in der Marktstraße von Chilmari eröffneten, lief im Kino sogar ein Werbestreifen über die Sensation: Noch nie war ein weibliches Wesen in die Männerdomäne zwischen Barbieren, Schustern, Batterieverkäufern und Kneipen eingedrungen. Über den Eingang haben die Jungunternehmerinnen ihr Firmenschild genagelt: „CONFIDENT WOMEN TAILORS" – die selbstbewußten Schneiderinnen.

Shabitiri ist Chefin einer Frauengruppe, die einen Fischteich bewirtschaftet. Auch dieses Unternehmen begann mit einem RDRS-Kleinkredit. Heute halten elf Frauen das Gewässer sauber, kaufen Jungfische und mästen sie mit Reisspelzen. Nach sieben Monaten hän-

Während der wöchentlichen Lagebesprechung von Septagram bleiben die Frauen unter sich. Weil Zusammenhalt selbstbewußt macht, pflegen die einzelnen Mitglieder stets Kontakt in kleinen Gruppen. Gemeinsam verfügen sie auch über ihr Erspartes und beschließen neue Investitionen

gen die fetten Karpfen im Netz. Um die Buchführung kümmert sich akribisch eine der Töchter, die bis zur achten Klasse die Schule besucht hat. Der Nettogewinn lag im dritten Jahr bei umgerechnet 1100 Mark, eine ordentliche Summe für eine Nebenbeschäftigung.

Lediglich zum Abfischen und für den Verkauf auf dem Markt müssen die Frauen anstandshalber noch Männer beschäftigen. „Es dauert wohl noch ein paar Jahre, bis auch wir auf dem Markt stehen", lacht Shabitiri, denn sie weiß, daß es diplomatischer ist, den Herren ihre Privilegien scheibchenweise zu entwinden: „Die Sitten ändern sich. Und die Männer werden immer stiller, je mehr wir verdienen."

Daß sich mit kleinen Krediten Wunder bewirken lassen, hat in Bangladesch vor allem ein Mann bewiesen, den der amerikanische Präsident Bill Clinton spontan für den Ökonomie-Nobelpreis vorschlug, nachdem er ihn zum ersten Mal getroffen hatte: Muhammad Yunus, Professor für Wirtschaftswissenschaft aus der Hafenstadt Chittagong.

Der Ökonom hat nie ganz verstehen wollen, daß in seinem Land die Habenichtse arbeiten und die Reichen den Profit einstreichen. „Dabei fehlt den Armen lediglich etwas Startkapital", sagt Yunus, „denn die

Banken meinen, sie seien nicht kreditwürdig. Aber das ist ein Vorwand. In Wirklichkeit wollen die sich nur nicht mit Kleinbeträgen herumschlagen."

Experimentierfreudig begann der Ökonom Mitte der siebziger Jahre aus eigener Tasche Geld zu verleihen: an Rikschafahrer, Korbflechter oder Reisschälerinnen. Zum eigenen Erstaunen mußte er feststellen, daß fast alle das Geld pünktlich zurückbrachten. Mit diesem „Beweis" ging er wieder zu den Banken und schlug ein System von Armenkrediten vor. Doch er erhielt prompt eine Abfuhr.

Verärgert gründete Muhammad Yunus mit einigen seiner Studenten 1983 seine eigene „Grameen Bank". Elf Jahre später ist aus der „Dorf-Bank" eine Landesbank geworden. In 1035 Filialen arbeiten 12000 Angestellte, die insgesamt umgerechnet eine Milliarde Mark an 1,7 Millionen Kreditnehmer verliehen haben. Geblieben ist Yunus' ursprüngliche Idee: Kredit können nur Vermögenslose erhalten, die weniger als ein Fünftel Hektar Land besitzen. Fast 90 Prozent der Bankkunden sind Frauen.

Der Geldverleih ist an ausgeklügelte Bedingungen gebunden: Jeder Kreditnehmer muß mit mindestens vier Partnern als Gruppe auftreten. „Die kennen einander, das erhöht die Disziplin, und wenn einer mal nicht zurückzahlen will, machen die anderen Druck", sagt Yunus. Außerdem müssen sich alle den „16 Grundsätzen" der Grameen Bank verpflichten. Darin versprechen sie unter anderem, ihre Familie klein zu halten, Latrinen zu benutzen, Wasser nur aus Brunnen zu trinken, keine Minderjährigen zu verheiraten und später eine Mitgift weder zu zahlen noch anzunehmen.

Jedes Gruppenmitglied muß einmalig fünf Prozent seines Kreditvolumens und zusätzlich jede Woche umgerechnet vier Pfennig auf der Grameen Bank in einen Gruppen-Fundus einzahlen. Dieses Depotvermögen ist jederzeit zinslos beleihbar. Als Gegenleistung erhält die Gruppe pro 100 Taka einen Anteilschein der Bank, die dadurch mittlerweile zu 90 Prozent den Armen von Bangladesch gehört. Die stellen auch die Mehrheit auf der Vorstandsetage. „Soviel ich weiß, gehören bei Euch in Deutschland die Banken nicht den kleinen Leuten", bemerkt Yunus nebenbei.

Schließlich muß jeder Kredit grundsätzlich nach einem Jahr mit 20 Prozent Zins zurückgezahlt werden. „Private Geldverleiher nehmen oft denselben Zinssatz – allerdings im Monat", sagt Yunus. „Inzwischen sind sie jedoch überall dort verschwunden, wo es Grameen-Filialen gibt."

Das Erstaunlichste an der straff geführten Armeleute-Bank ist die Rückzahlungsquote der Kunden. Für Männer liegt sie bei 97, für Frauen sogar bei 99 Prozent. Dieser Unterschied in der Zahlungsmoral wundert Yunus nicht: „Frauen sind vom Haushalt her das Wirtschaften gewöhnt. Die Männer sind vergleichsweise schlampig und tragen ihr Geld eher in die Teestube. Frauen sehen die Dinge klarer und haben eine bessere Vorstellung von der Zukunft. Vor allem ist ihre Ausgangssituation schlechter. Sie gelten ja meist schon als Pech für die Eltern, wenn sie gerade geboren sind, denn sie lassen sich nach hiesiger Unsitte nur gegen Mitgift verheiraten. Aber gerade weil sie so schlecht dran sind, können sie um so mehr gewinnen."

Yunus erwähnt gern, daß er mit der Armen- und Frauenförderung die einzig profitable Bank in Bangladesch betreibt. Denn die Staatsbanken sind berüchtigt für ihre enormen Verluste. Viele erzielen bei Krediten lediglich eine Rückzahlungsquote von 15 Prozent. „Das erklärt sich daraus", erläutert ein deutscher Bankexperte in Dhaka, „daß die Verluste von der Regierung gedeckt werden und diese wiederum das Geld über die internationale Entwicklungshilfe bekommt." Das Prinzip der Kreditvergabe sei so einfach wie kriminell: „Wenn die Staatsbank 100 000 Dollar an einen großen Bauunternehmer verleiht, steckt der dem Banker dafür 20 000 Dollar zu und kann dann sicher sein, daß er für die verbliebenen 80 000 Dollar niemals eine ernstgemeinte Zahlungserinnerung bekommt."

Zwar sind die Einzelsummen, die von der Grameen Bank bewegt werden, erheblich kleiner, dafür erzielen sie aber enorme Effekte. Mit dem geliehenen Geld leisten sich die Leute ein Kalb, das sie ein Jahr später als Kuh verkaufen; sie pachten ein Stück Land, auf dem sie Gemüse für den Markt anbauen, oder sie gründen einen kleinen Betrieb.

Yunus ist jetzt dabei, zusätzlich eine rudimentäre Kranken- und Altersversicherung aufzubauen, denn die Menschen werden kaum auf mehrere Kinder verzichten, wenn sie nicht wissen, wie sie im Alter überleben sollen. Mit längerfristigen Hypotheken hat die Grameen Bank überdies den Bau von 220 000 Häusern finanziert. Insgesamt verhalf Yunus' Idee, einer Studie von unabhängigen Gutachtern zufolge, bislang 54 Prozent der Kreditnehmer dazu, die offizielle Armutsgrenze zu überspringen.

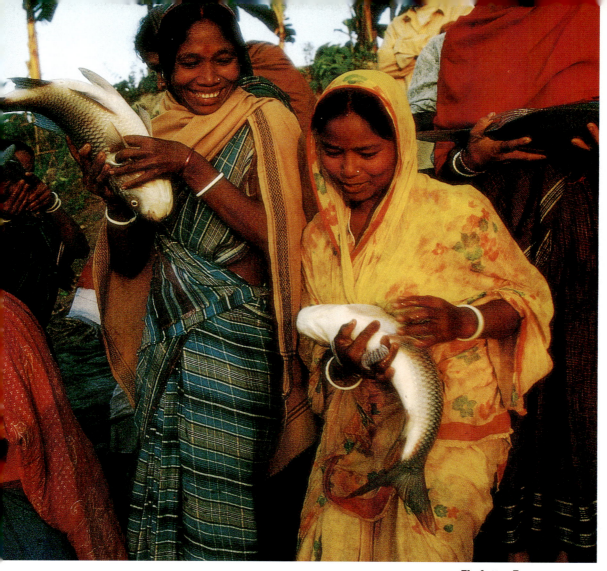

Ein fetter Fang. Elf Frauen haben mit einem Kleinkredit eine Fischzucht-Kooperative in Lalmonirhat gegründet. Der Gewinn sichert inzwischen die Existenz ihrer Kleinfamilien

„Vor allem in den unbemittelten Frauen steckt ein ungeheures Potential", sagt der Armen-Banker. „Wir haben es lediglich mit einem kleinen Kredit freigesetzt – aber damit eine Lawine ausgelöst."

Das bedeute nicht nur einen wirtschaftlichen Aufstieg für die Frauen, sondern vor allem das Ende des Fatalismus. So erst könnten sie überhaupt einen Sinn darin erkennen, nur eine kleine Familie zu haben. „Lediglich, wenn sie für sich selbst eine Chance sehen, sorgen sie sich auch um die Zukunft ihrer Kinder und versuchen, ihnen Gesundheit und Ausbildung zu sichern." Und Yunus setzt hinzu: „Wenn wir den Leuten klarmachen, daß die Qualität der Kinder wichtiger ist als die Quantität, haben wir die schwierigste Hürde genommen."

Ingenieure versichern, daß die moderne Gesellschaft auch mit einem Bruchteil der heute aufgewendeten Rohstoffe gut leben kann. Ein solcher ökologischer Umbau erfordert jedoch radikales Umlenken. Die rein materielle Wachstumsphilosophie der Gegenwart müßte einem neuen Effizienzdenken weichen. Denn in der Welt von morgen führen einfachere Mittel schneller ans Ziel

VORFAHRT DER VER

Hoch oben in den Bergen Colorados, in einem abgelegenen Nest mit dem Namen Old Snowmass, lebt ein ungewöhnlicher Mensch. Er wirkt wie eine Mischung aus Späthippie mit schütterem Haar und Cowboy im Ruhestand, sieht aus wie der große Bruder von Groucho Marx und behauptet, in seinem früheren Leben ein Orang-Utan gewesen zu sein. Amory Lovins versteckt sich gern hinter der Fassade des Exzentrischen.

In Wirklichkeit ist er ein nüchtern denkender Physiker mit einem wöchentlichen Arbeitspensum von 120 Stunden. Er sammelt Ehrendoktorhüte wie andere Leute Briefmarken, allerdings hat er selbst nie promoviert, weil es ihm an der Universität zu langweilig war. Sein IQ wurde einmal mit einer rekordverdächtigen Marke zwischen 180 und 220 gemessen – den genauen Wert hat er vergessen. Der Test sei nicht sonderlich interessant gewesen.

Lovins, den das *Wall Street Journal* unter jenen Personen auflistet, die die Wirtschaft der neunziger Jahre global verändern werden, hat eine einfache Botschaft für die Welt: „Warum sollen wir die Erde aus lauter Dummheit und vordergründigem Gewinnstreben ruinieren, wenn wir sie auch erhalten können und es uns dabei sogar noch gutgeht?"

Was er damit meint, zeigt er an seinem Haus – einer Art Ökotrutzburg. Sie dient ihm gleichzeitig als Wohnung, Büro und als Hauptquartier seines „Rocky Mountain Institute", eines etwa vierzigköpfigen „think tank" für Umwelt-, Energie- und Sicherheitspolitik. Das Gebäude, erzählt der Hausherr, sei zwar ursprünglich teurer gewesen als ein durchschnittliches US-Eigenheim, doch sämtliche Mehrinvestitionen hätten sich dank ihrer Effizienz längst bezahlt gemacht. Dann zückt er den Kleinstcomputer, der stets griffbereit in seiner Brusttasche steckt, und rechnet dem Besucher jedes Detail vor.

Amory Lovins hat ein einfaches Rezept für die ökologische Genesung der Welt: »Ich will mehr – aber mit weniger Aufwand.« Er glaubt, mit kluger Technik lasse sich die Lebensqualität erhalten und dennoch mehr verdienen – bei zugleich sinkendem Rohstoffverbrauch

Dicke Mauern aus Naturstein schützen das 372-Quadratmeter-Atriumhaus im Grünen, speichern tagsüber Sonnenenergie und strahlen sie in kühlen Nächten nach innen ab. Mittendrin unter Glas wuchert neben einem plätschernden Wasserfall ein Dschungel aus Bougainvilleen, Farnen und Bananenstauden, in dem zwei Leguane hausen. Warmwasser und einen Teil des Stroms liefern die Solaranlagen auf dem Dach. Alle Fenster weisen nach Süden, einige – aus einem speziell beschichteten Glas – isolieren so gut wie eine Zwölffach-Verglasung. Selbst an düsteren Wintertagen lassen sie mehr Wärme nach innen durch, als sie nach außen abgeben. Auf eine richtige Heizung hat Lovins verzichtet. Nur im Extremfall werden zwei kleine Holzöfen befeuert – „am lieb-

Das Rocky Mountain Institute in Old Snowmass, Colorado, enthält viel von Lovins' Ideen. Es wird mit minimalem Energieaufwand betrieben und gewährt Platz für eine große ökologische Vielfalt: Zwischen den Büros hinter massiven Außenmauern wuchern Bananenstauden zu einem Dschungel heran, in dem zwei Leguane hausen

sten mit überholten Energiestudien". Im tiefen Winter, wenn draußen die Temperatur bis auf minus vierzig Grad sinkt, kann der Meister dann auf seinem Weg vom Schlaf- und Wohnzimmer an den Schreibtisch „Rocky-Mountain-Bananen" ernten.

In diesem Ambiente reifen Lovins' berühmt-berüchtigte Ideen. Elektrizitätsunternehmen rät er, weniger Strom zu produzieren und zu verkaufen, damit sie mehr verdienen. Eingesparte Energie will er mit „Negawatt-Aktien" an der Börse handeln. Ausgerechnet Ölkonzernen schlägt er vor, in den Bau von benzinsparenden Automobilen zu investieren, und Leuten, die solche Fahrzeuge gegen ihre alten Spritschlucker eintauschen, würde er sie am liebsten gratis vor die Tür stellen. Kein Wunder, daß der Mann immer wieder ausgelacht wird und Kritiker ihn schon mal als „Stück Scheiße" beschimpfen.

Seit Jahren poltert Querdenker Lovins munter durch das Establishment der Energiewirtschaft. Lange Zeit pflegten die Manager der Stromkonzerne den Raum zu verlassen, sobald der vermeintlich Irre mit dem dezent diabolischen Grinsen auftauchte. Doch seit sich herumgesprochen hat, daß seine Ideen gar nicht so dumm sind, wie sie auf den ersten Blick erscheinen, zahlen ihm viele seiner früheren Kritiker bereitwillig 8000 Dollar Beraterhonorar pro Tag. Zu seinen zufriedenen Kunden zählen mittlerweile fast alle großen Energieversorgungs-Unternehmen der USA und Konzerne von der Bank of America bis zum Elektroriesen Westinghouse. Dank der Beratung von Lovins und seiner Truppe, schreibt Charles Ziegler, Vizepräsident des Chemiemultis Ciba-Geigy, „ist unser Stromverbrauch erstmals in unserer Geschichte zurückgegangen". Nettogewinn der Firma aus den Energiesparmaßnahmen: 830 000 Dollar.

Dabei hatte Ciba-Geigy nur mit technischen Tricks eine von Lovins' griffigen Formeln in die Tat umgesetzt: „Effizienz ist die wichtigste und preiswerteste Energiequelle." Sparsamkeit und Umweltschutz hätten nichts mit muffiger Verzichtsideologie zu tun, meint der Physiker, nichts mit „im Dunkeln sitzen und frieren", sondern vielmehr mit High-Tech und Profit. Es sei schlicht „viel billiger, in den Autos nach Öl zu bohren als in Alaska".

Natürlich weiß Amory Lovins, daß er eine Welt, in der Gigawatt und Megatonnen nur so verschleudert werden, mit seinen Ideen nicht von heute auf morgen sanieren kann. Doch davon läßt er sich kaum beirren. Erzählt ihm ein Ingenieur aus Detroit von einem neuen Auto, das nur drei Liter Sprit auf 100 Kilometern verbraucht, wird er entrüstet fragen, warum es nicht mit zwei Litern auskommt – und dem Verdutzten dann in einem ausführlichen Vortrag, gespickt mit technischen Details, erklären, wie man das Ein-Liter-Auto bauen könnte. „Ich will nicht weniger. Ich will mehr – aber mit weniger Aufwand", hämmert Lovins seinen Zuhörern immer wieder ein.

Mit diesem Konzept ließe sich der übermäßige Ressourcenverbrauch der Industrienationen, also deren Beitrag zur Übervölkerung, bei gleichbleibender Anzahl von Menschen reduzieren. Lovins glaubt, daß sich das fatale Karussell aus Mehrkonsum, immer weiter ausuferndem Produktionszyklus, wachsendem Rohstoffaufwand und explodierenden Abfallmengen anhalten läßt. Und daß sich dabei die Lebensqualität der Verbraucher nicht einmal verschlechtert.

Auch diese These belegt er mit einem anschaulichen Beispiel. Die Bürger haben Anspruch auf kühles Bier und eine warme Wohnung zu vernünftigen Preisen. Diese Dienstleistungen lassen sich entweder mit viel oder aber mit wenig Aufwand bereitstellen. Wird etwa der Gerstensaft über Hunderte von Kilometern herbeigeschafft und in einem schlecht isolierten Kühlschrank gelagert, oder wird die Wohnung mit einer veralteten Heizung auf Temperatur gebracht und es zieht durch die Fenster, dann kostet das viel Energie und Rohstoffe. Stammt indes das Bier aus der Brauerei in der Nähe und lebt der Konsument in einem Niedrig-Energie-Haus nach neuestem technischen Standard, so lassen sich seine Bedürfnisse mit viel weniger Kapital, Ressourceneinsatz und Naturverbrauch befriedigen. Der wirtschaftlichere Weg ist in diesem Fall also nicht nur ökologisch der bessere, sondern auch der angenehmere. Denn in gut wärmegedämmten Räumen lebt es sich gesünder als in zugigen Zimmern.

Dieses Prinzip der „Minimalkostenplanung" funktioniert nicht nur im Gedankenexperiment. In den Vereinigten Staaten ist mittlerweile ein großer Teil der Energie-Versorgungsunternehmen per Gesetz genau diesem „Least Cost Planning" verpflichtet. Die Aufgabe der Strom- und Erdgaslieferanten, so Lovins, sei es nicht, möglichst viel Energie zu verkaufen, sondern eine optimale Dienstleistung zu erbringen – beispielsweise Bier zu kühlen und die Wohnung zu heizen. Ihr Gewinn dürfe sich deshalb nicht, wie bisher etwa in Deutschland üblich, am Absatz von Strom und Gas orientieren, sondern nur am Effizienzgrad ihrer Leistung.

Umweltforscher sind überzeugt, daß heute auf der Erde doppelt so viele Rohstoffe umgewälzt werden, wie die Natur verkraften kann. Bei noch mehr Menschen und steigender Wirtschaftskraft in der Dritten Welt würde sich diese Entwicklung noch vervielfachen

Diese Philosphie verlangt ein gründliches Umdenken in den Chefetagen. Denn nach traditionellem Konzept von Kraftwerksbetreibern macht ein Unternehmen um so mehr Gewinne, je unbedachter der Bürger Energie verschleudert. Folglich versuchen die Konzerne häufig, dem Verbraucher immer neue Stromfresser anzudienen – vom Elektroküchenmesser bis zum Elektroauto – und bauen ihre Anlagen entsprechend aus. Volkswirtschaftlich sinnvoller, sagt Lovins, sei es jedoch, die Nachfrage beim Verbraucher zu drosseln: „Wenn das Wasser aus der Badewanne entweicht, schüttet man schließlich auch nicht fortwährend heißes Wasser nach, sondern man kauft einen funktionierenden Stöpsel."

Vom propagierten Minderverbrauch profitieren in den USA inzwischen nicht nur Umwelt und Verbraucher, sondern verblüffenderweise auch die Energieversorger. Denn mit einem kleinen Trick hat es der Gesetzgeber erreicht, daß die auf den ersten Blick absurde Gleichung „weniger verkaufen = mehr verdienen" trotzdem aufgeht: Vom Geld, das die Stromproduzenten aufwenden, um die Verbraucher zum Sparen zu bewegen, dürfen sie einen kleinen Teil auf den Strompreis umlegen. So zahlt der Kunde etwas mehr je Kilowattstunde, aber insgesamt ist seine Rechnung niedriger, weil er weniger verbraucht. Der Energieversorger braucht mithin keine neuen Kraftwerke zu bauen und spart dadurch jenen Kostenfaktor in der Bilanz, der am meisten Kapital verschlingt. Beide Seiten teilen sich auf diese Weise den Gewinn aus der nichtproduzierten Energie.

Die kalifornische Pacific Gas and Electric (PG&E), der größte unter den privaten US-Energieversorgern, will deshalb in Zukunft überhaupt keine neuen Kraftwerke mehr bauen – obwohl Kalifornien mit seiner steigenden Einwohnerzahl theoretisch einen wachsenden Energiebedarf hat. Dieser soll möglichst vollständig durch Effizienz gedeckt werden. Die eingesparte Kilowattstunde kostet, berechnet nach

Das größte Solarkraftwerk der Welt – mit der Leistung eines mittleren Atommeilers – steht in der Wüste Kaliforniens. Es wandelt nahezu schadstofflos Licht zu Wärmeenergie um und liefert für die Region Los Angeles Strom zu konkurrenzfähigen Preisen

dem vermiedenen Aufwand, fünf Pfennig. Würde sie aus Erdgas- oder Windkraftwerken erzeugt, käme sie auf neun, aus Atomkraft sogar auf 20 Pfennig. „Also tut PG&E, was jede nüchtern kalkulierende Firma täte", erklärt Amory Lovins, „sie investiert in Negawatt statt in Megawatt."

Viele amerikanische Energieversorger versuchen inzwischen, ihren Kunden das Sparen beizubringen. Southern California Edison etwa hat 800 000 Energiesparlampen verschenkt. Andere Unternehmen leasen effiziente Kühlschränke an Privatleute und Elektromotoren für die Industrie oder vergeben dafür zinsfreie Kredite. Con Edison in New York will in den nächsten Jahren vier Milliarden Dollar aufwenden, damit seine Kunden weniger verbrauchen. Amory Lovins hat ausgerechnet, daß es sich für Stadtwerke in warmen Gegenden sogar schon lohnt, die

Dächer ihrer Kunden zu weißen, um die Betriebskosten von Klimaanlagen zu senken, und in den Siedlungen Bäume zu pflanzen, die das Mikroklima verbessern. Den größten Erfolg hat die Energiewirtschaft kürzlich mit dem „Golden Carrot"-Wettbewerb erzielt. Sie lobte 30 Millionen Dollar für diejenige Firma aus, die den stromsparendsten Kühlschrank entwickeln konnte. Das Siegermodell ist nur wenig teurer als konventionelle Geräte, braucht aber nur halb soviel Energie. Es könnte im landesweiten Großeinsatz helfen, jährlich für 240 bis 480 Millionen Dollar Strom zu sparen – das Acht- bis Sechzehnfache des ausgezahlten Preisgeldes also. So einfach läßt sich mit keinem Kraftwerk Geld verdienen.

Am innovationsfreudigsten ist nach wie vor PG&E, die die längste Erfahrung mit der Minimalkosten-Planung hat: „Wir wollten einmal sehen, ob Lovins' oft hochtrabende Kalkulationen alltagstauglich sind", berichtet der Ingenieur Grant Brohard, der das erste Projekt geleitet hat, bei dem ein Energieversorger dem Verbraucher das Energiesparen völlig abnahm. Dazu wurde versuchsweise ein Bürogebäude in San Ramon nach energetischen Gesichtspunkten totalsaniert.

Seither gibt es in den Büros keine Lichtschalter mehr. Ultraschall- und Infrarotsensoren aktivieren die Beleuchtung, sobald jemand einen Raum betritt, und löschen das Licht, wenn er länger als zwei Minuten draußen bleibt. Scheint die Sonne in die Zimmer, werden die Lampen automatisch gedimmt. Die Zahl der Neonröhren an der Decke wurde halbiert; trotzdem sind die Räume heller, weil raffinierte Reflektoren ein Vielfaches an Röhren vortäuschen. Überdies läßt neuartiges Fensterglas mehr Licht hinein als seine Vorgänger, hält aber unerwünschte Wärme draußen, was die Kosten für Klimatisierung reduziert. Die Techniker von PG&E verschrotteten deshalb die alte überdimensionierte Klimaanlage und bauten, unterstützt von Lovins' Team, gleich eine völlig neu konzipierte Supersparanlage ein.

Ergebnis der Renovierung: 75 Prozent weniger Stromverbrauch, 90 Prozent Erdgaseinsparung sowie – alles in allem – eine angenehmere Arbeitsatmosphäre für die Angestellten. Die gesamte Investition amortisiert sich in weniger als zehn Jahren.

Inzwischen betreibt PG&E schon andere Pilotprojekte. Privathäuser werden dabei ebenso modernisiert wie Landwirtschafts- oder Industriebetriebe. Neubauten sollen von Anfang an so effizient wie möglich konstruiert werden. Und bereits bald wird im konsumverliebten Kalifornien geradezu Unglaubliches passieren. „Wir wollen zu unseren Kunden gehen", erzählt Grant Brohard, „an die Tür klopfen und sagen: ‚Guten Tag, wir haben hier ein paar wunderbare Erfindungen, die möchten wir auf unsere Kosten bei Ihnen einbauen. Sie müssen nichts tun, als weiterhin ihre Energierechnung zu bezahlen, die dann viel niedriger ist, aber nur so können wir mehr Geld verdienen.'"

Solche Projekte beweisen, daß es prinzipiell möglich ist, Industriegesellschaften mit wesentlich weniger Aufwand zu betreiben als derzeit üblich. Theoretisch sollte sich die heutige Raubbaukultur sogar zu einer dauerhaften, „nachhaltigen" Lebensweise reformieren lassen.

Spätestens seit der aufsehenerregenden UN-Umweltkonferenz von Rio 1992 gehört die Forderung einer „nachhaltigen Entwicklung" zur Grundausstattung von Sonntagsreden der Politiker aller Parteien. Die politische Praxis zeigt jedoch, daß offenbar die wenigsten unter ihnen begriffen haben, was damit eigentlich gemeint ist. Der altertümlich klingende Begriff der Nachhaltigkeit entstammt der Forstsprache. Er bedeutet, daß ein Förster in seinem Wald jährlich nur soviel Holz einschlagen darf, wie im gleichem Zeitraum nachwächst. Wer nach diesem Prinzip wirtschaftet, erhält den „ewigen Wald" und zieht langfristig maximalen Nutzen daraus.

Auf die gesamte Umwelt angewendet, bedeutet Nachhaltigkeit:

● Erstens darf von *erneuerbaren* Ressourcen auf der ganzen Welt nicht mehr entnommen werden, als sich gleichzeitig regeneriert – vom Grundwasser bis zur Ackerkrume, vom Hering in der Nordsee bis zum Weidegras im Sahel. Nur so bleiben – im ökonomischen Sinne – das Kapital und die Leistungsfähigkeit der Produktionsmittel erhalten.

● Zweitens dürfen *nichterneuerbare* Rohstoffe – vom Erdöl bis zum Kupfererz – nur in einem Maß verwendet werden, wie der daraus entstehende Abfall folgenlos in der Umwelt abgebaut werden kann. Das gilt nicht nur für die Rohstoffe selbst, sondern für den gesamten Produktions- und Gebrauchszyklus der daraus gefertigten Konsumgüter. Auf diese Weise wird sichergestellt, daß die naturgegebene Entsorgungskapazität von Schadstoffen zum Nulltarif erhalten bleibt.

Es ist leicht einzusehen, daß Nachhaltigkeit sich um so leichter verwirklichen läßt, je weniger Menschen auf der Erde leben. Klar ist aber auch, daß die Hauptlast der gesellschaftlichen Veränderungen den Industrienationen obliegt, die den Raubbau am exzessivsten betreiben.

Der Chemiker Friedrich Schmidt-Bleek vom Wuppertal-Institut für Klima, Umwelt und Energie schätzt, daß die menschengemachten „Stoffströme" der Wirtschaft global gesehen heute etwa doppelt so hoch sind, wie die Erde verkraften kann. Daß also weltweit nur halb soviel fossile Brennstoffe verfeuert, halb soviel Stahl und Zement verbaut, halb soviel Papier und Kunststoffe hergestellt und verbraucht werden dürften wie gegenwärtig. Weil jedoch rund 80 Prozent der Ressourcen für den materiellen Wohlstand von nur 20 Prozent der Menschheit aufgewendet werden – in den klassischen Industrienationen, dem ehemaligen Ostblock, den südostasiatischen „Tigern" und ein paar reichen Ölförderländern –, kann die Volkswirtschaft sinnvollerweise auch nur dort „dematerialisiert" werden. Um die weltweiten Stoffströme also um die Hälfte zu reduzieren und den Ländern der

Dritten Welt eine gewisse Entwicklung einzuräumen, müßten die Industrienationen ihren Ressourcenverbrauch um satte 90 Prozent verringern. „Ein Zehntel muß den Reichen reichen", sagt Schmidt-Bleek kurz und bündig.

Doch läßt sich das heutige Wirtschaftssystem überhaupt – und das am besten in wenigen Jahren – um den Faktor Zehn herunterbremsen? Und wenn, wie? Eine Möglichkeit wäre: Die Reichen von heute verfallen allesamt der Askese, schränken ihren Konsum drastisch ein, schwören jeder Modeerscheinung ab, schaffen das Militär samt Kriegsproduktion ab und entindustrialisieren ihre Landwirtschaft. Es liegt auf der Hand, daß dieses utopische Modell von „Sack und Asche" scheitern muß. Also bleibt nur eine zweite Möglichkeit: eine technische Effizienzrevolution, kombiniert mit jenem Hauch an Entsagung, der dem *Homo sapiens* gerade noch abzugewinnen sein müßte.

Ingenieure versichern, daß die Stoffströme vieler Produktionsprozesse um den geforderten Faktor Zehn technisch reduzierbar seien. Wie leicht sich beispielsweise Energie einsparen läßt, hat die Industrie – wenn auch unfreiwillig – nach der ersten Ölpreiskrise 1973/74 bewiesen. Während zuvor das Wirtschaftswachstum stets mit einem Mehrverbrauch an Energie einherging, kam es unter dem Preisdruck der Ölförderländer in Deutschland und anderen Industrienationen zur

Recycling ist nicht der Weisheit letzter Schluß. Um aus dem Müll die Wertstoffe zu separieren, sie zu transportieren und getrennt wieder aufzuarbeiten, sind gewaltige Energiemengen nötig. Der einzige Ausweg, um die Stoffströme wirklich klein zu halten: Müll darf möglichst gar nicht erst entstehen

Kurze Wege sind die besten. Der Einkauf von Gemüse aus der eigenen Region auf dem Wochenmarkt vermeidet den hohen Aufwand von Transportenergie. Treibhaustomaten aus der Ferne, im Kühltransporter herbeigeschafft, schleppen im Vergleich dazu einen riesigen »ökologischen Rucksack« mit sich

historischen Entkoppelung von Wirtschaftswachstum und Energieverbrauch. Das heißt: Die Industrie konnte – dank bald entwickelter effizienterer Techniken – das Land mit immer mehr Gütern überschwemmen, ohne dafür mehr Energie einsetzen zu müssen. Die „Energieintensität" – so nennen Techniker das Verhältnis von Energieaufwand zu erwirtschaftetem Produktionswert – ist in Deutschland infolge jener Ölpreiskrise binnen 13 Jahren um ein Viertel gesunken. Erst als der Preis zurückging, stieg auch der Verbrauch wieder.

Heute ist Energie so unverhältnismäßig billig, daß Sparen und Effizienz kaum einen Anreiz bieten. Nüchtern betrachtet, sind die Energiepreise auf maximale Umweltzerstörung ausgerichtet. Denn gemessen am Lohnniveau, sinken sie seit Jahrzehnten. Mußte etwa ein deutscher Industriearbeiter 1949 noch zwei Tage für den Gegenwert einer 40-Liter-Tankfüllung malochen, so genügen ihm dafür heute drei Stunden. Eine Kilowattstunde, die vor 45 Jahren noch neun Minuten Arbeit kostete, ist heute in 50 Sekunden verdient.

Diese Art von Wohlstand ist nicht nur ökologischer, sondern auch ökonomischer Widersinn. Denn die Kosten, die aus dem übermäßigen Energieverbrauch resultieren – vom Waldsterben über Gebäudeschäden durch Sauren Regen bis zu den Folgen einer Klimaveränderung – müssen von der Volkswirtschaft in jedem Fall beglichen werden. Dennoch hält sich hartnäckig die Auffassung, höhere Energie- und Rohstoffpreise schadeten der Volkswirtschaft.

Die Wirklichkeit sieht anders aus. In einer Untersuchung des Wuppertal-Instituts wurden acht hochentwickelte Industrieländer nach den wichtigsten Parametern für technischen Fortschritt miteinander verglichen – Wachstum des Sozialprodukts, Zahl der Patentanmeldungen, Außenhandelsbilanz. Die leistungsfähigsten Länder waren jene mit den höchsten Energiepreisen – an der Spitze Japan. Entsprechend liegt dort der Pro-Kopf-Energieverbrauch um ein Viertel niedriger als etwa in Deutschland und sogar um 60 Prozent unter dem der USA. Dieser

Zusammenhang belegt eine Binsenweisheit: daß nämlich eine Volkswirtschaft dann am gesündesten ist, wenn sie die Stoffströme minimiert und aus den eingesetzten Ressourcen maximalen Wert schöpft, statt sie auf dem schnellsten Weg durch den Schornstein zu jagen oder auf die Müllkippe zu werfen.

Ökologie und Ökonomie ließen sich also eher unter einen Hut bringen, wenn die Preise für Rohstoffe höher lägen, wenn sie die „ökologische Wahrheit" sagten, wie es Ernst Ulrich von Weizsäcker, der Leiter des Wuppertal-Instituts, definiert. Theoretisch müßten sie so lange mit einer ständig steigenden Abgabe belegt werden, bis die Volkswirt-

schaften der Welt aus lauter Effizienz und Sparsamkeit nur noch so wenig Abfälle entstehen lassen, wie die Umwelt folgenlos erträgt. Weil sich die jeweils erforderliche Steuer für Eisenerz und Tropenholz, für Kabeljau und Bauxit jedoch im Einzelfall nur schwierig ermitteln läßt, ist es einfacher, lediglich den zentralen Rohstoff mit einer Sonderabgabe zu belegen: die Energie.

Diese Methode wäre vergleichsweise unbürokratisch, effektiv, leicht international zu kontrollieren und hätte einen enormen ökologischen Effekt. Denn direkt an den Energieverbrauch gekoppelt sind viele der großen globalen Umweltprobleme. So entstehen beim Verheizen fossiler Brennstoffe treibhauswirksames Kohlendioxid, gewässergefährdende Stickoxide, smogerzeugende Kohlenwasserstoffe und wald-

Der Zug voller Güter und die Autobahn ohne Stau zeigen, daß Verkehr auch sinnvoll rollen kann. Diese fortschrittliche Ökonomie stellt sich von allein ein, sobald der Transport auf der Straße radikal verteuert wird

zerstörender Saurer Regen. Kernenergie ist katastrophenträchtig und liefert strahlenden Atommüll, für den es bisher nirgendwo auf der Erde ein sicheres Endlager gibt. Letztlich sänke mit der Verteuerung der Energie auch der Verbrauch anderer Rohstoffe, zu deren Förderung, Transport, Verarbeitung und Verkauf sie immer nötig ist, selbst zum Recycling. Übermäßig umweltschädliche Substanzen wie Asbest, FCKW oder Dioxin sowie umweltbelastende Produktionsprozesse ließen sich auf diese Weise allerdings nicht in den Griff bekommen. Dafür wären, wie heute schon teilweise erlassen, Grenzwerte und Verbote erforderlich.

Das Geld, das dem Finanzminister durch solch eine ökologische Steuerreform zufiele – fordert Ernst Ulrich von Weizsäcker –, dürfe nicht zur Aufbesserung des Staatshaushaltes dienen, sondern müsse „aufkommensneutral" in den Wirtschaftskreislauf zurückfließen –, etwa durch eine Senkung der Mehrwert- oder Lohnsteuer. Damit ließen sich soziale Ungerechtigkeiten ausgleichen, die durch die höheren Energiepreise entstehen. Ähnliches fordern Wissenschaftler des Washingtoner World Resources Institute: Es sei zwar üblich, aber sinnlos, Arbeit, Ersparnisse und Gewinne hoch zu besteuern. Das unterdrücke nur wirtschaftlich wünschenswerte Tugenden des Bürgers wie Fleiß und Sparsamkeit. Der Staat solle statt dessen gesellschaftlich unerwünschte Aktivitäten wie Ressourcenverschwendung, Umweltverschmutzung und Verkehrsüberlastung mit empfindlichen Abgaben belegen. Eine solche Steuer lenkt dann automatisch das Verhalten von Industrie und Bürgern:

● Sie macht energieintensive Güter und Dienstleistungen teurer, alle anderen jedoch billiger. Das Bier in der Dose kostet dann so viel, daß es nur dort getrunken wird – und zwar dann aus der Mehrwegflasche –, wo man es braut. Die zur Saison geernteten Erdbeeren vom heimischen Bauern werden wesentlich preiswerter als die zur Winterzeit eingeflogenen aus Senegal. Wer glaubt, sich umweltschädlichen Luxus leisten zu müssen, zahlt wenigstens dafür. Umweltbewußte Bürger indes profitieren.

● Wie hoch die Steuer letztlich sein muß, hängt von der Reaktion der Bürger ab. Wenn etwa der Treibstoffpreis steigt, legen sie sich ein sparsameres Auto zu, lassen es auch mal stehen oder schaffen es gar ab und steigen auf die Bahn um. Sobald der gewünschte Spareffekt eintritt, wird die Steuerschraube angehalten. Je nach Verbraucherverhalten kann dies bei einem Benzinpreis von zwei, fünf oder zehn Mark je Liter der Fall sein. Experten plädieren deshalb erst einmal für eine kontinuierliche Energiepreiserhöhung von real fünf bis acht Prozent im Jahr – auf die sich Industrie und Privatpersonen gut einrichten können.

● Umweltpolitik wird somit ein Teil der Marktwirtschaft. In diesem System sind Kartoffeln billiger, und Kaviar ist teurer, denn von dem einen gibt es reichlich und vom anderen wenig. Der Markt bestimmt den Preis, und keiner wundert sich darüber. In der Umweltpolitik ist das bis heute anders, denn die „Ware Natur" hat selten einen Preis. Wer über die Autobahn fährt, zahlt zwar für den Treibstoff und – über die Mineralölsteuer – für deren Bau. Nicht in Rechnung gestellt wird hingegen der Verlust von Naturfläche – von Feuchtgebieten, die unter Asphalt verschwinden, bis zum Lebensraum für Feuersalamander und Frauenschuh –, auch nicht von sauberer Atmosphäre, die durch Abgase überfrachtet wird. Der Autofahrer verbraucht also rare Güter von schwer bestimmbarem, aber zweifellos hohem Wert, ohne dafür ein Entgelt zu leisten – marktwirtschaftlich eine Absurdität. Das ändert sich, sobald Rohstoffe mehr kosten. Nach den Gesetzen des Marktes sinkt damit der Bedarf an Naturverbrauch – also auch die Verschmutzung.

● Energiesteuern verändern das Angebot. Sie befördern jene Produkte auf den Markt, die bislang als ingenieurtechnische Prototypen ein Schattendasein fristen mußten – vom Niedrigenergie-Haus bis zum Ökomobil. Ein Benzinpreis von fünf Mark komme einem „riesigen Einführungsprogramm für das Drei-Liter-Auto" gleich, konstatierte das VW-Vorstandsmitglied Ulrich Steger; er wurde indes bald nach seinen kritischen Aussagen gefeuert. Den Durchbruch würden auch die vergleichsweise sauberen regenerativen Energiequellen wie Wind- oder Sonnenkraft schaffen: Sie sind derzeit nur deswegen im Nachteil, weil die Umweltkosten der schmutzigen Konkurrenten Kohle, Öl, Gas und Uran in keiner Kalkulation auftauchen.

● Bei den geforderten Veränderungen öffnet sich der Markt für zukunftsträchtige Technologien, und neue, zum Teil hochqualifizierte Arbeitsplätze entstehen. Der dringend überfällige Strukturwandel wird beschleunigt. Kohlekumpel und Stahlkocher, deren Bedeutung in der Frühzeit der industriellen Ära außer Frage steht, können heute oft nur noch durch massive Subventionen ihrer überlebten Beschäftigung nachgehen. Je rascher sie durch Solartechniker und Energiesparexperten abgelöst werden, desto besser für das ganze Land. Eberhard Jochem vom Fraunhofer-Institut für Systemtechnik und Innovationsforschung in Karlsruhe hat ausgerechnet, daß Energiesparen durch intelligente Wärmenutzung in Gebäuden zwar Arbeitsplätze in der Ölindustrie vernichtet, dafür aber einheimische Dienstleistungen und Industriewaren erfordert. In Zahlen ausgedrückt: Ein Minderverbrauch von jährlich 25 000 Litern Heizöl schafft rund hundert neue Arbeitsplätze – für Isolierer, Ingenieure, Energieberater.

● Letztlich führen kontinuierlich wachsende Energiepreise – von einer gewissen „Schmerzgrenze" an – dazu, daß die Verbraucher manches einschränken oder unterlassen, was ohnehin entbehrlich ist. Sie kaufen beispielsweise weniger kurzlebige Wegwerfgüter und verzichten dar-

Morgen muß ein anderer Wind wehen. Nicht nur in Kalifornien – wie hier –, sondern auch in Holland, Dänemark und an deutschen Küsten sorgen Windkraftwerke für sauberen Strom. Neben dem Energiesparen sind unerschöpfliche Quellen wie Wasser-, Wind- und Sonnenkraft die einzige Möglichkeit einer umweltverträglichen Energieversorgung

auf, am Wochenende stundenlang im Autostau zu stehen. Sie sehen ein, daß sich die Dienstreise per Flugzeug oft durch eine Telefonkonferenz oder ein Telefax ersetzen läßt.

Der letzte Punkt ist besonders wichtig, denn viele technische Verbesserungen, die in der Vergangenheit zu einem verminderten Energieverbrauch geführt haben, wurden durch Überkonsum kompensiert: Obwohl die Automotoren heute weniger Sprit schlucken als früher, ist in Deutschland der Verbrauch im Straßenverkehr gestiegen, weil die Menschen immer öfter, schneller und weiter, mit immer mehr, stärkeren und schwereren Fahrzeugen durch die Lande brausen. Ähnlich ist der Stromverbrauch einer Waschmaschine in den vergangenen 40 Jahren auf ein Viertel gesunken. Der Energieverbrauch fürs Waschen ging jedoch keineswegs zurück – offenbar, weil die Deutschen viermal so sauber sein wollen wie früher.

Diese permanent steigenden Ansprüche, vom Mobilitätswahn bis zum Waschzwang, sind auf lange Sicht ebenso absurd wie eine ewig wachsende Weltbevölkerung. Denn weder können auf der Erde beliebig viele Menschen unterkommen, noch lassen sich die Ressourcen

endlos ausbeuten oder die Straßen immer weiter verbreitern. Gegenüber der langwierigen Aufgabe, die Bevölkerungsexplosion in den Entwicklungsländern einzudämmen, ist es allerdings vergleichsweise einfach, in kürzerer Zeit den Überkonsum der Industrienationen zu bremsen. Die Effizienzrevolution bei den Reichen böte obendrein ein vorbildhaftes Entwicklungsmodell für die Armen. Es würde ihnen eine wirtschaftliche Entfaltung ermöglichen, ohne daß die Umwelt dabei global aus dem Gleichgewicht gerät.

Nachhaltiges Wirtschaften ist keine Utopie. Wenn allerdings die heutigen Großverbraucher – die eigentlich übervölkerten Nationen dieser Welt – dieses Ziel nicht binnen zehn bis 20 Jahren erreichen, wird sich, wie Ernst Ulrich von Weizsäcker meint, die „grausame Realität" einstellen, daß die Natur über den Menschen und seine Kultur bestimmt – und nicht umgekehrt.

Amory Lovins gibt sich dennoch optimistisch: Technisch sei beispielsweise das Energieproblem gelöst, meint der Physiker mit dem Lächeln eines Menschen, der seiner Zeit weit voraus ist, „was fehlt, sind lediglich fünfzig Jahre Feinarbeit".

ERLÄUTERUNGEN

Unterhalb der **Armutsgrenze** leben nach offizieller Definition Familien oder Einzelpersonen, die mehr als ein Drittel ihres Einkommens für Ernährung aufwenden müssen.

Bevölkerungswissenschaftler nennen die Entwicklung einer Gesellschaft von hohen Geburten- und Todesraten zu niedrigen den **demographischen Übergang** (siehe Grafik S. 42). Weil in dessen Verlauf im allgemeinen zuerst die Sterblichkeit zurückgeht und erst später die Geburtenzahl, kommt es in der Zwischenphase zu explosivem Bevölkerungswachstum. In dieser Phase befinden sich derzeit die meisten Entwicklungsländer.

Der Begriff **Ersatzniveau** besagt, wie viele Nachkommen pro Frau im Mittel notwendig sind, um die Bevölkerungszahl einer Gesellschaft konstant zu halten. Die Zahl liegt nicht bei zwei, sondern bei 2,13 Kindern, weil nicht alle das zeugungsfähige Alter erreichen.

Die Relation der Anzahl von Männern und Frauen in einer Gesellschaft wird **Geschlechterverhältnis** genannt. Gibt es gleich viele Männer wie Frauen, liegt es bei 100. Weil von Natur aus mehr männliche als weibliche Babys geboren werden, beträgt die Ziffer bei der Geburt etwa 105 – auf 100 Mädchen kommen also 105 Knaben. Da allerdings in fast allen Ländern der Welt Frauen länger leben als Männer, geraten sie im Laufe des Lebens in die Überzahl. In Deutschland liegt das Geschlechterverhältnis bei 94. Nur in Ländern, wo Frauen massiv benachteiligt werden, kehrt sich das Verhältnis um. In Nepal kommen auf 100 Frauen 105 Männer, in Indien 106 und in Pakistan 108.

Das **Kohlendioxid** (CO_2) ist ein farb- und geruchloses Gas, das in der Atmosphäre derzeit einen Anteil von 0,036 Prozent hat. Durch Verbrennung von Holz und fossilen Energieträgern reichert es sich in der Lufthülle übermäßig an. Damit ist es heute der wesentliche Antrieb des zivilisationsbedingten Treibhauseffekts.

Als **Malthusianer** werden Adepten der Theorie von Thomas Malthus (1766–1834) bezeichnet. Nach ihr führt ungezügeltes Bevölkerungswachstum zwangsläufig zu Ressourcenverknappung und Elend. Lange, vor allem als die Nahrungsmittelproduktion der Welt schneller wuchs als die Bevölkerung, galt die Bezeichnung eher als Schimpfwort, weil den Malthusianern eine grobe Vereinfachung vorgeworfen wurde. Heute, da globale ökologische Schäden die Zukunft der Menschheit bedrohen, feiert malthusianisches Denken eine Renaissance.

Die **Nettoreproduktionsrate** beschreibt das Zahlenverhältnis zweier aufeinanderfolgender Generationen (siehe S. 161).

Die Begriffe **Norden** und **Süden** zur politischen Einteilung der Welt werden auch in diesem Buch benutzt, selbst wenn sie geographisch nicht immer zutreffen. Denn mit Norden sind die hochentwickelten Industrienationen gemeint, zu denen beispielsweise auch Australien auf der südlichen Globushälfte gehört. Dem Norden zugeordnet sind auch die Industrieländer des ehemaligen Ostblocks, obwohl manche von ihnen wirtschaftlich eher der sogenannten Dritten Welt zuzurechnen wären. Die Bezeichnung Süden meint genau diese wirtschaftlich weniger entwickelten Länder Asiens, Südamerikas und Afrikas. Zum Süden werden ebenfalls „Schwellenländer" wie Brasilien, Argentinien oder Thailand gerechnet, die derzeit einen Industrialisierungsschub erleben, sowie oft auch die extrem reichen Ölstaaten des Nahen Ostens wie Kuwait oder Saudi-Arabien.

Die technische Größe **Öleinheit** bezeichnet jene Energiemenge, die in einer Einheit Öl steckt. Eine Kilo-Öleinheit entspricht 1,43 Kilo Steinkohleeinheiten bzw. 11,6 Kilowattstunden. Nach international gebräuchlicher Nomenklatur kommt diese Energiemenge 42 Megajoule gleich.

Um die durchschnittliche Kinderzahl pro Frau errechnen zu können, nutzen die Bevölkerungswissenschaftler die **Totale Fertilitätsrate** (TFR). Sie gibt an, wie viele Kinder jede Frau in einem bestimmten Land im Laufe ihres Lebens bekommen würde, wenn die Geburtenrate konstant bliebe. Weil dies in der Realität selten der Fall ist, stellt die TFR nur eine theoretische und keine wirkliche Größe der Kinderzahl je Frau dar. Liegt sie beim „Ersatzniveau" von 2,13, dann bleibt die Bevölkerung – eine ebenfalls konstante Lebenserwartung vorausgesetzt – gleich groß. In Deutschland sank die TFR seit Beginn dieses Jahrhunderts von 5,1 auf 1,3. Global am höchsten ist sie mit 8,5 in Ruanda, am niedrigsten mit 1,2 in Spanien.

Die **Tragfähigkeit** beschreibt, wie viele Menschen auf einer bestimmten Fläche leben können, ohne sie zu übernutzen und die Lebensbedingungen für spätere Generationen zu verschlechtern. Sie steigt, sobald vorhandene Ressourcen effizienter genutzt werden.

STICHWORTVERZEICHNIS (Kursive Seitenzahlen verweisen auf Abbildungen)

Abfall (s. auch Müll) 29, 71, 88f, 216

Abgase 89, 93, 253

Abraum 155

Abtreibung 27, 45, 123, 125, 131, 138, 141, 143, 201ff

Abwässer 89

Ackerbaukulturen 28f, 33, 126ff

Ackerland 45, 53, 61, 85, 107f, 139, 155, 197, 199; *91, 107*

– Schäden 104

– Stillegung 108

Adaption s. Anpassung

Ägypten 28f, 106

Äquator 86, 94

Äthiopien 68, 95, 116, 187

Afrika 45, 126, 196ff

– Aids 185ff

– Bevölkerungswachstum 45, 192

– demographischer Übergang 45

– Familienplanung 197

– Frauenstatus 126, 197

– Grüne Revolution 106f

– Nahrungsmittelabhängigkeit 113

Aggressivität 218

Agrarreform 45

Agrar-Revolution 28, 32, 35, 84

Aids 172f, 174, 183ff, 217f; *175, 182, 189*

– Impfstoff 174, 184, 189

– soziale Folgen 186f

Aidswaisen 186; *187*

Alterspilz 160; *161*

Alterspyramide s. Bevölkerungspyramide

Altersversorgung, -versicherung 41, 45, 130, 163

Analphabetentum 46, 67

Anderson, Roy 184

Anopheles-Mücke 89, 180f

Anpassung 23ff, 77, 178f, 181; *23*

Antibiotika 33, 45, 179, 181f

Arbeitskräfte 33, 80, 128, 149, 151, 197

Arbeitslosigkeit 72, 81, 150, 159, 165; *81*

Arbeitsmarkt 81

Arbeitsplätze 61, 81, 253

Arbeitsteilung 21

Arbeitszeiten 127

– Verlängerung 164

Arithmetisches Wachstum 34

Armenkredite 237f

Armut 72, 99, 139, 202

Artenschwund 44

Asbest 88, 252

Assekuranzen 96f; *97*

Asylrecht 169; *167*

Atomenergie s. Kernenergie

Atommüll 89, 252; *212*

Aufklärungsepoche 33

Ausländerintegration 159

Außenhandelsbilanz 12

Aussterben 22, 211, 218; *159*

Auswanderung 23, 33f

Automobil 13, 67, 152; *8, 10, 16*

Autoreifen 79, 89, 93

Babyboom-Generation 37, 144, 150, 160ff, 192; *142*

Bade, Klaus 167

Bakterien 89, 109, 175, 181ff

Bananen 45

Bangladesch 14, 43, 50ff, 68, 96f, 108, 120, 212, 224f, 231f

– Bevölkerungsdichte 53; *53*

– Bevölkerungsexplosion 55

– Bevölkerungsstruktur 55

– CO_2-Produktion 53

– Deiche 55, 57f; *59*

– demographische Falle 54

– demographischer GAU 55

– demographischer Übergang 42

– Familienplanung 120ff, 226, 232

– Frauenstatus 232

258

– Geburtenrückgang 231f

– Infrastruktur 51

– Kinderzuwachs 54

– Landwirtschaftserträge 55, 68

– Niedriglohnland 55

– Sturmkatastrophen 52, 60f; *51, 60*

– Überschwemmungen 52, 55f; *51*

Barnett, Tony 185

Beck-Gernsheim, Elisabeth 131

Befruchtung, künstliche 201

Bevölkerungsdichte 22, 53, 175, 178

Bevölkerungsdruck 22f, 45, 52, 97

Bevölkerungsentwicklung 41

Bevölkerungsexplosion 33, 37, 40f, 43, 47, 55, 84f, 107, 122, 139, 144, 184, 202, 219; *217*

Bevölkerungshochrechnungen 192, 194f

Bevölkerungspolitik 73f, 138ff, 145ff, 192

Bevölkerungspyramide 162, 165f; *161*

Bevölkerungsregulation 23ff

Bevölkerungsrückgang 40, 42f, 91, 131, 161, 192; *90f*

Bevölkerungsverdoppelung 46, 90

Bevölkerungswachstum 23, 25, 28, 30ff, 34f, 44f, 69ff, 81, 145, 192, 203, 216, 227; *40f, 90f, 198f*

Bevölkerungszahl 44, 144, 146, 167; *36, 41, 70*

Bewässerung, künstliche 103, 106, 108; *111*

Bildung 45; *121*

– von Frauen 129, 133; *231*

Bilharziose 182

Billiglohn 80; *81*

Biomasse 75, 109

Biotop s. Ökosystem

Birg, Herwig 165ff, 196

Blaikie, Piers 185

Blei 88

Blutarmut 30

Bombay 68

Brahmaputra 50, 52

Brandrodung 93, 102f, 198

Brasilien 106, 108

Brautpreis 133

Brennholz 46, 77, 126, 197

Brohard, Grant 247

Brown, Lester 107f, 109, 113f

Bruttosozialprodukt 12, 75, 81; *71*

Buddhismus 203

Bürgerkriege 68, 116, 187, 197f

Buhari, Mohammed 193

Burundi 199f

C
aldwell, John 196f

Caldwell, Pat 196f

Chagas-Krankheit 182

Chars 50f

China 46, 68, 85, 107, 139ff; *11*

– Bevölkerungsentwicklung 145

– Bevölkerungspolitik 138ff, 192; *138*

– CO_2-Ausstoß 153f

– Konsumexplosion 146ff, 152

– Umweltverschmutzung 153f

– Wirtschaftsboom 148ff; *153*

Chloroquin 180

Cholera 33, 178, 184f; *177*

Club of Rome 69, 84

Computer-Simulationen 84, 93; *90f*

D
ampfmaschine 33

Darwin, Charles 210

DDT 89, 180f

Demeny, Paul 193

Demographischer Übergang 33, 40ff, 45; *42*

Demokratie 67, 129

Deng Xiaoping 140, 146

Deutschland 66f; *10*

– Altersaufbau 159; *54, 161*

– Altersversorgung 41

– Bevölkerungsdichte 14, 16, 53

– CO_2-Emmissionen 16; *10, 53*

– Einwanderungsland 167f

– Geburtenrückgang 159ff, 162; *54*

– Lebensstandard 14, 66f

Diamond, Jared 30

Dioxine 89, 252

Diphtherie 66

v. Ditfurth, Anna 127

Diversität 218

Dominanz (einer Art) 211, 219

Drei-Liter-Auto 253

Dritte Welt s. Entwicklungsländer

Dünger 17, 89, 106, 109, 114; *106*

Dürre 52, 55, 108, 113

Dumpingpreise 112

Effizienz 242ff, 244ff, 247, 250ff

Egoismus 213ff

Ehrlich, Paul 37, 69

Ein-Kind-Familie 136, 140, 142f; *43, 137*

Einwanderungsgesetz 169; *167*

Eisenerz 70

Eisenmangel 30

Eisenzeit 31

Elektrizität (s. auch Strom) 33, 78

Eliten 30f

Emigration 23

Empfängnisverhütung 45, 129, 133, 200f, 203f; *203*

Energie

– Aufwand 32

– Bilanz 8ff, 17, 110

– Effizienz, Sparen 87, 243ff, 246f, 250, 253

– fossile 17, 33, 87, 110

– Intensität 250

– Konsum 43, 55, 244

– Kosten 9, 15, 88, 250f

– Krisen 77

– Nutzung 88

– Preise 17, 250, 252f

– Reserven 14, 16

– Verbrauch 8, 13, 16f, 250f, 254; *10, 31*

Energiesteuern 251, 253

Energieversorgungsunternehmen 245f

Entdifferenzierung 209

Enthaltsamkeit 34

Entwicklungshilfe 45f, 79f, 122, 126, 198, 227, 231

Entwicklungsländer 17, 40, 45ff, 67, 78ff, 203; *10, 16, 40*

– Aids 185ff

– Arbeitslosigkeit 81

– Brennstoffmangel 78

– Familienplanung 122, 226f

– Frauenstatus 123ff, 126, 133, 226ff

– Geburtenrückgang 131

– Schulden 80

– Weizenerträge 106

Enzyklika „Humanae vitae" 201f

Epidemie 34, 175f, 178, 183, 187

Erbteilung 197

Erdatmosphäre 16, 44, 78, 93

Erdbeben 97f

Erdgas 9, 77f, 88

Erdöl 9, 12f, 70, 77f, 88, 155, 212; *88*

Erdöleinheiten 9, 12ff, 15, 17; *31*

Erhaltungsquote s. Ersatzniveau

Ernährung (s. auch Mangelernährung) 30, 54, 66, 105; *45*

Erosion 31, 86, 102ff, 108, 116, 198; *90, 103*

Ersatzniveau 42f, 166, 196

Erze 31, 87f

Erziehungsgeld 166

Erziehungsurlaub 166

Escherichia coli 4

Europäische Kommission 112

Europäische Union (EU) 111ff, 116

Evolution 21f, 175, 180, 182, 189, 211, 218ff, 220f; *220*

Exponentialfunktion (e-Funktion) 34f, 216

Exponentielles Wachstum 34f, 37, 216ff

Familienplanung 122, 187, 193, 203

Familienplanungskomitee 136, 140; *137*

Fellachen 28

Filarieninfektion 182

Findelkinder 26

Fischfang 113

– Verbote 5

Fischzucht-Kooperative 239

Fleischproduktion 112

Fleischverbrauch 117

Flüchtlinge 198, 200, 212; *195f*

Fluorchlorkohlenwasserstoffe (FCKW) 89, 94, 252

Fortpflanzungsregulation 24ff

Fortschritt 32, 41, 68f, 110; *31*

– in der Evolution 218f

Französische Revolution 129

Frauen

– Arbeitszeiten 129; *127*

– Ausbildung, Beruf 42, 129, 228ff; *231*

– Autonomieverlust 128; *128*

– Diskriminierung 123ff, 127, 129; *124*

– Einkommen 129; *124*

– Gesundheitszustand 30, 54, 123

– Gleichberechtigung, Emanzipation 43, 122, 131; *121*

– Mordanschläge auf Frauen 123

– selbstbestimmte Fruchtbarkeit 122, 126; *226*

– Sozialstatus 42, 118, 133; *133*

– und Ackerbau 126f

Frauenförderung 235f, 238

Frauenmangel 123, 126

Frauenprojekte 235f

Gandhi, Indira 145

Gandhi, Rajiv 145

Gangesdelta 52, 55

Geburtenkontrolle 72, 139ff, 194, 203; *203*

Geburtenrate 24, 40f, 42, 81, 133, 142, 144, 193; *44*

– Sinken 40ff, 45f, 122f, 131, 144f, 159ff, 165, 192, 195, 205; *40*

Geburtskanal 20f, 209

Gehirn 20f, 209ff, 211, 213, 215, 221

Gelbfieber 183f

Gemeinschaft 215

Generationenvertrag 41, 130

Genesis 74

Gentechnik 71, 93, 114ff, 182, 212; *111*

Genußkultur 42, 215

Geometrisches Wachstum 34

Gerber, Rolf 150

Geschlechtsbestimmung 125

Getreide 30, 104ff, 109, 113, 115, 117, 220

– Export 113

– Sicherheitsvorräte 113

– Viehfutter 105, 117; *105, 116*

– Weltmarktpreis 113

– Weltproduktion 105; *112*

Gewinnstreben 214; *213*

Giftmüll 45, 214

Gletscher 56, 95, 99

„Global 2000"-Bericht 69

Godwin, Peter 172

„Goldenes Dreieck" 174

Golf von Bengalen 52, 55, 58, 60f, 96; *48, 57*

Golfstrom 99

Grameen Bank 237f

Grmek, Mirko 176

Grüne Revolution 55, 68, 105ff, 109f, 114, 181; *106*

Grundwasser 29, 108f, 112

261

Halliday, Jack 151

Han Fei 139

Handel 33, 66f, 128

Hardin, Garrett 214

Haub, Carl 205

Hauser, Jürg 109

He Bochuan 139f, 144

Heiratsalter 122, 140, 193, 232

Herbizide 110

Hern, Warren 208

Heroin 173

Hexen 129

Himalaya 58, 78; *57*

Hinduismus 124, 203

Hochertragsgetreide 106f, 109, 114

HI-Virus 172ff, 183ff

– Resistenz 183, 189

Hochkulturen 22, 30

– Niedergang 22, 103

Hochwasser 96; *98*

Holz 31, 85ff; *32*

Holzkohle 31

Homo erectus 20ff

Homo oecophagus 208, 221; *208*

Homo sapiens 4, 21, 37, 77, 117, 211, 218, 221, 249; *217*

Homo technicus 19

Homogenität, völkisch-ethnische 169; *158*

Hongkong 12, 75f, 150; *76*

„hopeful monsters" 179, 181

Humus 102f, 108

Hungersnöte 22, 32, 34, 91, 105, 140, 159, 202

Hurrikan 61, 96f

Hutterer 74

Hutu 199

Hygiene 33, 41, 178; *45, 177*

Infektionskrankheiten 30, 33, 175f, 178, 182, 184f

Immunität 179

Immunsystem 179, 184, 189

Impfkampagnen 46

Impfstoffe 33, 45, 179, 182f

Indianer 25, 29, 178

Indien 68, 79, 84, 108, 116, 124; *11*

– Bevölkerungsentwicklung 145

– Bevölkerungspolitik 145ff

– Frauendiskriminierung 123ff

Industrialisierung 33, 41, 45, 94, 149; *94*

Industrie 79, 84, 86, 90, 93; *91*

Industrieländer 40, 67, 78, 117; *10, 16 , 40f, 44f, 71, 159*

– Bevölkerungsrückgang 40ff, 161

– Effizienzrevolution 249, 255

– Energiekonsum 43, 55, 244

– Kinder 130f

– Lage der Frauen 129

– Überalterung 161ff

– Übervölkerung 9, 14, 43f

Industrielle Revolution 18, 33f, 40, 77; *45*

Industrieproletariat 41

Influenza-Virus 183

Infrastruktur 70, 187; *68*

Internationales Agrarforschungszentrum (CGIAR) 107

Internationales Institut für Systemanalysen 192

Internationales Reisforschungszentrum 114

Investitionsruinen 80

Islam 203

Italien 131; *43*

Ius sanguinis 167

Jacobson, Jodi 126

Jäger und Sammler 28, 30, 71, 127f, 213

Jangtsekiang 149, 153, 155

Japan 85f, 250

Jenner, Edward 179

Jochem, Eberhard 253

Joint-ventures 150

Jonas, Hans 210, 221

de Jong, Willemijn 127

Jürgens, Hans 23, 41, 144, 183, 194

Jute 79

Kabir, Rokheya 224f

Kaffee 45

Kalahari 30, 208

Kambodscha 180

Kamele 23f; *23*

Kamelnomaden 23ff

Kamerun 106, 123

Kamoya Kimeu 20

Kamphaus, Franz 202

Kanalisation 153

Kapital 45, 79, 106, 163

Kapitalismus 72, 146

Katholizismus 202

Kautschuk 79

Kenia 186, 189, 193, 197

Kerala 133

Kernenergie 9, 71, 78, 155, 212, 214, 252, 246

Kernfusion 71

Keuchhusten 179

Keyfitz, Nathan 77f, 81f, 192

Kilojoule 9

Kilowattstunde 9, 246, 250

Kindbettfieber 33

Kinder 21f, 130f; *132*

– als Altersversorgung 196, 228

– als Arbeitskräfte 41, 196, 228

– „illegale" 141; *138*

Kinderfreibeträge 166

Kinderkrankheiten 179

Kinderlähmung 66, 179

Kindersterblichkeit 45f, 54, 193; *121, 227*

– in Entwicklungsländern 67, 81, 133, 192

– in Europa 33, 67

Kinderwunsch 42, 159

Kinderzahl 40, 47, 93, 140, 193, 227; *10, 36, 44, 121*

Kindheit 21

Kirche 72, 74

Klassengesellschaft 30

Kleidung 12

Klima

– Veränderung 16, 22, 55f, 78, 93, 99, 109, 212, 250; *10*

– Zonen 96

Koch, Michael 184

Körpergröße 30

Kohle 9, 16, 70, 77f, 88, 153ff

Kohlendioxid 16, 78, 89, 93ff, 109f, 153, 212, 251; *16, 53, 94*

Kolonialisten 45

Kommunismus 215

Kondome 120, 172, 174, 201; *201, 203*

Konsumexplosion 47, 146ff, 152

Konsumgüter 67, 70, 81

Konsumverhalten 12

Kopfgröße 21

Koran 129, 203

Kraftwerke 246

Krause, Richard 183

Kreisläufe 43, 89, 102

Kriege 32, 37, 159, 192, 202

Kupferspirale s. Spirale

Lachgas 109

Landflucht 67

Landschaftstypen 96

Landwirtschaft 28f, 30f, 86, 93, 102ff, 109; *28*

– Energiebilanz 17, 110

– Erträge 34, 68, 91, 104f, 106

– in extremen Klimazonen 108; *108*

– Intensivierung 33f, 55; *35*

– Rolle der Frau 126f

– Subventionen 111f

– Wasserverbrauch 86

Langzeitprognosen 193; *192*

Lassafieber 183

Leakey, Richard 20

Lebensarbeitszeit 165

Lebenserwartung 30, 40ff, 46, 66, 133, 144, 180, 192f; *10, 45*

Lebensmittel

– Import 75

– Preise 69, 106, 111

– Produktion 17, 75, 105, 107; *100*

– Verteilung 68, 116

Lebensqualität 29, 66, 244

Lebensstandard 8, 66f, 70, 81, 117; *44*

Lee, Richard 30

Legionärskrankheit 183

Lemmus lemmus 4

Lenssen, Nicholas 154

Lepra 178

Levy, Stuart 182

Libanon 31

Löffler, Lorenz 127ff

Löhne 67

Lovins, Amory 242ff, 245f, 255; *242*

Luftverschmutzung 104

Lungenentzündung 179, 182

Mackinnon, John 153, 155

Mädchentötung 125, 141

Männergruppen 127f

Mahbub ul-Haq 46

Mais 103, 105f

Malaria 174, 176, 178ff, 183ff; *181f*

Mali 106, 122; *43*

Malthus, Th. Robert 34, 68f, 72, 84, 124, 138, 175

Mangelernährung 30, 50, 54, 67f, 105

Mangelkrankheiten 105

Mangroven 58f

„Manifest der 60" 168

Ma Yenchu 140

Mao Zedong 73, 140

Marktwirtschaft 214, 252

Marx, Karl 72, 176

Masern 66, 179, 182

Massensterben 219

Massenvernichtungswaffen 192

Matembe, Miria 126

Materialströme s. Stoffströme

Maya 103f

Meadows, Dennis 84, 87f, 90

Mechai, Viravaidya 172

Medizin 33, 41, 66f, 178f, 189

Meeresspiegelanstieg 44, 55f, 95; *57*

Meeresverschmutzung 44

Meerwasserentsalzung 87

Menschenhandel 172

Merson, Michael 175

Methan 94, 109

Migrationspolitik 168

Mikroben, Mikroorganismen 103, 179, 183; *217*

Minimalkosten-Planung 245, 247

Mißernten 192

Missionare 23, 45, 126

Mitgift 123, 133; *123*

Mittelalter 32f, 129, 176f, 197

Mobilität 13, 183, 254; *165*

Monokulturen 103

Monsun 50, 52, 55

Moskito s. Anopheles-Mücke

Müll 9, 12, 44, 88f, 93, 153; *10, 92, 249*

Münz, Rainer 159, 166

„Multikulturelle Gesellschaft" 167; *168*

Mutationen 179

Mutterkreuz 73; *73*

Mythen 25

Nachhaltigkeit 29, 109, 248, 255

Nahrungsmangel 91

Nahrungsmittelveredelung 17, 105, 112; *116*

Naturkatastrophen 52ff, 68, 96ff, 192, 219; *97*

Naturvölker 23ff

„Negawatt" 243, 246

Neolithikum 28, 35, 176

Neotenie 21

Nepal 108

Netto-Reproduktions-Rate 161

Niederschlagszonen 95f

Niedrigenergiehaus 244, 253

Nigeria 193

Nil 28, 56; *28*

Nullwachstum 40, 72, 186, 205

Oberndörfer, Dieter 169

Ökobilanz 16

Ökomobil 253

Ökosystem 5, 23, 98, 107, 209, 218, 221

Öl s. Erdöl

Ölpreiskrise 12, 87, 249f

Ölschiefer 88

Opium 173

Ostafrika 22; *200*

Ozeane 5, 56, 61, 78, 94

– Übernutzung 113

Ozonloch 44

Ozonschicht 89, 94

Pacific Gas and Electric (PG&E) 246f

Pakistan 12

– Frauendiskriminierung 123

Paläolithikum 28

Pandemie 175, 178

Papier 15, 44, 85, 248

Papst Johannes Paul II. 200, 203; *201*

Papst Paul VI. 202

Parasiten 175, 179f, 183

Patriarchat 127

Patrilinearität 128

Paul, Biresh 235

Peng Peiyun 144

Pest 32f, 177f, 184

Pestizide 17, 88f, 103, 106, 110, 180f; *106, 181*

Pflanzenzüchtungen 114

Philippinen 108, 114, 174; *46*

Pille 121f, 201; *201, 203*

„Pillenerlaß" 201

Pillenknick 159

Pimentel, David 110

Pionierpflanzen 59

Plasmodium 176, 180

Plastik 71, 89, 93

Plucknett, Donald 107

Plummer, Frank 189

Pocken-Vakzine 179

Polyandrie 26

Polygynie 197

„positive checks" 175

Pränatale Diagnostik 125

Produktionsmittel 128f

Produktivität 33

– Steigerung 197

Pro-Kopf-Energieverbrauch 250

Pro-Kopf-Jahreseinkommen 44

Pronatalisten 69, 72, 74

Pudong 149f; *147*

Radioaktive Verseuchung 44, 93

Rangpur Dinajpur Rural Service (RDRS) 232ff

– Frauenprojekte 235f

Ratten 63, 116

Ratzinger (Kardinal) 202

Raubbau 32, 47, 77, 103, 248

Reader, John 26f

Recycling 63, 93, 252; *249*

Regenwald 45, 212

„Reichs- und Staatsangehörigkeitsgesetz" 167

Reis 50, 56, 94, 105f, 109, 181

Reisstammbohrer 110

Reisterrassenlandschaft 29

Rendille 23ff; *23*

Renten 163, 165f

Resistenz 110, 179ff

Ressourcen (s. auch Rohstoffe) 69, 84ff, 89ff, 197, 219; *90f*

– erneuerbare 84ff, 248; *79*

– menschlicher Geist 71, 78

– nicht erneuerbare 15, 22, 25, 31f, 71, 84, 87f, 248

– Verbrauch 44, 90f, 99, 244, 248f, 252

– Vorräte 70, 88ff

Riedl, Rupert 211

Rifkin, Jeremy 14

Riten 25; *27*

Roboter 80, 165; *81*

Rocky Mountain Institute 242; *243*

Rohstoffe 47, 69f, 84, 89, 216; *10*
- Import 43, 155
- Plünderung 16
- Preise 12, 250f
- Reserven 16, 69f, 76f, 84, 88

Rollenverteilung 127

Royal Society of London 99

Rozario, Marceline 232

Ruanda 43, 122, 161, 187, 198ff; *11, 200*

Rückversicherer 96f; *97*

Ruhestandsgrenze 165

Saatgut 29, 61, 106, 116, 126

Sachs, Aaron 126

Sadik, Nafis 187

Säugetiere 219

Sahel 23f, 29, 78, 95

Salmonellen 182

Salzwasser 56, 108

Sambia 186

Samburu 25, 102f; *24*

Satmar-Chassidim 74

Saurer Regen 89, 93, 250, 252

Saurier 218f; *220*

Schadstoffe 88, 248; *10*

Schädlinge 108

Schmidt-Bleek, Friedrich 248f

Schnee 96; *98*

Schuldenkonto, ökologisches 165

Schumpeter, Joseph 130

Schwarzer, Alice 129

Schwefeldioxid 16, 153

Schweiz 67; *10*

Schwellenländer 232; *44*

Schwemmland 28, 50, 56, 97

Schwermetalle 89, 93

Selbstbeschränkung 25, 28, 210

Selbstversorgung 55

Senken 88ff, 93

Septagram 224, 226, 229f; *225, 228, 236*

Seuchen 22, 33, 176, 187, 192, 202

Shenzen 148f; *148*

Sichelzellenanämie 179, 189

Simon, Julian 69ff, 72

Singapur 75

Sisal 79

Sitten 25; *27*

Sklaven 14f; *14*

Slums 62f, 81, 183

Smil, Vaclav 152, 154f

Smog 153; *154*

Solaranlage 242

Solarenergie s. Sonnenenergie

Solarkraftwerk 246

Solidarität 213, 215

Sonderwirtschaftszone 146ff, 149; *147*

Sonnenenergie 15f, 109f, 242, 253; *254*

„Sozialer Uterus" 21

Sozialismus 72

„Sozialistische Marktwirtschaft" 146

Sozialsystem 26, 75

Spanien 131

Speziation 219

„Spinning Jenny" 79

Spirale 121f; *203*

Sprache 20f, 210

Spurengase 93

Sri Lanka 180

Städte 30, 33, 107, 152, 176, 178; *67*

Steger, Ulrich 253

Steinzeit 22, 213

Steppe 23

Sterberate 22, 40ff, 186, 193, 205

Sterilisation 120, 122, 138, 143, 234; *203, 234*

Steuerreform, ökologische 252f

Stewart, William 180

Stickoxide 16, 251

Stickstoff 109

Stiles, Daniel 23

Stoffströme 76, 248f, 251; *245, 249*

Straßenbau 13

Stravinskas, Peter 202

Strompreis 246

Stromverbrauch 9, 244, 247

Strukturwandel 150, 253

Subventionen 5, 111; *115*

Süßmilch, Johann Peter 74

Sulfonamide 179, 181

Sumpffieber s. Malaria

Swaminathan, Monkombu 114

Syphilis 178f

Tabah, Leon 47

Tabus 25; *27*

Taifun 61, 96

Tansania 186, 200

Technologien, moderne 32, 44f, 80

Temperaturanstieg 94f; *95*

Tetanus 179

Thailand 86, 95, 172ff, 232; *42*

– Aids 172f

– demographischer Übergang 42

– Prostitution 173; *173*

Toda 26

Todesrate s. Sterberate

Transport 9, 14, 33, 113; *250f*

Treibhauseffekt 45, 55, 61, 109; *94*

– Folgen 56, 93ff, 96f, 212, 217

Treibhausgase 16, 78, 94, 109, 154, 212

Trinkwasser 33, 45, 62, 67, 84, 86, 126, 139, 153, 197, 227

Tropenkrankheiten 182

Tropenwald 85f, 93f, 108

Tschernobyl 89

Tuberkulose 33, 66, 179, 182, 184f

Tuchindustrie 79

Tumorwachstum 208f

Turkana-Boy 20, 28

Tutsi 199

Typhus 66, 178f; *177*

Überalterung 157, 161ff, 166f; *160, 162*

„Überausbeuter" 211

Überbevölkerung 9, 22, 29, 33, 44, 47, 78, 97

– Definition 29, 47

– der Entwicklungsländer 45, 47, 187

– der Industrieländer 44, 47

Überdüngung 103

Überflußgesellschaft 12

Übernutzung 22, 29, 32, 103, 109, 198; *24, 32, 104, 113*

Überproduktion 115

Überweidung 103

Uganda 186f, 200

Ulrich, Ralf 159

Umweltbedingungen 77

Umweltgesetze 67, 153

Umweltkosten 253

Umweltpolitik 252

Umweltverschmutzung 89ff, 93ff, 104, 219, 252; *90f*

Unabhängigkeitserklärung, amerikanische 129

Unicef 46

Unterernährung (s. auch Mangelernährung) 30, 54, 67, 105

UN-Umweltkonferenz von Rio 248

UN-Weltbevölkerungskonferenz in Kairo 201f

Uran 77

USA 53, 113f; *11, 53*

U.S. National Academy of Sciences 99

UV-Strahlung 89

Vatikan 72, 200f

Vegetarier 117; *117*

Verdoppelungszeit 36

Vereinte Nationen (UN) 37, 46, 56, 75, 91, 126, 129, 139, 192

– Bevölkerungsprognosen 192ff, 197

– Klimakommission 154

Vergreisung s. Überalterung

Verhütungsmittel 41, 202f, 204; *203*

Verkehr 13, 152; *251*

Vermehrungsrate 30

Vermehrungstrieb 34, 218

Vernunft 210, 221; *240*

Versalzung 108

Verteilungskämpfe 22

Verwüstung 198; *104*

Viehzucht 29

Viren 175, 183

Völkerwanderungen 22

Vulkane 97

Wachstum (s. auch Bevölkerungswachstum, Wirtschaftswachstum) 4f, 47; *192, 217*

Wachstumsgrenzen 4, 29; *90f*

Wachstumsprognosen 74f, 90, 192ff; *90f, 192*

Wachstumsregulation s. Fortpflanzungsregulation

Wahlrecht 129

Wald 29, 31, 84f, 103, 139; *32, 85*

Waldsterben 212, 250

Waldverluste 79, 85

Walker, Alan 20

Wanderhirten 23, 25

Wasser 86f; *10, 86f*

Wasserkraft 16, 155; *254*

Webstuhl 79, 151

Wechselfieber s. Malaria

Weeks, John 45, 130, 145

Weideland 45, 104, 117, 199

Weizen 28, 105f, 109

v. Weizsäcker, Ernst Ulrich 251f, 255

Weltbank 81, 146, 194, 231

Weltbevölkerung 28, 99, 192, 216

Welteinkommen 12

Welternte 109; *111*

Weltgesundheitsorganisation (WHO) 46, 123, 172, 174f, 180, 182, 184

Welthandel s. Handel

Weltmarkt 12

Weltreligionen 129, 203

Weltwirtschaftskrise 37, 159

Werbung 12

Wertesysteme 213

Wertstoff-Stau 89

Wetterkatastrophen s. Naturkatastrophen

Wills, Christopher 210, 221

Wilson, Edward 44, 218

Windenergie 16, 246, 253; *254*

Wirbelstürme 52, 60f; *62, 96*

Wirtschaftsform, -system, -ordnung 12, 29, 214, 220, 249

Wirtschaftswachstum 4, 12, 68, 81, 216, 249

Wochenarbeitszeit 66

Wohlstand 12, 14, 41f, 117, 163, 248; *165*

Wohnraum 152

„Woopies" 163

Worldwatch Institute 87, 107, 126

Wüste 102, 139; *104*

Wuppertal Institut für Klima, Umwelt und Energie 248, 250f

Yanomami 25

Yap 26ff; *27*

Yersinia pestis 177

Yunus, Mohammed 236ff

Zaïre 108

Ziegler, Charles 244

„Zu-Früh-Geburt" 21

Zukunftstechnologie 253

Zuwanderung 162, 166f, 169

Zwangssterilisation 136, 141, 143

Zweiter Weltkrieg 37; *160*

Zyklone 52, 61, 96, 51

LITERATUR ZUM THEMA

Bade, Klaus J. (Hrsg.): Das Manifest der 60, München, 1994

Barnett, Tony/Blaikie, Piers: Aids in Africa, New York, 1992

Beck, Ulrich/Beck-Gernsheim, Elisabeth: Das ganz normale Chaos der Liebe, Frankfurt am Main, 1990

Brown, Lester/Kane, Hal/Ayres, Ed: Vital Signs, 1993, New York, 1993

Deutsche Gesellschaft für die Vereinten Nationen e.V.: Weltbevölkerungsbericht 1994, Bonn, 1994 (erscheint jährlich)

Ehrlich, Anne/Ehrlich, Paul: Healing the Planet, Reading/Massachusetts, 1992

He Bochuan: China on the Edge, San Francisco, 1991

Kennedy, Paul: In Vorbereitung auf das 21. Jahrhundert, Frankfurt am Main, 1993

Malthus, Thomas: An Essay on the Principle of Population, Oxford, 1993

Meadows, Dennis/Meadows, Donella/Randers, Jørgen: Die neuen Grenzen des Wachstums, Stuttgart, 1992

Oliver, Roland: The African Experience, London, 1991

Raup, David: Extinction. Bad Genes or Bad Luck?, New York, 1992

Richter, Heide: Bangladesh. Yesterday, Today, Tomorrow, Dhaka/Bangladesh, 1993

Schmidt-Bleek, Friedrich: Wieviel Umwelt braucht der Mensch?, Berlin, 1994

Simon, Julian: Population Matters, New Brunswick/New Jersey, 1993

Smil, Vaclav: China's Environmental Crisis, New York, 1993

The Population Council: Population and Development Review, New York, (Fachzeitschrift, erscheint vierteljährlich)

Weeks, John: Population, Belmont/California, 1992

Weizsäcker, Ernst Ulrich von: Erdpolitik, Darmstadt, 1989

Wesson, Robert: Die unberechenbare Ordnung, München, 1991

World Resources Institute: World Resources 1994–95, New York, 1994 (Jahrbuch – erscheint alle zwei Jahre)

Worldwatch Institute: State of the World, New York, 1994 (Jahrbuch, erscheint im Frühjahr; im Herbst unter dem Titel „Die Lage der Welt" auf Deutsch)

Der Autor: **Reiner Klingholz**, Jahrgang 1953, stammt aus Ludwigshafen am Rhein. Der promovierte Molekularbiologe arbeitete als wissenschaftlicher Assistent an der Universität Hamburg. Seit 1983 als Wissenschaftsjournalist tätig, zunächst als Redakteur der ZEIT, seit 1990 bei GEO. Er erhielt verschiedene Journalistenpreise und hat mehrere Sachbücher veröffentlicht, darunter, gemeinsam mit Hartmut Graßl, „Wir Klimamacher – Auswege aus dem globalen Treibhaus", ausgezeichnet mit dem Buchpreis der Deutschen Umweltstiftung.

BILDNACHWEIS

Titel: Barbara Michael: Zeichnung; Robert White/Sygma: Foto

Grafiken: Kristina Rohde

DER MASSLOSE ALLTAG
Heiner Müller-Elsner: 6/7; Horst Friedrichs/Anne Hamann: 8

DER AUFSTIEG ZUM HOMO TECHNICUS
© world copyright Peter Johnson: 18/19; Jean-Luc Manaud/Icône/Focus: 23, 24; David Hiser/Photographers Aspen: 27; Johann Scheibner/Das Fotoarchiv: 28; Klaus Dieter Francke/Bilderberg: 32; Georg Gerster: 35

KONSUM – ODER KINDER?
Walter Schmitz/Bilderberg: 38/39; Guglielmo de Micheli/Material World: 43 o.; Erich Spiegelhalter/Focus: 43 u.; David Burnett/Contact/Focus: 46

BANGLADESCH: IM LAND DER GROSSEN FLUT
Christopher Pillitz/Network/Focus: 48/49; Pablo Bartholomew/Gamma Liaison: 51, 59, 62; © DLR/Bildverarbeitung Daniela Becker: 57

WIEVIEL MENSCH ERTRÄGT DIE ERDE?
Peter Ginter/Bilderberg: 64/65, 76; Archiv für Kunst und Geschichte, Berlin: 66; Bruno Barbey/Magnum/Focus: 68; Bildarchiv Preußischer Kulturbesitz: 73 o.; David Burnett/Contact/Focus: 73 u.; Gerd Ludwig/Visum: 80 o.; Hans-Jürgen Burkard/Bilderberg: 80 u.; C.A.T. (Grafik): 67

HEIZEN, BIS DER GLOBUS DAMPFT
Louis Psihoyos/Contact/Focus: 82/83, 92; Frans Lanting/Minden Pictures: 85; George Stein-

metz/Onyx/Focus: 88; Mark Peterson/JB Pictures/Focus: 96; Thomas Mayer/Das Fotoarchiv: 98

REICHT DAS BROT FÜR DIE WELT?
Georg Gerster: 100/101; Frans Lanting/Minden Pictures: 103; Hans Silvester/Rapho/Focus: 105; Peter Menzel/SPL/Focus: 106; Jim Brandenburg/Minden Pictures: 108 o.; Stuart Franklin/Magnum/Focus: 108 u.; Alex MacLean/Landslides: 111 o.; Bernd-Christian Möller/Focus: 111 u.; Hans Silvester/Rapho/Focus: 115

MANN UND FRAU – DER KLEINE UNTERSCHIED
Art Wolfe: 118/119; Jörg Modrow/Visum: 123; James Nachtwey/Magnum/Focus: 124 l. o.; Frans Lanting/Minden Pictures: 124 l. u.: Kazuyoshi Nomachi/PPS/Focus: 125; Steve McCurry/Magnum/Focus: 128; Dirk Eisermann/Das Fotoarchiv: 132; Rainer Drexel/Bilderberg:133

CHINA: MILLIARDEN IM GOLDRAUSCH
Stuart Franklin/Magnum/Focus: 134/135; Harald Sund: 137, 142 bis 143; Louise Gubb/JB Pictures/Focus: 138; Hiroji Kubota/Magnum/Focus: 147; Greg Girard/Contact/Focus: 148; Jeffrey Aaronson/Anne Hamann: 153; Georg Gerster/Anne Hamann: 154

DEUTSCHLAND: RAUM OHNE VOLK?
Thomas Pflaum/Visum: 156/157; Walter Schmitz/Bilderberg: 158; Henning Christoph/Das Fotoarchiv: 159; Susanne Feyll: 162; Lucia Aronsky-Elser/Aura: 164; Daniel Fuchs/Aura: 165; Rolf Nobel/Visum: 167; Sebastian Bolesch/Das Fotoarchiv: 168

KEIN LEBEN OHNE SEUCHEN
Mike Goldwater/Network/Focus: 170/171; Peter Charlesworth/JB Pictures/Focus: 173, 181; Hans-Jürgen Burkard/Bilderberg:177; Robert Caputo/Matrix/Focus: 187; Alon Reininger/Contact/Focus: 188

DIE ERDE WIRD ZUM PFERCH
Jean-Claude Coutausse/Contact/Focus: 190/191; Reza/Sygma: 195; Luc Delahaye/Sipa: 200; François Lochon/Gamma: 201; Lois Lammerhuber: 204–205

VON DER ALLMACHT ZUR OHNMACHT
Randa Bishop/Uniphoto: 206/207; Robert Lebeck/Stern: 208; Jürgen Gebhardt/Stern: 209; Georg Fischer/Bilderberg: 212; Gregory Heisler/Focus: 213; Wilfried Bauer/ Visum: 215; Volker Hinz/Stern: 219; Louis Psihoyos/Matrix/Focus: 220

DER PLANET DER FRAUEN
Dilip Mehta/Contact/Focus: 222 bis 239

VORFAHRT DER VERNUNFT
Action Plus/Focus: 240/241; Stephen Collector: 242–243; Bernd-Christian Möller/Focus: 246; Thomas Pflaum/Visum: 249; Horst Munzig: 250; Michael Lange/Visum: 251; Peter Menzel: 254–255

Kartographie: Kristina Rohde: 79, 104, 121, 227; Rainer Droste: 70, 71

Autorenfoto: Sabine Sütterlin

BÜCHER VON GEO

Uwe George
Die Wüste
Vorstoß zu den Grenzen des Lebens.
356 Seiten mit 270 Farbfotos.
ISBN 3-570-01665-X
Kodak-Fotobuchpreis

Joachim W. Ekrutt
Die Sonne
Die Erforschung des kosmischen Feuers.
368 Seiten mit 274 Farbfotos.
ISBN 3-570-01720-6

Peter-Hannes Lehmann/Jay Ullal
Tibet
Das stille Drama auf dem Dach der Erde.
390 Seiten mit 370 Farbfotos.
ISBN 3-570-01721-4

Peter Schille/Hans W. Silvester
Bedrohte Paradiese
Erkundungen in Europas schönsten Naturreservaten.
350 Seiten mit 287 Farbfotos.
ISBN 3-570-04955-8
Kodak-Fotobuchpreis

Uwe George
Geburt eines Ozeans
Afrika – Ein Kontinent zerbricht.
362 Seiten mit 278 Farbfotos.
ISBN 3-570-07030-1
Kodak-Fotobuchpreis

Uwe George
Regenwald
Vorstoß in das tropische Universum.
380 Seiten mit 408 farbigen Abbildungen.
ISBN 3-570-04572-2

Klaus Harpprecht/Thomas Höpker
Amerika
Die Geschichte der Eroberung von Florida bis Kanada.
348 Seiten mit 280 farbigen Abbildungen.
ISBN 3-570-07996-1

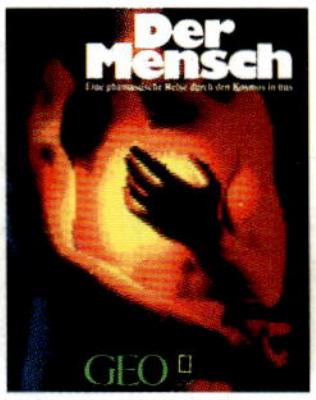

GEO und NATIONAL GEOGRAPHIC SOCIETY
Der Mensch
Eine phantastische Reise durch den Kosmos in uns.
384 Seiten mit 440 farbigen Abbildungen.
ISBN 3-570-01639-0

Karl Günter Simon
Islam
Und alles in Allahs Namen.
364 Seiten mit 342 farbigen Abbildungen.
ISBN 3-570-06210-4

Uwe George
Inseln in der Zeit
Venezuela – Expeditionen zu den letzten weißen Flecken der Erde.
384 Seiten mit 422 farbigen Abbildungen.
ISBN 3-570-06212-0

Hermann Sülberg
Die Wale
Aus der geheimnisvollen Welt der Giganten.
316 Seiten mit 255 farbigen Abbildungen.
ISBN 3-570-19007-2

Uwe George
Expedition in die Urwelt
Paläontologie: Die Erforschung der steinernen Zeit.
336 Seiten mit 355 farbigen Abbildungen.
ISBN 3-570-19008-0

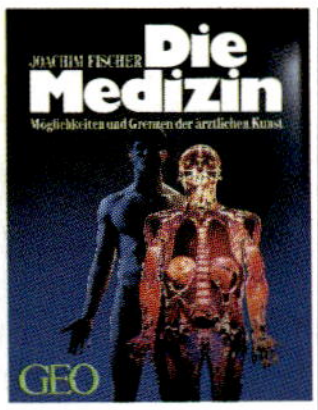

Joachim Fischer
Die Medizin
Möglichkeiten und Grenzen der ärztlichen Kunst.
344 Seiten mit 359 farbigen Abbildungen.
ISBN 3-570-19009-9